国家自然科学基金和华南理工大学工商管理学院研究生优秀教材建设项目资助

U0193441

优化理论与算法

吴晓黎　编

中国商务出版社
CHINA COMMERCE AND TRADE PRESS

图书在版编目（CIP）数据

优化理论与算法 / 吴晓黎编 . --北京：中国商务
出版社，2022.11
ISBN 978-7-5103-4497-8

Ⅰ.①优… Ⅱ.①吴… Ⅲ.①最优化算法 Ⅳ.
①O242.23

中国版本图书馆 CIP 数据核字（2022）第 190039 号

优化理论与算法

YOUHUA LILUN YU SUANFA

吴晓黎　编

出　　　版：中国商务出版社		
地　　　址：北京市东城区安外东后巷 28 号	邮　编：100710	
责任部门：教育事业部（010-64283818）		
责任编辑：李自满		
直销客服：010-64283818		
总 发 行：中国商务出版社发行部（010-64208388　64515150）		
网购零售：中国商务出版社淘宝店（010-64286917）		
网　　　址：http：//www.cctpress.com		
网　　　店：https：//shop162373850.taobao.com		
邮　　　箱：347675974@qq.com		
印　　　刷：天津雅泽印刷有限公司		
开　　　本：710 毫米×1000 毫米　1/16		
印　　　张：19.5	字　数：350 千字	
版　　　次：2022 年 11 月第 1 版	印　次：2022 年 11 月第 1 次印刷	
书　　　号：ISBN 978-7-5103-4497-8		
定　　　价：98.00 元		

凡所购本版图书如有印装质量问题，请与本社印制部联系（电话：010-64248236）

出版导读(代前言)

　　运筹学一直是高等院校经济管理、自动控制和应用数学等相关专业本科生和研究生的一门必修课程。不仅讲授一般的优化技术与方法，更重要的是训练学生通过建模分析来定义问题并解决问题的理念与思路。国内现有的相关教程多侧重于讲授运筹学的优化原理，相关模型与现实管理问题的结合相对薄弱。最近有学者翻译和引进国外的经典教程，如清华大学的肖永波、梁湧教授翻译的〔美〕罗纳德 L. 拉丁的《运筹学》刚刚在机械工业出版社出版，全书论述内容丰富，是关于数学规划的本科教程。而国内其他同类教材仍主要以《运筹学》的概括性理论和数学为主，主要针对本科生，缺乏有层级性和针对研究生甚至博士生的研究需求，进行差异化课程建设，有一定特色的研究型教材。因此，面对中国日新月异的管理情境，有必要在研究生教育阶段，重点建设具有实践问题导向且适用于硕士博士研究生的教材。

　　编者近十年来一直负责管理科学与工程的博士生必修课程《优化理论与方法》的教学工作，积累丰富的教学和教课经验，对重要知识点的把握较到位，为本教材的开发打下基础。编者在教学过程中发现，目前国内外关于运筹学、优化理论等方面的教材多，但各有优点和不足，比如国内教材普遍缺乏对理论和管理启示的解释分析，比较注重定理的堆积和计算方法的罗列，国外的相关教程在将实践问题和理论结合方面相对较好。虽解释分析比较详尽，但偏优化理论方面的教材更偏数学表达，非数学系学生比较难读，英文原版运筹学教材过于详尽，学生阅读起来吃力，加之英文原版教材购买困难等等原因，学生并不会/喜欢去读。为了针对学生的理论知识和思路进行培养和拔高，让学生在现有的知识上理解的更加透彻，编者开发了该教材。该教材参考了国外相关教材章节和内容，结合国内现有教材和英文相关教程的内容，编者课堂教学的讲解分析，以及本人科研中所常用的优化方法理论，重新编写研究生/博士生优化理论方法教程，希望让工管学生能买到适合的教材不用频繁的参考国外资料，教程根据需要同时增加了一些与优化理论相关的其他内容，如凸规划/凸分析，Excel 建模等内容（见附录）。期望形成既有优化理论深度又有案例和实践背景，深入浅出的实用性教材。

与一般的优化理论教材的区别在于：本教材基于工商管理学院学生的背景，偏向于主要科学技术的理解、应用和管理启示的分析。从介绍和解释基本的运筹优化理论出发，运用科学的方法/算法求解问题，最终回归到应用和解释分析实践现实问题上。本书的内容覆盖优化理论的重要定理和理解，但不涉及定理的数学证明细节和较深的数学理论和知识。虽然教程主要参考国外的若干研究生教材，对于国内学时超过 32 个学时以上的本硕运筹学课程，将是很好的辅助教程。全书教材基于确定性线性非线性模型，暂时不涉及随机模型和排队论，马氏决策等高级运筹部分，内容针对性强，适合大多数水平的本科和研究生学生。

教师/学生在使用该教材的时候，可以根据具体学时选择学习内容，如果学时较少，建议跳过每章节的算法部分，如果学时充足，就可以全部学习。本书的重点不在于计算，而在于让学生通过学习优化理论和相关方法，掌握怎样将实际问题转化为模型，并了解该采用何种科学技术方法进行求解和分析，在得到解之后能够对解/结果进行分析讨论和应用。

本书编写工作主要由编者参考课程讲授内容进行统筹安排，初稿和格式整理等得到了华南理工大学工商管理学院管理科学与工程专业多名研究生的帮助。书稿的出版获得了国家自然科学基金（项目号：71971088）和华南理工大学工商管理学院优秀教材建设项目资助。

编者水平有限且时间仓促，错误在所难免，敬请广大同行和读者批评指正。祝愿每一位读者都能够从本书中受益匪浅！

编 者
2022 年 9 月于五山华工

|目　录|

1

第1章　优化技术

　　运筹学（Operation Research，简称 OR），主要研究在经营管理活动中如何以尽可能小的代价，获取尽可能好的结果，即最优化问题是讲究有限资源的最优配置。《史记》中"运筹帷幄之中，决胜千里之外"的"运筹"二字，意为运算筹划，出谋献策，以最佳策略取胜，极为恰当地概括出了这门学科的精髓。在中国古代历史长河中，运筹谋划的思想俯拾皆是，有不少经典的案例。田忌赛马等典故便是运筹思想的集中体现；《孙子兵法》则是我国古代战争谋略之集大成者，诸葛亮更是家喻户晓的一代军事运筹大师。

　　然而，运筹学是在第二次世界大战期间作为一门现代科学，在英美两国发展起来的。当时亟待把稀少的资源以有效的方式分配给不同的军事活动，美国的军事管理局号召大批科学家运用科学手段来处理战略与战术问题，实际上是要求他们对军事活动进行研究，这些科学家小组正是最早的运筹小组。第二次世界大战中，运筹学成功地解决了许多重要作战问题，为以后的发展铺平了道路。当战后的工业恢复繁荣时，组织内与日俱增的复杂性和专门化引发了各种问题，人们意识到这些问题基本与战争中面临的问题相类似，区别在于具有不同的现实环境，运筹学就这样被引入工商企业和其他部门，并在 20 世纪 50 年代以后得到了广泛的应用。随着系统配置、聚散、竞争等方面的运用机理的深入研究和应用，规划论、排队论、存贮论、决策论等理论逐渐形成并发展完备。这些理论的成熟以及电子计算机的问世，大大促进了运筹学的发展，世界不少国家已成立致力于该领域及相关活动的专门学会，如美国于 1952 年成立了运筹学会，并出版期刊《运筹学》，世界其他国家也先后创办了运筹学会与期刊，1959 年成立了国际运筹学协会（International Federation of Operations Research Societies，IFORS）。1991 年，中国运筹学会正式成立。

　　运筹学领域包括大量的分析技术，这些技术是在过去 70 年中发展起来的，用来解决人类活动中出现的复杂问题。本书旨在通过介绍最适合现代运筹学研究的定量工具，关注问题的公式化和模型化以及分析技术本身，在理论和实践之间架起一座桥梁，全面介绍了建模、分析、计算、算法应用和决策之间的关系，对于涉及的问题类，都有相应的章节详细介绍模型和方法。每一章节后有相应的习题供读者练习，以强化读者对本章内容的理解。当然，本书的模型和方法只是解决现实问题的一部分，我们的目的是在解决问题的情境下，通过特定方法求解不可知性和定量性的问题，并得到定量结果以为决策提供指导。

1.1 问题求解过程

现代社会的决策通常发生在目标冲突、条件变化、资源有限、复杂相互作用、不确定性和最后期限等情况下，而运筹学是一门帮助决策者在这种复杂情况下做出最优决策的学科。与其密切相关的领域包括管理科学、决策科学、运营管理、系统工程等。运筹学的目标是为如何建立决策问题的模型提供一个框架，根据给定的价值度量找到最佳解决方案，通过实施方案解决问题。

运筹学的教育课程通常包括优化确定性系统的模型和算法，以及理解随机系统的模型和算法。主题包括数学规划、排队分析和仿真等，研究范围从理论到实践再到教材规模的应用。这种方法的不足在于学生可能会因为难以理解而忘记了特定分析技术只是解决问题的一种手段，而不是目的。长期以来，分析技术的选择和应用是整个解决过程的一部分，该部分包括问题被重新制定，以及安装某些程序或系统的实施阶段。图 1-1 展示了实现解决方案所需的信息流和分析步骤的基本过程。

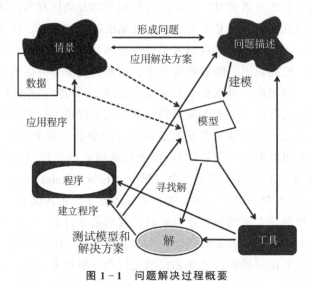

图 1-1 问题解决过程概要

实践中的问题求解可能不会严格按照从开始到结束的顺序执行。相反，该过程有许多循环，随着时间的推移，问题的参数和条件也会发生变化，这就需要不断检查解决方案并重复过程的各个部分。

1. 情景

决策问题通常基于某种特定情形，在人类活动的每一个领域都会出现适合进行客观分析的问题情境，但我们不可能讨论所有的情况。为此，我们将组织定义为出现问题或解决方案的社会形态，对于组织中有兴趣并有能力提出和实施解决方案的个人或群体，我们称之为决策者，在解决问题的过程中帮助决策者的个人或团体被称为分析师。决策者也可以充当分析师的角色，但通常后者更擅长建模、数据收集和计算机应用等。由于大多数问题最初没有明确的定义，当用图形描述特定的情景时，问题的轮廓是模糊且不规则的。描述组织运作和绩效的历史数据或许能与指定情景关联起来，但还要进一步调查决定是否需要额外收集数据。

2. 问题描述

问题描述阶段需要注意两个方面：一方面需要确定问题的边界。问题涉及的利益相关者有哪些，有时候决策的影响会超出决策者和组织的狭隘利益；另一方面要对问题的目标、可行解的限制、适当的假设、过程的描述、数据要求以及测量方法进行陈述。分析人员通常不是决策者，也可能不是组织的一部分，因此必须从察觉到问题的人那里获得以上两方面的意见。

3. 构建模型

问题描述通常是口头和定性的，需要将它转化为有逻辑的定量术语才能构建模型，然后借助计算机中的客观方法如统计分析、模拟、优化和专家系统来解决问题。逻辑模型是一系列规则，通常包含在计算机程序中，通过这些规则可以预测和评估备选决策的影响。数学模型是一组函数关系，通过这些函数关系可以对允许的操作进行划分和评估。

尽管分析师希望研究一个广义问题的系统方法，但是一个模型不可能包含某种情况的所有方面。模型是一个抽象概念，它必然比现实简单，与问题无关或不重要的元素将被忽略，尽量保留足够的细节，使得用模型获得的解决方案对原始问题有价值。模型构建需要提出假设，即模型成立的抽象描述，只有随后通过对模型进行有效性检验，才能确定假设是否适当。模型必须是可处理的（能够被解决的）和有效的（代表真实情况）。模型构建虽然是分析人员的工作，但是为了确保模型能被采纳，分析师通常会与决策者以及其他利益相关者共同完成该项工作。

4. 解决方案

分析人员可以使用工具如计算机中的客观方法（统计分析、模拟、优化和专家系统等）来推导数学模型的解。此外，分析师还需要拥有充分的专业知识来分析工具的适用性和局限性，有时甚至有必要开发针对当前问题的新技术来解模型。一个模型可能由于方法和主要特征不正确或细节过多而不能求解，需要返回上一步进行简化，如果无法找到可采纳、可处理的模型，可考虑推迟研究，直到解决方案为止。

5. 测试模型和解决方案

上一步中得到的解决方案是模型的产物，运用之前，必须确定模型和解决方案的有效性，包括问题形式、建模假设、无形因素和原始情况等。其他测试程序包括灵敏性分析、何种条件下（包括参数值的变化）使用模型等。

若测试后确定模型或解决方案不合适，则需要返回到构建模型的步骤，考虑构建更复杂的模型，这可能会使模型变得难以处理，也可构造一个抽象程度低的模型，从而得到有效性较低的解决方法。在许多情况下，经常会面临因输入数据质量较低，或无法确定重要参数而找不到最佳解决方案的情况，因此，只需要能找到满意的解决方案即可。当所获得的决策不符合之前未考虑的约束条件，或者是决策者和组织要求不能采取的行动，测试需要回到问题形成阶段。

当然，计算机分析得到的解决方案只供参考，决策者可以选择和修改解决方案，使其包含原始模型没有反映的实际情况。

6. 建立控制程序

解决方案被采纳后，需要建立控制程序。问题通常是持续且不唯一的。解决方案是在变化的条件下以几乎自动的方式重复使用的程序。可以通过一套操作规则、工作描述、政府机构颁布的法律或法规或接受当前数据并规定行动的计算机程序来实现。

当程序实现后，分析人员和决策者可通过程序来处理新的问题。但若适用场景改变，许多分析将不幸成为解决不存在问题的多余程序。因此，建立可以识别不断变化的需求并更新解决方案的程序是非常重要的。

7. 应用

解决方案的应用实施，通常涉及组织人事的变更。由于抗拒变更是人类的特性，因此，解决方案的实现可能是解决问题过程中最困难的部分，也恰恰是最重要的部分。然而从严格意义上来说，解决方案的实现并不是分析人员的职责，但对解决方案进行更好地设计，充分考虑解决方案对组织带来的影响等，可以为具体工作减少阻碍。

图 1－1 提供了解决问题的简要过程，如果遇到复杂的情况还需深入分析，本书所描述的模型和方法将有助于问题的解决。

1.2 问题、模型和方法

现实世界的问题通常充满了被政治和利益扭曲的矛盾。运筹学的问题是从现实的困境中抽象出来的，其解决问题的步骤包括陈述决策目标、考虑决策者在运营中面临的限制、测量替代方案的有效性等，最终目的是帮助组织及其管理者做更好的决策。这些过程方法能否解决问题取决于问题的复杂性、决策者的接受能力等。对于处理现实问题的人来说，灵活运用解决问题的模型和方法是非常重要的。图 1－2 列出了运筹学的三个最重要的组成部分：问题、模型和方法。

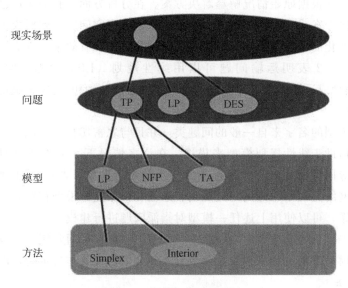

图 1－2　问题、模型与方法

1. 问题

运筹学的方法是将真实的情况简化或抽象到可进行分析的层次，从而得到可研究和操作的模型。为此，以下定义了几个通用的问题类：

图 1－2 中的顶层标识了现实世界中出现的情况：通过抽象或修改现实情况的某些部分，抽象问题可能适合几类问题。也许这种情况的某些组成部分涉及受到有限资源限制的大量决策，这可能意味着该问题可以建模为一个线性程序，如图中问题层的线性规划（LP）节点所示；额外的简化可能会将问题简

化为一般的运输问题（TP）；完全不同的分析过程可能需要考虑情境的随机要素和建立离散事件模拟（DES）模型。每种技术对行为提供不同的见解，并为可能采取的行动提供建议。

问题类以各种方式出现。把一个实际问题抽象成一个容易处理的问题有很多步骤。当抽象不够深入时，构建的模型不具有代表性，获得的解决方案也没有价值，那么退一步来考虑一个新的、不那么抽象的问题是必要的。如果这个问题以某种方式得到解决，那么它可能会引起足够的关注，从而被包含在其他可用的问题类中。

2. 模型

模型是运筹学者的中间媒介。模型采用定量方法进行仿真、分析和求解。通过分析，得到的解决方案将应用于现实情况，为研究提供动力。在现实方面，我们创建模型作为原始问题的抽象，收集数据以确定其参数值，测试模型的有效性，并根据原始情况解释解决方案。在分析方面，我们运用已知的方法来获得解决方案，还会用理论知识和比较能力来研究问题的解对模型结构、参数和系数变化的敏感性。如果目前收集的这些方法没有效果，就必须设计新的方法。图1-2表明运输问题可以用线性规划（LP）模型、网络流规划（NFP）模型或运输阵列（TA）的矩阵来描述，而模型的选择又决定了求解方法的适用性。

有些模型的名字来自一般的问题类，并且与之密切相关。例如，线性规划问题通常借助于线性规划模型来描述。在许多情况下，术语"模型"和"问题"几乎等同。模型类型之间存在着层次关系，例如，非线性规划、线性规划、通用网络流规划、纯网络流规划、运输和指派这些模型存在着通用性依次递减的关系，可以使用上述任一模型对指派问题进行建模。

模型也被认为是通用的或特定的，模型的一般参数通常用字母表示。对于一个通用模型的特定实例来说，参数有具体数值，并且与特定的情况相关。

3. 方法

解决方法与特定的模型相关联。在大多数情况下，对于给定的模型可以有多种合适的方法。图1-2表明有两种方法可应用于线性规划模型。第一个是单纯形法，第二个是内点法。研究人员一直在寻找解决一般模型的更有效的方法。一个特定的模型能否得到解决，取决于所使用的方法是否正确。大多数运筹学方法都是需要用软件来实现，随着计算机能力的增长和可用性的增强，这些方法的应用变得更加方便。

解决问题需要对实际情况理解透彻，广泛掌握一般问题相关知识、建模技能和实现所需技术的能力。当一个人受限于专业领域，比如数学、数学编程或仿真，且过于依赖它而牺牲了其他能力时，可以借助团队方法。但是，无论是作为个人还是团队的一员，至少需要对上述的三个组成部分有基本了解。在本书每一章中，我们识别了许多重要的问题类，并创建了可用不同方法解决的模型。

1.3　符号术语

随着运筹学领域的成熟，符号和术语也越来越标准化。我们尽可能使用这些标准的符号和术语，使得全书风格保持一致。以下设置一个单独的部分来介绍相关的术语和符号。

1.3.1　术语

建模和分析过程涉及以下术语。

运营：组织中进行的与实现其目标有关的活动。

研究：利用科学方法进行观察和测试的过程。这一过程的步骤包括：观察问题出现的情形并进行问题陈述，建立数学模型，假设模型并通过实验验证模型。

模型：对现实组织运作相关的决策问题的抽象。该模型通常用数学术语表示，并包含对函数关系中使用的假设的陈述。模型可以是物理的或叙述性的，或是包括在计算机程序中的一组规则。

系统方法：一种确定决策并且包含决策过程对组织的影响的分析方法。

最优解：在现有组织、物理和技术约束下，在所有可行解决方案中最优化（最大化或最小化）某些客观价值度量的解决方案。

团队：一群对解决问题具有不同的技能和观点的人。从历史上看，运筹学一直使用团队方法来避免出现受过去经验限制或过于狭隘的解决方案。团队还能提供一套专门的技能，这些技能能从团队中不同人的身上找到。

运筹学技术：一套通用的数学模型、分析程序和优化算法的集合。在定量研究中具有重要意义，包括线性规划、整数规划、网络规划、非线性规划、动态规划、统计分析、概率论、排队论、随机过程、仿真、库存理论、可靠性、决策分析等。

1.3.2　符号

关于数学符号的使用和方程的构造有一些通用规则。通常，粗体字体用于表示向量和矩阵，粗体斜体用于表示集合，而普通斜体用于表示标量。根据上下文的不同，决策变量、模型系数和系统参数可以写成大写或小写。除非另有说明，向量和梯度为列向量。在大多数情况下，转置符号"T"只在需要区分向量或矩阵的方向时使用，例如在二次表达式 $\mathbf{x}^T\mathbf{Qx}$ 中。它总是用于方程中确保代数运算是有意义的。

下标通常被解释为向量或矩阵的分量，例如 $\mathbf{x}=(x_1,\cdots,x_n)$。特殊情况下，当它们与标量相连时，它们通常表示计算算法迭代次数的索引。向量的上标类似于迭代索引。例如，在表达式 $\mathbf{x}^{k+1}=\mathbf{x}^k+t_k\mathbf{d}^k$ 中，符号 k 是一个索引，$\mathbf{x}$ 和 $\mathbf{d}$ 是向量，而 t 是一个标量。上标也可以指集合中的一个元素，例如 $\mathbf{x}^1\in S$，其中符号 $\in$ 表示"所属"，S 是一组适当的维数。大括号用于集合，而圆括号和方括号用于向量和矩阵。n维欧几里得空间中满足几个线性不等式的点的集合用 $\{\mathbf{x}\in \mathfrak{H}^n:\mathbf{Ax}\leqslant\mathbf{b}\}$ 表示，其中冒号表示"满足"。在表达式 $k\leftarrow k+1$ 中，符号 $\leftarrow$ 指示一个算法用 $k+1$ 替换保存 k 值的存储位置的内容。后面将根据需要引入更多的专用符号。

练　习

1. 为什么图 1－1 中标记为"情境"的对象用模糊的边界描述？
2. "最优解"的含义是什么？
3. 为什么运筹学解决方案的实施有时很困难？
4. 问题、模型和方法之间的关系是什么？
5. 在问题解决过程中，决策者应该在哪两项活动中扮演重要角色？
6. 控制程序的目的是什么？
7. 请简要描述一下问题解决的过程。
8. 如何确定模型的价值？

参考文献

[1] Paul A Jensen, Jonathan F Bard. Operations Research Models and Methods [M]. John Wiley-Sons, 2003.

[2] Gass, Saul I, Hirshfeld, et al. Model World: The Spreadsheeting of OR/MS [J]. Interfaces, 2000, 30 (5): 72—81.

[3] Horner P. (editor), OR/MS Today. Special Issue on Executives' Guide to Operations Research [J]. The Institute for Operations Research and the Management Sciences, 2000, 27 (3).

[4] Labe R P, Graves A. Franz Edelman Award Papers ‖ Franz Edelman

Award for Management Science Achievement [J]. Interfaces，2000，30 (1)：1－6.

［5］ Ragsdale C T. Spreadsheet modeling & decision analysis：a practical intro-duction to management science [M]. South-Western College Publishing，1998.

［6］ Savage S. Weighing the PROS and CONS of Decision Technology in Spreadsheets [J]. OR/MS Today，1997，24 (1)：42－45.

［7］ Winston W L. Operations research：applications and algorithms [M]. 3rd ed. Duxbury，Belmont，CA，1994.

［8］ 威廉·J·史蒂文森，张群，张杰，马风才 . 运营管理 [M]. 北京：机械工业出版社，2019.

［9］ 陈志祥，李丽 . 生产与运作管理 [M]. 北京：机械工业出版社，2014.

第2章 线性规划简介

运筹学的一个分支是研究竞争活动中稀缺资源的最优配置，它被称为数学规划。随着事物日益复杂，数学规划作为运筹学中最实用的模型之一越来越被广泛接受。典型的数学规划由目标函数和一组约束条件组成，该目标函数表示利润最大化或成本最小化，约束条件对决策变量取值进行限制。其中线性规划（Linear Programming，LP）是数学规划的一个特例。在实践中，无数的实际问题已经成功地使用 LP 技术建模并被解决，典型的应用包括航空公司机组人员的调度、制造业供应链的产品分配，以及石油化工行业的生产计划。

对于线性规划，所有的函数关系都必须是线性的。例如，目标函数通常写成 $z = f(\mathbf{x}) = c_1 x_1 + c_2 x_2 + \cdots + c_n x_n$。在这个表达式中，我们使用下标来标识各个术语，并使用 j 表示一般术语。第 j 个决策变量是 x_j，c_j 是第 j 个单位成本或利润系数。另一个限制是，决策变量 x_j 被要求是连续的而不是离散的。变量名通常来自问题的上下文，但对于一般情况，z 和 x_j 分别指目标函数值和第 j 个决策变量。决策变量的数量为 n。有关定义的完整列表在本章后面部分可见。

上述描述似乎限制了线性规划（LP）模型的范围，但事实并非如此。由于 LP 模型的简单性，目前已经开发出能够解决包含数百万个变量和数万个约束的问题的软件，大多数大型机、工作站和微型计算机都可实现这一功能。此外，特殊的建模技术将 LP 的有用性扩展到最初看起来不符合基本假设的情况。各种具有非线性函数、多目标、非确定性或多决策者的问题，如博弈论中出现的问题，都可以用线性规划来描述。因此，在提出复杂的数学模型之前，分析人员应该首先确定是否可以创建一个符合 LP 格式的抽象。

LP 实际上是所有优化的中心。许多常见的模型都是特例，如网络流和人员调度中出现的模型。因此，理解 LP 模型和方法为理解特殊情况提供了基础。另一方面，用于求解非线性、整数和随机规划模型的算法通常使用 LP 代码作为求解过程的组成部分。本章采用建模的方法，集中训练将现实需要优化的问题抽象和转化为线性规划问题的能力。

2.1　产品制造例子 I

线性规划建模的基本方法和步骤将通过下述案例进行阐释：一位营运经理正在确定下周的生产计划。本周生产的产品必须本周销售，不允许储存到下周。表 2-1 是机器处理的要求，即公司生产 P、Q 和 R 三种产品所对应的机器 A、B、C 和 D 的处理时间；表 2-2 是产品的相关数据。

表 2-1　机器数据

机器	单位处理时间（min）			可用时长（min）
	产品 P	产品 Q	产品 R	
A	20	10	10	2400
B	12	28	16	2400
C	15	6	16	2400
D	10	15	0	2400
总处理时间	57	59	42	

表 2-2　产品数据

产品	P	Q	R
单位收益	$90	$100	$70
单位原料成本	$45	$40	$20
单位利润	$45	$60	$50
最大销量	100	40	60

图 2-1 中的产品方框下方的矩形表示制造单位产品所要耗费的时间，圆形表示原材料要求。每个操作方块都有一个机器分配和操作所需的时间。例如，产品 P 下标有"D"的方框表示每单位产品 P 要在机器 D 上处理 10 分钟。为了说明图 2-1 中使用的符号，考虑产品 P，它由两个组件组成。组件 1 是由一个单位的原材料 RM1 在机器 A 和 C 上加工而成的；组件 2 是由一个单位的原材料 RM2 在机器 B 和 C 上加工而成的。组件 1、2 和购买部分在机器 D 上组装为一个完整的产品出售。从图 2-1 可以看出，产品 P 和 Q 使用组件 2，而产品 Q 和 R 使用组件 3。只有产品 P 需要单独购买部分。

这四台机器（A、B、C 和 D）中的每一台都执行一个唯一的进程，每类机器一台，每周可运行 2400 分钟。与工厂有关的经营费用包括每周 6000 美元的人工和管理费用。

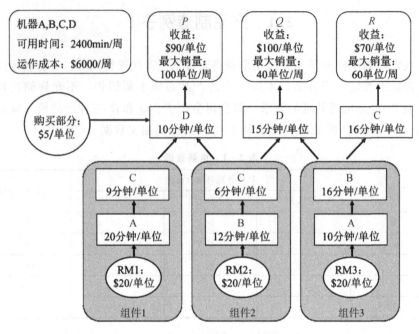

图 2-1 产品生产示例

接下来我们寻求"最佳"的产品组合，即当前的一周内，为了最大化利润，确定每种产品生产的数量。构建模型需要几个步骤：

1. 定义变量

我们试图选择最佳的产品组合，所以我们定义如下三个决策变量：

P：一周内要生产的产品 P 的数量；

Q：一周内要生产的产品 Q 的数量；

R：一周内要生产的产品 R 的数量；

2. 选择目标

比较不同的解决方案需要一个度量。这里我们选择最大化利润。每种产品的单位利润是单位收入与单位原材料成本之差。

若没有批量折扣，每周的总利润与生产和销售的产品数量成比例，因此

$$利润 = (90-45)P + (100-40)Q + (70-20)R - 6000$$
$$= 45P + 60Q + 50R - 6000$$

由于运营成本不是问题的变量函数，我们可以从利润函数中去掉 6000 美元。我们通常使用变量 Z 或 z 来表示目标的值。

$$Z = 45P + 60Q + 50R$$

3. 确定约束条件

(1) 一台机器的可用时间和每种产品的最大销售潜力限制了生产数量

由于知道每台机器的单位处理时间，可以在假设不存在规模经济效应的条件下将相应的约束写成线性不等式：

机器 A：$20P+10Q+10R\leqslant2400$

机器 B：$12P+28Q+16R\leqslant2400$

机器 C：$15P+6Q+16R\leqslant2400$

机器 D：$10P+15Q+0R\leqslant2400$

注意，这些约束的单位是每周的分钟数。不等式的两边必须在同一单位内。

(2) 市场限制可写为简单的上界

市场约束：$P\leqslant100$，$Q\leqslant40$，$R\leqslant60$

(3) 对变量的非负性限制

非负性约束：$P\geqslant0$，$Q\geqslant0$，$R\geqslant0$

4. 建立完整的模型

将目标函数和约束条件组合在一起便得到了完整的线性规划模型。

Maximize $Z=45P+60Q+50R$		
subject to	$20P+10Q+10R\leqslant2400$	Machine A
	$12P+28Q+16R\leqslant2400$	Machine B
	$15P+6Q+16R\leqslant2400$	Machine C
	$10P+15Q+0R\leqslant2400$	Machine D
	$P\leqslant100$，$Q\leqslant40$，$R\leqslant60$	市场约束
	$P\geqslant0$，$Q\geqslant0$，$R\geqslant0$	非负约束

这就是选择最优产品组合模型的数学表述。它被称为线性规划模型，因为目标函数和每个约束条件在形式上都是线性的。

5. 获得最优解

为了获得最优的产品组合，我们必须在不违反约束条件下为变量 P，Q，R 选择合适数值，使目标变量 Z 最大化。当遇到满足约束条件的 P，Q，R 的选择是无穷的情况时，能使 Z 最大化的就是最优解。利用软件计算，我们确定最优解是 $P=81.82$，$Q=16.36$，$R=60$，对应的目标值 $Z=\$7664$。为了计算一周的利润，我们将这个值减去运营费用的 6000 美元，得到 1664 美元。

通过将生产数量设置为最优解指定的量，我们可以获得机器的使用情况如表 2-3 所示。最优解充分利用了机器 A 和 B 的能力，而机器 C 和 D 在一周的部分时间内处于空闲状态。产品 R 的制造水平符合其市场限制，产品 P 和 Q 的制造数量低于各自的最大市场限制。

表 2-3 产品生产示例的解

机器	可用时间（min）	实际使用（min）
A	2400	2400
B	2400	2400
C	2400	2285
D	2400	1064
产品	最大销量	生产数量
P	100	81.82
Q	40	16.36
R	60	60

在解决方案中，机器 A 和 B 的可用性约束和产品 R 的最大销售约束与实际数值相等，这些约束称为紧约束，代表了制造过程中的瓶颈，由于它们限制了公司的利润，具有重要意义。如果管理层能做些什么来增加 A 和 B 机器的可用性或增加产品 R 的市场，就可以实现额外的利润。对于给定的模型数据，为提高 C 和 D 机器的能力或扩大 P 和 Q 产品的市场所做的努力是不值得的。

尽管已经得到了问题的解决方案，但为得到可处理的模型，需要做一些假设，包括了 LP 模型的通用假设以及基于当前情况的假设，其中最具特点的情况如下：

（1）可分性

如果产品数量的最优解是离散的，意味着最优解决方案是不可以实现的。在这种情况下，将 P 和 Q 的值合理近似为不超过最优解的最大整数，即 $P=81$，$Q=16$。然而，这种方法通常不会产生可行的、较为理想的解决方案。我们的线性规划假设是：变量是实数，变量单位是任意可分的。

在第 7 章中，为了实现整数约束建立整数规划模型，当作为整数规划求解时，当前示例的结果是 $P=82$，$Q=16$，$R=60$，目标值 $Z= \$7650$。

（2）比例

LP 中的目标函数和约束是通过与变量值成比例的单个项求和来表示的。然而，实际情况可能是非线性的。因为当存在规模经济时，即人们可以在产量增加时以较低的单价购买原材料；也可能存在规模不经济，要求对销量较大的产品给予价格折扣。所以，当非线性情况存在时，如果要使用 LP，必须将它们近似或转换成线性形式。

当然，非线性目标函数的模型也可以直接用非线性规划方法来处理，这将在本书第 11 和 12 章中讨论。但是，我们会发现，求解整数规划模型的算法效率远远低于求解线性模型的算法效率。

（3）确定性

标准线性规划模型忽略了系统中的动态变化和时间波动，所有参数和系数都被假定为确定的常数，但是实际中许多参数和系数只是估计值。例如，需求估计会受到未知因素的影响，机器出现故障会导致可工作时间减少，处理时间只是高度可变数量的平均值。

（4）情景相关的抽象

在上述产品的生产过程中，我们忽略了许多必须在操作层面解决的问题，尤其是时间安排问题。这些产品共享几台机器，每台机器一次只能在一个产品上工作，是否有一个机器操作的时间表，以适应最佳的产品组合？已经确定了机器 A 和 B 是瓶颈，如果按照最佳方案进行生产，机器 A 和 B 必须在 100% 的时间内都要处于活动状态，因此想要找到一个可行的计划通常是非常困难的。

其他被忽视的因素包括库存、机器设置时间、过程时间可变性和材料移动等。尽管如此，模型的价值不是由它对现实的写实程度来衡量，而是由它提供的见解和在预测系统行为方面的有用性来衡量。

（5）解决方案的相关性

本书中提到的决策常常伴随着未知的、不确定的或是过于复杂而导致无法建模的因素，我们在某些情况下可以通过创建更全面的模型来处理复杂问题，但需考虑计算的代价。

回到产品生产的例子，我们首先可以反问解决方案是否有价值。尽管在模型的开发中做了各种各样的抽象，它仍然代表了问题的一个重要方面，即在竞争的产品之间分配机器时间。这样的抽象问题需要借助计算机才能找到最优的解决方案。另外，可以反问解决方案是否能直接实现。因为执行期间出现的状况可能与拟订阶段抽象出来的因素不一致。例如，市场估计可能错误，机器运转可能会失败等，导致解决方案不能实现。

无论如何，该解决方案提出了指导未来一周生产计划的策略，包括：①确保产品 R 的生产量满足需求；②鼓励生产产品 P 或 Q；③保持机器 A 和 B 繁忙；④不要试图增加机器 C 和 D 的效率。好的策略通常由解决方案的重要特征组成，而不是具体的数字，因为随着时间的推移，我们还可以收集更好的数据来修改和完善模型。

2.2　求解和最优解

虽然所有的数学规划模型看起来都是相似的，有优化的目标函数和围绕决策变量的约束条件，但它们获得最优解所需的计算量却有很大差异。

与非线性规划和整数规划相比，线性规划模型是目前最容易求解的问题，因为其只受到有限的约束，并且大多数线性规划问题可用大型机、工作站和微型计算机解决。而具有离散变量或非线性函数的模型，以及没有特殊结构且只包含几百个整型变量的模型即使使用最新的技术也不可能解决。此外，许多只有几个变量的非线性程序可能同样较难求最优解。但是，对于一些整数和非线性问题，通常可以由模型的独特性找到特殊的求解方法，这避免了相当大的计算量。在科学界有大量的整数和非线性规划算法，每一种都是为了解决一小类问题而设计的。

求解大型整数或非线性规划的方法之一是分别去掉整数约束或用线性函数逼近非线性函数来得到线性规划，一般称这些线性规划模型为原模型的松弛。

建模求解时需要注意以下方面：首先，建模需要清晰易懂。但并不是一味减少变量和约束的数量，为了便于理解，线性规划允许一些多余的内容；其次，能够解决问题。具有大量整数变量或非线性函数的模型是较难解决的，尽管可以通过灵活修改整数变量和非线性函数来求解问题，但在多数情况下，分析人员可能需要将问题近似或简化来求得可行解，此时模型与真实情况存在一定区别。

2.2.1　术语

决策变量：决策变量用代数变量来表示，如 x_1，x_2，x_3，$\cdots$，x_n。其中，决策变量的数量是 n，x_j 是第 j 个变量。在特定情况下，通常使用其他名称比较方便，比如 x_{ij}，y_k 或 $z(i,j)$。在计算机模型中，我们使用诸如FLOW1 或 AB＿5 之类的名称来表示特定问题的相关量。问题中的所有变量所赋的值称为解。

目标函数：目标评估一些定量标准的综合重要性，如成本、利润、效用和产量。一般的线性函数可以写成，

$$z = f(x) = c_1 x_1 + c_2 x_2 + \cdots + c_n x_n = \sum_{j=1}^{n} c_j x_j$$

其中，c_j 是第 j 个变量的系数，目标函数可以选择最大化或者最小化。

约束：约束可以是不等式或等式，它对决策施加限制。约束有各种各样的来源，如有限的资源、约束义务和物理定律。一般来说，一个线性规划问题有 m 个线性约束，可以表述为，

$$\sum_{j=1}^{n} a_{ij} x_j \begin{Bmatrix} \leqslant \\ = \\ \geqslant \end{Bmatrix} b_i, i=1,\cdots,m$$

每个约束必须在大括号中显示的三个关系中任选其一。a_{ij} 被称为技术系数，b_i 为第 i 个约束的右边（RHS）值。不允许使用严格的不等式（$<$、$>$ 和 $\neq$）。我们有时将这种形式的约束定义为结构约束，以便与下面定义的非负性约束和简单上界约束进行区分。

非负约束：在大多数实际问题中，要求变量为非负，即，

$$x_j \geqslant 0, \ j=1, \cdots, n$$

这种特殊的约束称为非负性约束。有时变量必须是非正的，甚至可能是不受限制的（允许任何实际值）。

简单上界：每个变量 x 的上界可以是一个指定的量，称为简单上界 u_j。一个简单的上界限制了 x 的最大值，即，

$$x_j \leqslant u_j, \ j=1, \cdots, n$$

如果没有为变量指定简单上界，则称该变量无上界。

完整的线性规划模型：将上述组成部分结合在一起后得到，

$$\text{subject to} \sum_{j=1}^{n} a_{ij} x_j \begin{Bmatrix} \leqslant \\ = \\ \geqslant \end{Bmatrix} b_i, i=1,\cdots,m$$

$$x_j \leqslant u_j, j=1,\cdots,n$$

$$x_j \geqslant 0, j=1,\cdots,n$$

所有约束，包括非负约束和简单上界约束共同定义了一个问题的可行域。

参数：带有下标 i 和 j 的所有系数（c_j，a_{ij}，b_i，u_j）的集合称为模型的参数。为了确定模型，必须指定所有参数的值。

2.2.2　基解

使用算法求解线性程序的第一步是改写模型，使得所有结构约束都以等式形式出现。在下面的修正模型中，s_1 到 s_4 表示的非负松弛变量将不等式转化为方程。

带有不等式的模型：

$\text{Maximize} Z = 45P + 60Q$

subject to	$20P + 10Q \leqslant 1800$	Machine A
	$12P + 28Q \leqslant 1440$	Machine B
	$15P + 6Q \leqslant 1440$	Machine C
	$10P + 15Q \leqslant 2400$	Machine D
	$P \leqslant 100,\ Q \leqslant 40$	市场约束
	$P \geqslant 0,\ Q \geqslant 0$	非负约束

利用松弛变量改写模型：

$\text{Maximize} Z = 45P + 60Q$

subject to	$20P + 10Q + s_1 = 1800$	C1
	$12P + 28Q + s_2 = 1440$	C2
	$15P + 6Q + s_3 = 1440$	C3
	$10P + 15Q + s_4 = 2400$	C4
	$P \leqslant 100,\ Q \leqslant 40$	简单上界
	$P \geqslant 0,\ Q \geqslant 0,\ s_i \geqslant 0,\ i = 1, \cdots, 4$	非负约束

两种形式的模型相对于原始变量具有完全相同的可行域，也就是说，对于任何满足原始约束条件的 P 值和 Q 值，总是有可能找到对应的 $s_1, \cdots, s_4$。因此，修正后的模型也满足这些条件；反之亦然。这个结果是由松弛变量被限制为非负得出。根据惯例，模型等式形式的结构约束数量是 m，变量包括松弛变量在内共 n 个，且 $n \geqslant m$。例如，

$$m = 4, \quad n = 6$$

注意，不会在上界约束中添加松弛变量，也不会将它们算作确定 m 的约束。如果我们确实在上界约束中添加松弛变量，那么它们将由 P 和 Q 的值来确定。原因将在本书第 3 章中解释清楚，通常假定 m 个等式约束是线性无关的，即没有一个约束可以写成其他约束的线性组合。这里的原始变量 P 和 Q 被称为结构变量，而构成等式的变量被称为松弛变量。

图 2-2 为简化的产品生产问题的可行域，约束 3 和约束 4 不影响可行域，所以没有出现在图中。最优解为 C1 和 C2 相交之黑点处，未在图中明确

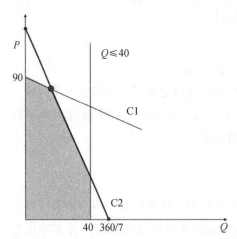

图 2-2　产品生产问题修正模型

表示的松弛变量与相关约束线的垂直距离成正比。当结构变量和各变量均为非负时，有可行解；当松弛变量为零时，解位于表示相关约束的直线上。表 2-4 给出了最优解处的变量值。

当松弛变量为零时，相应的约束被称为约束解；反之，松弛变量为正表示约束是松弛的。在本例中，紧约束是 C1 和 C2，其中 s_1 和 s_2 等于 0，其余约束为松约束。

每个模型都存在一个最优解，其中最多有 m 个变量取得它们的上下限。这些变量称为基变量，相应的解称为基解。（从技术上讲，一个基本的解包含 m 个变量，其中一些可能刚好取得边界值。如果 $k<m$ 个变量的值在取值范围内，总是有可能从其余的 $n-k$ 个变量中找到额外的 $m-k$ 个变量，并用它们来构造一个基解。）

接下来的章节会提到每一个存在最优解的线性规划都有一个基本最优解。如表 2-4 所示，它有四个基变量（P、Q、s_3 和 s_4）和两个非基变量（s_1 和 s_2）。一般来说，一个有 m 个结构约束的问题将有 m 个基变量和 $n-m$ 个非基变量。

表 2-4 最优解的变量取值情况

结构变量	松弛变量	目标值
$P=81.82$	$s_1=0$	$Z=4363.6$
$Q=16.36$	$s_2=0$	
	$s_3=114.5$	
	$s_4=1336.4$	

2.2.3 一般模型中最优解的性质

具有两个决策变量的线性规划模型可以用图形来表示，比如使用一个二维坐标系。我们现在要讨论的是一般模型中各种解的性质。

为了便于说明，我们简化了 2.1 节中的产品生产示例，减少变量 R，修正后的模型只包含 P、Q 变量。回忆一下，最优解决方案需要尽可能多的产品 R，因此在下面的模型中，R 的最大值为 60。我们有

Maximize $Z=45P+60Q$		
	$20P+10Q\leqslant1800$	Machine A
	$12P+28Q\leqslant1440$	Machine B
subject to	$15P+6Q\leqslant1440$	Machine C
	$10P+15Q\leqslant2400$	Machine D
	$P\leqslant100,Q\leqslant40$	市场约束
	$P\geqslant0,Q\geqslant0$	非负约束

因为只有两个决策变量，所以可以在一个坐标轴分别为 P 和 Q 的图上绘制由约束定义的可行域。图 2-3 展示了机器 A 施加约束和非负性约束下的可行域，图中阴影区域及 $20P+10Q=1800$ 这条线包含了满足约束条件 $20P+10Q \leq 1800$ 的非负点，这些点组成的约束确定了可行域；而超过这个区域的点不可行，需要进一步讨论。

可行解必须满足问题的所有约束条件。图 2-4 给出了每个不等式对应的直线，以及整体可行域。对于一个特定的约束，要确定可行域是在线的一边还是另一边，只需要在平面上选一个点，例如（0，0），看看它是否满足不等式，如果满足就是这边，不满足则是另一边。

线性规划问题的可行域是各约束的可行域的交集，即图 2-3 中的阴影区域，很容易看出，只有机器 A 和 B 上的时间限制和产品 Q 的生产上限影响了可行域；其他约束被默认为是多余的。图 2-5 扩大了坐标系，通常，与任意 LP 可行域相关联的几何形状被称为多面体。

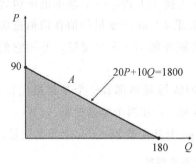

图 2-3　机器 A 确定的可行域

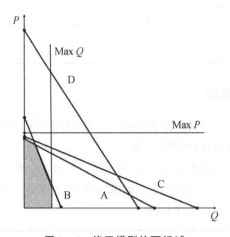

图 2-4　修正模型的可行域

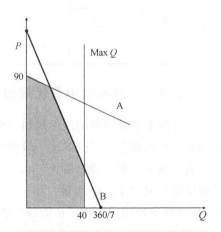

图 2-5　放大可行域

图 2-6 给出了固定值为 $Z=\$3600$ 和 $Z=\$4664$ 的两个目标函数的图，相应的线称为等值线，等值线上的任何一点都给出相同的有效函数值。由于研究的是线性函数，所有等值线都是平行的。从图 2-6 中可以看出，如果目标值从 3600 增加到 4664，则直线沿平面上升。因为目标是最大化，所以要把这条线在与可行域相交的条件下移动到尽可能远的地方。对于本例，可以将目标

函数增加到＄4664。对应等值线在点 $(Q, P) = (16.36, 81.82)$ 处与可行域相切，表示机器 A 和机器 B 定义的约束交点，此为最优解。

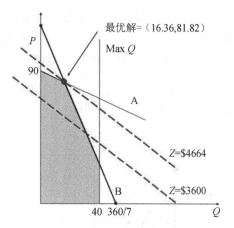

图解分析给出了线性规划一个非常重要的理论结果。尤其是当存在最优解时，最优解总是在可行域的极值点处取得，一个极值点是多面体的一个顶点，由两条或多条约束线的交点构成。一般情况下，对于具有 m 个不等式约束和 n 个非负性约束的 n 维问题，至少有 n 个约束或非负性约束是紧约束，从而产生极值点。在图 2-6 中便可以观察到五个可行的极值点。

图 2-6 等值轮廓和最优解

2.2.4 最优解的特殊情况

我们现在给出几个二维的例子来说明在建模或求解线性规划问题时可能观察到的其他特性。

图 2-7 给出了最优等值线与约束边界完全重合的情况。在这种情况下，存在无穷多个最优解，约束边界上的每一点都是最优解。其中，有两个最优解是可行域的极值点。

图 2-8 描述了可行域是无界的情况，这意味着没有半径有限的圆可以容纳可行域，虽然目标函数可能无界，但在本题情况下可以求得有限最优解。

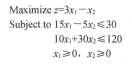

Maximize $z = 3x_1 - x_2$
Subject to $15x_1 - 5x_2 \leqslant 30$
$10x_1 + 30x_2 \leqslant 120$
$x_1 \geqslant 0, \ x_2 \geqslant 0$

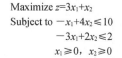

Maximize $z = 3x_1 + x_2$
Subject to $-x_1 + 4x_2 \leqslant 10$
$-3x_1 + 2x_2 \leqslant 2$
$x_1 \geqslant 0, \ x_2 \geqslant 0$

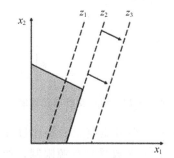

图 2-7 无穷多最优解

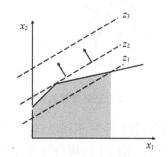

图 2-8 可行域无界但存在最优解

图 2-9 和图 2-10 说明了无界最优解的条件。在图 2-9 中，变量 x_1 有界；在图 2-10 中，任何一个变量都可以变得无穷大。当然，如果所有变量都存在上界，则可行域必然是有界的。

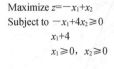

Maximize $z=-x_1+x_2$
Subject to $-x_1+4x_2\geq 0$
x_1+4
$x_1\geq 0$, $x_2\geq 0$

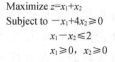

Maximize $z=x_1+x_2$
Subject to $-x_1+4x_2\geq 0$
$x_1-x_2\leq 2$
$x_1\geq 0$, $x_2\geq 0$

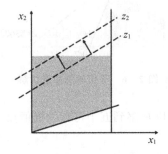

图 2-9　x_1 有界但目标函数无界

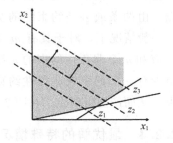

图 2-10　变量、目标函数均无界

图 2-11 和图 2-12 描述了约束相互排斥导致的无可行域的两种情况，在图 2-11 中，结构约束相互排斥；在图 2-12 中，结构约束在正象限没有可行的交集。

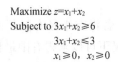

Maximize $z=x_1+x_2$
Subject to $3x_1+x_2\geq 6$
$3x_1+x_2\leq 3$
$x_1\geq 0$, $x_2\geq 0$

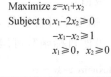

Maximize $z=x_1+x_2$
Subject to $x_1-2x_2\geq 0$
$-x_1-x_2\geq 1$
$x_1\geq 0$, $x_2\geq 0$

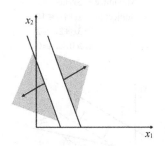

图 2-11　无交集的约束系统

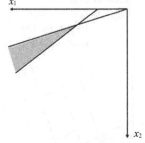

图 2-12　约束交于非正区域

当出现图 2-9 至图 2-12 中所示的情况时，很可能模型的构建过程中出现了错误，实践中出现的问题通常是可行的，且大多数受到资源限制，遗漏约束、计算错误和输入错误是造成这些异常的主要原因。

当然，大多数 LP 模型并不像本节模型那样容易可视化，当存在三个以上的变量时，不可能画出完整的可行域。然而，这里介绍的概念和术语仍然适用于描述问题的几何结构和解决方案的特征。在高维空间中，确定可行域边界的线称为超平面，可行域称为 n 维多面体，无论维数如何，在可行域的极值点可找到最优解；特定问题的解可能是有限的或无界的，模型可能没有可行域。

2.2.5　概念总结

解：对决策变量所赋的值是 LP 模型的一个解，给出一个解，根据目标函数和约束条件的表达式，如果此解满足所有的约束条件、非负性约束条件和简单上界，则为可行解。如果违反了其中任何一项限制，则为不可行解。

最优解：使目标函数最大化或最小化的可行解（取决于判据）称为最优解。LP 算法的目的是寻找最优解或确定不存在可行解。

无穷多最优解：如果有多个最优解（产生相同 z 值的解），则称该模型有无穷多最优解。许多实际问题都有可供选择的最佳方案。

无可行解：如果没有满足所有的约束条件，这个问题就没有可行解。在实际问题中，约束集可能不允许一个可行的解决方案，这种情况可能是由于问题语句中的错误或数据输入错误造成的。在问题的公式化中，冗余的等式约束或近似相等的不等式约束可能导致可行解不存在的错误指示。一组等式在理论上可能有一个解决方案，但计算机计算过程中固有的舍入误差可能无法同时满足这些等式或者不等式。

无界解：如果存在可行解使得目标函数可以达到任意大值（最大化）或任意小值（最小化），则称该模型无界，当所有的变量都被限制为非负且有简单上界时，这个条件不可能成立。如果没有为某些变量指定边界，则模型的解可能无界。然而，由于大多数决策必须考虑到资源和自然规律的限制，无界模型可能不能很好地反映实际问题。

2.3　灵敏度分析

在实际情况中，使用数学规划解决问题有三个重要方面：①创建模型；②找到解决方案；③解释解决方案。在这一章中，我们希望学生能从例子中学会建模，使用计算机找到问题的解。许多好的 LP 算法，包括这本书所提供的，都可以帮助找到最佳的解决方案。解释解决方案经常被忽视，但却可能是实际应用中最重要的建模指导部分。

在本节中，我们将讨论几个解的特征以便于帮助解释线性规划求解算法所得到的结果，这里有意思的是灵敏度分析，该分析描述了在指定范围内更改模型的某些参数（如成本系数或 RHS 值）的后果。从实际的观点来看，这种类型的分析很重要，因为模型参数通常不在决策者的控制范围之内，并且很少被确切地知道。

2.3.1 决策变量的灵敏度分析

两种灵敏度分析在大多数线性规划报告中都有提及，第一个涉及结构变量，第二个涉及约束。我们在表 2-5 中说明了各种灵敏度分析的结果。

表 2-5 产品生产示例的变量分析

序号	变量名	值	状态	检验数	目标系数	变化范围下界	变化范围上界
1	P	81.82	基本	0	45	25.71	120
2	Q	16.36	基本	0	60	22.50	105

1. 值、状态和检验数

灵敏度分析仅在最优解处具有相关性。最优的变量值出现在表 2-5 的第三列，线性规划解的基变量与结构约束的数量相同。对于这个问题，有四个约束条件和六个变量，我们希望有四个基变量，"状态"列显示 P 和 Q 都是基变量，本列其他可能的项是"下界"和"上界"，这表明取值对应上下界的变量是非基变量。有人可能会问，如果 P 和 Q 是基变量，那么剩下的两个基变量在哪里？答案是，它们是与松散约束相关联的松弛变量（在本例中是 s_3 和 s_4）。

一个变量的检验数代表了如果我们将此变量入基，目标函数将改变的边际量。因为 P 和 Q 已经是基变量了，它们的检验数都是零，当目标最小化时，取得最优解，非基变量检验数都是非负的，反之非基变量的检验数都是非正的。

2. 目标函数系数的变动范围

灵敏度分析提供了目标函数的系数 $c_j (j=1, \cdots, n)$ 可以变化的范围，在这个范围内，当前最优解不变，对应目标函数的值可以改变。

这种类型的信息非常重要，因为系数的实际值可能无法精确地知道，较大的范围表明最优解对数据的变化不敏感，因此我们不必担心不确定性；而较小的范围表明该值很可能是影响最优解的关键。

表 2-5 的最后三列显示了目标系数的当前值、范围的下限和范围的上限。例如，在分析产品 P 对利润的贡献时使用的值是 45，这个值在 25.71 到 120 之间变动时，P 和 Q 的值仍是最优。这些结果将在本书第 3 章中通过一些简单计算得到，并且可以通过软件直接生成分析报告。上述报告显示最优解对模型中的产品单位利润（目标函数系数）不是很敏感，因为它们的可变范围相对

较大，在这种情况下，分析人员可以确信解决方案是准确的。

在灵敏度分析指定的范围内改变单个目标系数会导致目标函数线改变斜率，并围绕最优极值点旋转，目标函数的值随系数的变化而线性变化。图 2-13 给出了目标系数 c_2，即产品 Q 的单位利润变化时的情况，当 $c_2 = 22.5$，为范围内的最小值时，等值线 $Z = 45P + 22.5Q$ 与约束 C1 平行，此时解 $[(Q, P) = (16.36，81.82)]$ 仍为最优，但 C1 上 $(0，90)$ 和 $(16.36，81.82)$ 之间的所有点也为最优，因此，在取范围极限值，我们有多个最优解。如果我们将产品 Q 的单位利润降低到 22.5 以下，极值点 $[(Q, P) = (0，90)]$ 则成为问题的唯一最优值。

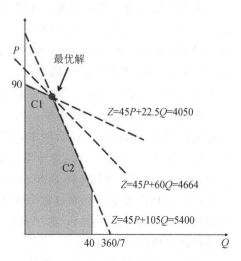

图 2-13　产品 Q 单位利润 c_2 的变化影响

在另一个极端，目标函数是 $Z = 45P + 105Q$，对应的等值线与约束 C2 重合，因此 C2 上 $(16.36，81.82)$ 和 $(40，26.67)$ 之间的所有点都是可选的最优值。

3. 约束的灵敏度分析

表 2-6 描述了最优解关于约束右端取值 b 的敏感性分析。

该表中的"值"列表示每个结构约束在最优解处的左侧值。在本例中，每个约束度量一周内机器使用的小时数。

"状态"列共有 4 类。"基本"是指约束宽松，对应松弛变量（s_3 和 s_4）。对于某些 LP 模型，一个特定的约束可能有上限和下限两个限制。当约束的状态为"上限"时，上限是紧的，这对应了示例中出现的情况，机器 A 和 B 的时间限制了最优解。状态为"下限"表示下限较紧，当前示例只存在上限。最后一种可能是"等式"表明约束为等式约束。

表 2-6　简化产品生产示例的约束分析

序号	名称	值	状态	影子价格	约束限制	变化范围下界	变化范围上界
1	机器 A	1800	上限	1.23	1800	933	1945
2	机器 B	1440	上限	1.70	1440	1080	1960
3	机器 C	1325	基本	0	1440	1325	——
4	机器 D	1063	基本	0	2400	1063	——

4. 对偶变量

对偶变量与每个约束相关，即经济学文献中所说的影子价格，这些信息在表 2-6 的"影子价格"一栏中列出。一个重要的理论表明，对偶变量给出了目标函数值相对于约束的 RHS 参数的边际变化率（其他所有参数保持不变）。对于约束 i，设 π_i 为对应的对偶变量，Δb_i 为约束右端常数 b_i 的一个小变化（增加为正，减少为负），因此，Δb_i 在目标函数产生的变化为 $\Delta z_i = \pi_i \Delta b_i$。

松约束的对偶变量始终为零，因为稍微改变松散约束的右端值并不会影响决定最优解的域值边界。在示例中，我们看到增加机器 A 的可用时间的边际价值是每分钟 1.23 美元，这意味着每增加一分钟机器 A 的使用，公司的利润就增加 1.23 美元，增加 b_1 从 1800 分钟到 1801 分钟增加利润 1.23 美元。而增加机器 B 的使用带来的利润是每分钟 1.70 美元，带来的利润高于机器 A。对于不具约束力的约束 3 和 4，影子价格为零，意味着增加（或减少）b_3 或 b_4 没有获得边际价值（或损失）。

因为这个问题是线性的，所以在约束右端参数的某个范围内变化率保持不变。变化信息是灵敏度分析的输出，将在下一小节中讨论。

5. RHS 参数的简单变动

如果考虑同时更改几个参数，那么会导致额外带来的复杂分析，而且不易总结，所以我们现在描述改变一个 RHS 参数 $b_i (i=1, \cdots, m)$，同时保持其他所有项不变。这一节的目标是找出 RHS 常数可以在不影响最优解某些特性的情况下变化的范围，表 2-6 中的最后三列显示此变动信息。

"约束限制"列给出当前 RHS 值，下两列显示了上下限的可变动范围，破折号表示在相关方向上不受限制，将这四个参数中的任何一个从其当前值向任意方向改变，都会导致一个或多个基变量的值发生变化。（非基变量不受影响，保持在其上下限的值，即边界。）只要参数的值保持在指定范围内，基变量就保持不变。一旦超过这个范围，基变量即发生变化，表 2-6 中的结果将不再有效。

对于松约束（即机器 C 和机器 D 的时间限制），RHS 参数可在其规定的范围内增加或减少，而不引起除与松约束相关的松弛变量以外的任何基变量的值的变化。例如，考虑带有 RHS 参数 $b_3 = 1440$ 的约束 C3，在表 2-6 中，我们可以看到机器 C 上的可用时间可以减少到 1325，而不会影响解决方案，除了松弛变量 s_3 会随 b_3 逼近其极限值减少到零。b_3 的任何减少，都会导致一组不同的基变量变为最优。

图 2-14 显示了改变约束 3 的情况：$15P + 6Q \leqslant b_3$ 的 RHS 参数的影响。当 $b_3 = 1440$ 时，这个约束是松散的，因此不影响最优解。当 b_3 减到 1325 时，

约束线保持与原方向平行，但再向下移动，直到直接通过最优解，进一步的减少使原最优解变得不可行。

当约束较紧时，在指定范围内改变其RHS值不会改变基本量的选择，但是基变量的值会在相应范围内以线性方式变化，目标函数则以对应对偶变量的值为速率变化。表 2-6 给出的 C2 的范围表明机器 B 上可用的小时数在 1080 到 1960 之间变化时，P、Q、s_3 和 s_4 仍为基变量。而将小时数更改为此范围之外的值将导致在最佳状态下产生一组不同的基变量。

图 2-15 显示了当 C2 的 RHS 参数（称为 b_2）减少到 1080 时的情况，最优解保持在约束 C1 和 C2 的交点处，随着 b_2 减

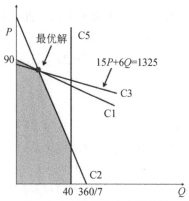

图 2-14　松弛约束右端常数
变化的影响

小，C2 对应的直线与原方向平行移动，最优解也随之移动。当 b_2 达到 1080 时，变量 Q 变为 0，为了使解保持可行，基变量必须改变，在这种情况下，Q 会出基，而 s_1 会入基，即 C1 不再是紧约束。

图 2-16 显示了增大 b_2 的效果。随着 b_2 增大，仍在 C1 和 C2 间取得最优解；当 b_2 达到 1960 时，为了使解保持可行，必须改变基变量，C2 不再是紧约束，Q 会达到它的上限，这意味着 s_2 会入基，Q 会出基成为非基变量，并取其上限值。

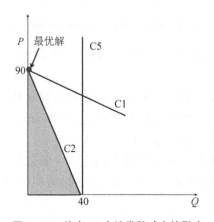

图 2-15　约束 C2 右端常数减小的影响

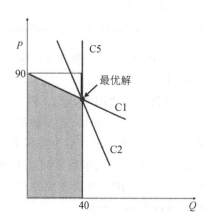

图 2-16　约束 C2 右端常数增大的影响

练 习

1. 用图解法求解下列线性规划问题。

(1) $\max Z = x_1 + x_2$

s. t. $\quad x_1 + 2x_2 \leqslant 10$

$x_1 + x_2 \geqslant 1$

$x_2 \leqslant 4$

$x_1 \geqslant 0, \ x_2 \geqslant 0$

(2) $\max Z = 3x_1 - 2x_2$

s. t. $\quad x_1 + x_2 \leqslant 1$

$2x_1 + 2x_2 \geqslant 3$

$x_1 \geqslant 0, \ x_2 \geqslant 0$

2. 某养鸡场饲养肉鸡出售，设每只鸡每天至少需 100 克蛋白质、12 克矿物质、60 毫克维生素。现有五种饲料可供选用，各种饲料每千克营养成分含量及单价如下表所示：

饲料	蛋白质（克）	矿物质（克）	维生素（毫克）	价格（元/千克）
1	3	1	6	0.5
2	2	0.3	10	0.8
3	2	0.4	8	0.6
4	5	2	7	1
5	16	0.8	3	1.5

问：如何在满足肉鸡营养需求的前提下，最经济的搭配饲料？建立问题的线性规划模型。

3. 某汽车需要用甲、乙、丙三种规格的轴各一根，这些轴的长度规格分别是 1.5、1、0.7 (m)，这些轴需要用同一种圆钢来做，圆钢长度为 4m。现在要制造 1000 辆汽车，最少要用多少圆钢来生产这些轴？

4. 使用类似于汽车租赁问题的方法来解决劳动力调度问题。一家公共汽车公司正在为它的公共汽车安排司机，如表所示，对司机的要求随时间而异，这些要求每天都在重复。

时间	0:00—4:00	4:00—8:00	8:00—12:00	12:00—16:00	16:00—20:00	20:00—0:00
需求	4	8	10	7	12	4

司机从早上 4 点开始，早上 8 点，中午 12 点，下午 4 点，晚上 8 点，轮班工作 8 小时，也就是说，司机从晚上 12 点开始工作到早上 8 点，晚上 8 点开始的司机要工作到第二天早上的 4 点。找到一个司机的时间表，将司机的数理最小化，以满足每天的需求。注意，有些司机可能会在他们轮班的部分时间空闲。

5. 某商场决定：营业员每周连续工作 5 天后连续休息 2 天，轮流休息。根据统计，商场每天至少需要的营业人员数如下表所示。

营业员人员数量统计表

周	周一	周二	周三	周四	周五	周六	周日
需要人数	300	300	350	400	480	600	550

商场人力资源部应该如何安排每天的上班人数，以使商场总的营业员最少？

6. 三个人将在下周完成十项工作，每个工人每周工作 40 小时。个人完成工作的时间列在表中。单元格中的值假设每个作业由一个人完成，然而，作业可以共享，完成时间按比例确定。如果在特定单元中不存在项，它意味着相关的工作不能由相关的工作人员来完成。建立并求解一个 LP 模型，该模型能够获得个人的最优工作分配。目标是最小化完成所有作业所需的总时间。

人/工作	1	2	3	4	5	6	7	8	9	10
A	—	7	3	—		18	13	6	—	9
B	12	5	—	12	4	22		17	13	—
C	18	—	6	8	10		19	—	8	15

7. 某部门现有资金 200 万元，今后五年内考虑给以下的项目投资。已知，项目 A：从第一年到第五年每年年初都可投资，当年末能收回本利 110%；项目 B：从第一年到第四年每年年初都可投资，次年末能收回本利 125%，但规定每年最大投资额不能超过 30 万元；项目 C：需在第三年初投资，第五年末能收回本利 140%，但规定最大投资额不能超过 80 万元；项目 D，需在第二年初投资，第五年末能收回本利 155%，但规定最大投资额不能超过 100 万元。据测定每万元每次投资的风险指数如下表：

项目	风险指数（次/万元）
A	1
B	3
C	4
D	5.5

a) 应如何确定这些项目的每年投资额，使得第五年年末拥有资金的本利金额最大？

b) 应如何确定这些项目的每年投资额，使得第五年年末拥有资金的本利在 330 万元的基础上使得其投资的总风险系数最小？

参考文献

［1］Paul A. Jensen，Jonathan F. Bard. Operations Research Models and Methods. ［M］. John Wiley-Sons，2003.

［2］Brooke，A D. Kendrik，and A. Meeraus，GAMS：A User's Guide，GAMS Development Corp. Washington，DC，2000.

［3］Dantzig G B，Thapa M N. Linear Programming 1：Introduction ［M］. Springer-Verlag New York，Inc，1997.

［4］Epstein，F R. Morales，J. Seron，and A. Weintraub，"Use of OR Systems in the Chilean Forest Industry" Interfaces，1999，29（4）：7—29.

［5］Fourer，R.，D. M. Gay，and B. W. Kemighan，AMPL：A Modeling Language for Mathematical Programming Scientific Press，South San Francisco，1993.

［6］Hesse，R.，Management Science and Operations Research，McGraw-Hill，New York，1996.

［7］Hillier，F. S.，M. S. Hillier，and G. J. Lieberman，Introduction to Management Science：A Model & Case Studies Approach，McGraw-Hill，New York，2000.

［8］Infanger G. Planning under uncertainty solving large-scale stochastic linear programs ［J］. Linear Programming，1994.

［9］Johnson R B，Svoboda A J，Greif C，et al. Positioning for a Competitive Electric Industry with PG&E's HydroThermal Optimization Model ［J］. Interfaces，1998，28（1）：53—74.

［10］McCarl，B. A.，"Repairing Misbehaving Mathematical Programming Models：Concepts and a GAMS-Based Approach^Interfaces，1998，28（5）：124—138.

［11］郝英奇. 实用运筹学 ［M］. 北京：机械工业出版社，2016.

［12］徐选华，谭春桥，马本江，等. 管理运筹学 ［M］. 北京：人民邮电出版社，2018：276.

第3章 线性规划理论

1940 年，线性规划问题单纯形求解方法的出现无疑是运筹学研究中最伟大的事件之一。之后的几十年，随着计算机技术的不断进步，使许多具有挑战性的问题得以解决。单纯形法是在可行域的边界处寻找最优解，尽管它没有多项式边界，但在实践中几乎是所有商业优化包的中心。

我们在本章介绍算法的表形式。该方法强调了该模型的代数性质；然而，它在计算上是低效的，主要用于说明基本概念，也是给学生学习后续进阶的知识打基础。从第 3.9 节开始，重点转移到模型的矩阵形式，使用线性代数来寻找解决方案。

3.1 LP 标准型

由于不同线性规划中有不同的数学模型，因此需要规定一个标准型。所有的结构约束都写成等式，所有的变量都被限制为非负的，下界为零。模型的标准形式有时也称为规范形式，可以写为

$$\text{Maximize} z = \sum_{j=1}^{n} c_j x_j \tag{3-1}$$

$$\text{Subject to} \sum_{j=1}^{n} a_{ij} x_j = b_i, i = 1, 2, \cdots, m \tag{3-2}$$

$$x_j \geqslant 0, j = 1, 2, \cdots, n \tag{3-3}$$

其中参数 b_i 都是非负的 $n > m$. 我们经常用 n 维向量来代表决策变量，例如 $x = (x_1 \cdots x_n)$，向量包含原始问题变量以及从形式为 $a_{i1}x_1 + \cdots a_{in}x_n \leqslant b_i$ 或 $a_{i1}x_1 + \cdots a_{in}x_n \geqslant b_i$ 的不等式转换成方程的松弛变量。同时，有些变量可能有简单的上界，如 $x_j \leqslant u_j$。这种情况下，假设一个松弛变量已经被添加到不等式中，由此产生的方程包含方程（3-2）中的 m 个约束之一。为方便起见，我们有时用向量来写这些方程。设 a_i 为 n 维行向量。式（3-2）中的第 i 个约束可以写成 $a_i x = b_i$。

问题的可行域由式（3-2）和式（3-3）的约束组成，式（3-2）和式（3-3）用几何术语定义了一个多面体。一个多面体包含无穷多个点，但退化情况除外，也可能是无界的。线性规划理论告诉我们，如果一个有限的最优解存在，则这个最优解在可行域的一个极值点或顶点处。为了更明确地使用术语，我们定义一个极值点如下。

定义 1：令 P 为 n 维空间中的多面体，记为 $P \subset R^n$。若找不到不同于 x 的两个向量 y，$z \in P$，和 $\lambda \in (0, 1)$，使得 $x = \lambda y + (1 - \lambda) z$，则向量 $x \in P$ 是 P 的极值点。

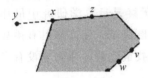

图 3-1 多面体中的一些点

如果 x 不位于 P 中任意两点之间的直线上，那么它就是一个极值点。如图 3-1 所示，向量 w 不是一个极值点，因为我们可以找到两个向量 u 和 v 使得 w 在连接它们的直线上。同理，x 却不在两个向量的连接线上。"顶点"和"极值点"具有相同的含义。

定义 2：令 a 为 n 维空间中的非零行向量，记作 $a \in R^n$，使得 b 为标量。

①这个集合 $\{x \in R^n : ax = b\}$ 记为超平面。

②这个集合 $\{x \in R^n : ax \geqslant b\}$ 记为半空间。

注意，超平面是相应半空间的边界。

线性规划标准型具有以下特征：①目标必须最大化；②目标函数在变量中必须是线性的，并且不能包含任何不变项；③所有变量必须限制为非负；④每个约束必须写成一个线性方程，变量在等号左边，常数在等号右边。

如果这些特征在原始模型中不存在，可以使用以下简单的线性变换将模型转换成所需的形式。

1. 目标最小化

虽然单纯形算法也能直接处理最小化问题，但是大多数实现都是单向优化的。通过改变目标函数中所有项的符号，可以将最小化问题转化为等价的最大化问题。

$$\text{Minimize}\{c_1 x_1 + c_2 x_2 + \cdots + c_n x_n\} \leftrightarrow \text{Maximize}\{-c_1 x_1 - c_2 x_2 - \cdots - c_n x_n\}$$

2. 目标中的常数项

通常，一个模型在目标函数中会有一个常数项。例如，当利润最大化时，收入可能是固定的，只有成本随决策变量变化。当使用下一小节中描述的下界变换时，也可能出现一个常数项。由于决策变量的最优值不受目标中这一项的影响，因此在优化过程中可能会被从模型中剔除。通常需要得到最优解之后恢复常数项才能得到真正的目标函数值。

3. 变量的下界非零

如果变量有非零下界，比如 $x_j \geqslant l_j$，变量 x_j 可被表达式 $x_j = \hat{x}_j + l_j$ 替换，从而得到新的模型，其中 $\hat{x}_j \geqslant 0$。如果 l_j 是负数，则这种转变是必要的。

4. 负变量

如果变量 x_j 被限制为非正数，即 $x_j \leqslant 0$，它可能被替换成 $x_j = -\hat{x}_j$，并得到一个新的模型，其中 $\hat{x}_j \geqslant 0$。

5. 无限制的变量

一个不受限制或自由的变量是一个可以在 $+\infty$ 和 $-\infty$ 之间同时取正值和负值的变量。单纯形法不允许这种情况，因此，要获得满足式（3-3）中的模型，有两种修改方法。

第一种方法是使用结构方程消除它们。在等式形式的模型中，任何包含非限制变量的方程都可以用其他变量来求解。然后可以将得到的表达式替换为其他约束和目标函数，从而消除变量。这将导致模型少一个变量和一个约束。有时在模型中保留不受限制的变量以简化约束方程或假设某个量作为解的一部分是很方便的。这种情况下，最常见的方法是用两个非负的新变量之间的差来替换非限制变量。对于自由变量 x_j，我们使得 $x_j = x_j^+ - x_j^-$，其中 $x_j^+ \geqslant 0$ 和 $x_j^- \geqslant 0$，在最优解中，这些新变量中最多有一个是正的。

第二种方法是不管有多少不受限制的变量，都只使用一个额外的变量。即用表达式 $x_j = x_j^+ - x^-$，其中 $x_j^+ \geqslant 0$ 和 $x^- \geqslant 0$ 替换模型中的所有地方。虽然 x_j^+ 和 x^- 必须假设非负值，但 x_j 的等价表达式可以是正的，也可以是负的。当一个以上的变量是不受限制的，x^- 可以用于所有的变量，并且可以解释为给定解中最负的原始变量的绝对值。假设 x_1 通过 x_k 是不受限制的变量，$x^- = \max\{-x_1, -x_2, \cdots, -x_k, 0\}$，$x^-$ 是任意可行解中 x_j^+ 超过 x_j 的常数。

6. 约束的形式不正确

如上所述，不等式约束通过添加或减去松弛变量来转化为方程。出现在方程右边的 x_j 的线性项应该移到左边，从方程两边减去这一项。出现在左边的常数项应该移到右边，从方程两边减去它。完成这些变换之后，如果方程的右边有一个负的常数，那么它必须通过将约束两边同时乘以 -1 来转化为一个正数。

为了说明其中的一些转换，我们考虑下面的示例，其可行区域如图 3-2 所示。

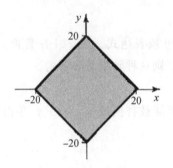

图 3-2 转换实例的可行区域

Minimize $z = x + y$

subject to $x + y \leqslant 20$

$x + y \geqslant -20$

$x - y \leqslant 20$

$x - y \geqslant -20$

x 和 y 是无限制的

为了将模型转化为标准形式，我们首先将四个不等式转化为方程，在约束条件中加入松弛变量 s_1，s_2，s_3 和 s_4，并加上适当的符号。然后进行替换

$$x = x^+ - x^- \text{ 和 } y = y^+ - x^-$$

$$x^+ \geqslant 0, \quad y^+ \geqslant 0, \quad x^- \geqslant 0$$

此时，模型是

Minimize $z = x^+ + y^+ - 2x^-$

Subject to $x^+ + y^+ - 2x^- + s_1 = 20$

$x^+ + y^+ - 2x^- - s_2 = -20$

$x^+ - y^+ + s_3 = 20$

$x^+ - y^+ - s_4 = -20$

$x^+ \geqslant 0, \quad y^+ \geqslant 0, \quad x^- \geqslant 0, \quad s_i \geqslant 0, \quad i = 1, 2, \cdots, 4$

通过系数乘以 1 把目标最大化。为得到非负的右项常量，第二和第四项约束条件两边同时乘以 -1。

Minimize $z = x^+ + y^+ - 2x^-$

Subject to $x^+ + y^+ - 2x^- + s_1 = 20$

$-x^+ - y^+ + 2x^- + s_2 = 20$

$x^+ - y^+ + s_3 = 20$

$-x^+ + y^+ + s_4 = 20$

$x^+ \geqslant 0, \quad y^+ \geqslant 0, \quad x^- \geqslant 0, \quad s_i \geqslant 0, \quad i = 1, 2, \cdots, 4$

通过求解变换后的问题，可以得到决策变量和目标函数的非零值。

$$x^- = 10, \quad s_1 = 40, \quad s_3 = 20, \quad s_4 = 20, \quad z = 20$$

对于原始变量，$x = -10$，$y = -10$，$z = -20$。注意，这个问题有可选的适合条件。$x + y = -20$ 上的任意点都可以得到目标值 $z = -20$。

3.2 几何特征

当用图解法求解二维问题时，我们发现解总是在可行域的极值点处。这些解叫作基解。在一个有 n 个变量和 m 个约束条件的问题中，基解是通过确定 m 个变量为基解，将其余的 $n-m$ 个非基变量设为 0，然后解出联立方程组的结果。为了使这些方程有唯一解，从而对应于一个极值点，在选择基变量时要考虑周全。

3.2.1　线性无关

让我们考虑一个含有 m 个未知数的 m 个线性方程组。

$$a_{11}x_1+a_{12}x_2+\cdots+a_{1m}x_m=b_1$$
$$a_{21}x_1+a_{22}x_2+\cdots+a_{2m}x_m=b_2$$
$$\vdots$$
$$a_{m1}x_1+a_{m2}x_2+\cdots+a_{mm}x_m=b_m$$

使用向量表示法，这个系统可以简写为 $Ax=b$，其中 A 是一个 $m\times m$ 矩阵，b 是一个 m 维列向量。A 的分量用 a_{ij} 表示，为了使这个方程组有唯一解，矩阵 A 必须是可逆的或非奇异的，也就是说，必须存在另一个矩阵 B，使得 $AB=BA=I$，其中 I 是 $m\times m$ 单位矩阵。这样一个矩阵 B 叫作 A 的逆矩阵，它是唯一的，用 A^- 来表示。

与可逆性密切相关的一个概念是线性无关。

定义 3：令 A_1，$\cdots$，A_k 是 k 个列向量的集合，每个维数是 m。如果找不到 k 个实数 α_1，α_2，$\cdots$，α_k 不全为 0，使得 $\sum\limits_{j=1}^{k}\alpha_jA_j=0$，其中 0 是 k 维零向量，则这些向量线性无关。否则，它们被称为线性相关。

线性无关的等价定义要求没有一个向量是剩余向量的线性组合。利用线性代数，就有可能证明下列结果。

定理 1：设 A 是方阵。下面的叙述是等价的。

①矩阵 A 是可逆的，它的转置矩阵 A^T 也是可逆的。

②A 的行列式是非零的。

③A 的行和列是线性无关的。

④对于每个向量 b，线性方程组 $AX=b$ 有唯一解。

假设 A^- 存在，求解方程组 $AX=b$ 从而得到唯一解 $X=A^-b$ 的一种常用方法是高斯消元法。单纯形算法就是基于这种方法。

3.2.2　基可行解

为了得到一个线性规划方程的解，从式（3-2）中 $AX=b$ 的方程组开始分析，其中 X 是一个 n 维向量，b 是一个 m 维向量，A 是一个 $m\times n$ 矩阵。假

设从 A 的 n 列中选择 m 个线性无关的列（如果 A 的秩为 m，则存在这样的一个集合）。为符号简单起见，假设我们选择第一个 m 列，表示相应的 $m \times m$ 的矩阵的 B。矩阵 $B=(A_1, A_2, \cdots, A_m)$ 为非奇异的，我们可以唯一地解这个方程

$$BX_B = b$$

对于 m 维向量 $X_B=(x_1, \cdots, x_m)$。通过令 $X=(X_B, 0)$，即令 X 的前 m 个分量等于 X_B 的前 m 个分量，其余的 $n-m$ 个分量等于零，我们得到 $AX=b$ 的解。这就引出了下面的定义。

定义 4：如果 B 是系数矩阵 A 中的 m 个线性无关的列向量所组成的子矩阵，则称 B 为线性规划问题的一个基，与之对应的变量向量 X_B 为基变量向量，其中的各个变量为基变量。

定义 5：如果一个基解中的一个或多个基变量的值为零，则称为退化的基解。

定义 6：一个向量 $X \in S=\{X \in \mathfrak{R}^n: AX=b, X \geqslant 0\}$ 在标准形式下对线性规划问题是可行的；一个基本的可行解被称为基可行解（BFS）。如果这个解是退化的，则称为退化的基可行解。

3.2.3 最优性与基可行解之间的关系

在本节中，我们讨论了线性规划基本定理中最优性与基可行解之间的关系。结果表明，在寻求 LP 的最优解时，需要考虑基可行解。

定理 2：给定一个标准形式的线性程序方程（1）-（3），其中 A 是秩为 m 的 $m \times n$ 矩阵。

①如果存在可行解，则存在 BFS；

②如果存在最优可行解，则存在最优 BFS。

一般来说，如果有 m 个约束条件和 n 个变量，那么基解的数量将受到从 n 个变量中选择 m 个基变量（从 n 个变量中选择 $n-m$ 个非基变量）的方法的数量的限制。

$$\binom{n}{m} = \frac{n!}{m!(n-m)!} \tag{3-4}$$

这只是一个上界，因为并不是所有基变量的选择都能得到一组有解的方程。

3.2.4 例子

以下列标准形式的线性方程为例，其中将 x_3，x_4 和 x_5 添加到这三个约束条件中。

$$\text{Maximize } z = 2x_1 + 3x_2$$

$$\text{C1: subject to } -x_1 + x_2 + x_3 = 5$$

$$\text{C2: } \quad x_1 + 3x_2 + + x_4 = 35$$

$$\text{C3: } \quad x_1 + + x_5 = 20$$

$$x_1 \geqslant 0, \ x_2 \geqslant 0, \ x_3 \geqslant 0, \ x_4 \geqslant 0, \ x_5 \geqslant 0$$

(x_1, x_2) 空间中可行域的等价结果如图 3-3 所示。每一个松弛变量可以被视为从阴影多面体中的任何点到与该变量相关的约束的距离。

不包括 z，模型有 $n=5$ 个变量，$m=3$ 个约束条件。通过选择三个变量作为基变量，剩下的 $n-m=2$ 个变量作为非基变量，找到一个基解。例如，我们试着把 x_1，x_2 和 x_3 作为基变量，把 x_4 和 x_5 作为非基变量。设非基变量为零，得到方程。

从方程中很容易求出 $x_1=20$，$x_2=5$，$x_3=20$。这显然是一个 BFS，因为所有的变量都是正的。它在图 3-3 中被标识的极值点为♯10。

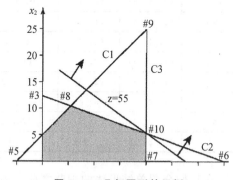

图 3-3　几何图形的示例

虽然图 3-3 中只绘制了结构变量，但是这些宽松变量也有意义。这个例子表明，那些为 0 的松弛变量定义了在解处相交的约束。因此，与松弛变量 x_4 和 x_5 相关的约束 C2 和 C3 完全由解决方案满足。回想一下，这些约束被称为紧密约束或紧约束。那些基本的和非零的宽松变量定义了在解处不相交的约束线（在例子中的约束 C1）。这种约束被称为松散约束或非紧约束。对于结构变量非基性的情况，非负性条件较紧，表明结构变量为零。

在本例中，基解数的上限被计算为 $\binom{n}{m} = \binom{5}{3} = 10$。由于约束 C3 和非负性限制 $x_1 \geqslant 0$ 的边界是平行的，因此只能有一个是紧的。因此，x_1 和 x_5 不可能同时为零，因此 (x_2, x_3, x_4) 如表 3-1 中♯4 所示，不能作为基解。对数据的回顾表明，在五个基可行解中，♯10 产生最大的目标值，其为最优解。

从前面的分析中，可以推断出紧跟着第二部分的第一部分是不那么明显的。

定理 3：对于任何线性规划，在可行域 $S = \{X \in \mathfrak{N}^n : AX = b, X \geqslant 0\}$ 对应于一个 BFS，有一个唯一的极值点。此外，S 中每个极值点至少对应一个 BFS。

当多个 BFS 映射到特定极值点时，该极值点上至少有一个紧约束是多余的。它可以是一个结构约束或一个非负约束。无论哪种情况，这些基可行解都将被取消。这个问题我们将在第 3.7 节中讨论。

表 3-1　示例的基解决解决方案

点	基变量	非基变量	解	可行性	目标值
♯1	(3, 4, 5)	(1, 2)	(0, 0, 5, 35, 20)	Yes	0
♯2	(2, 4, 5)	(1, 3)	(0, 5, 0, 20, 20)	Yes	15
♯3	(2, 3, 5)	(1, 4)	(0, 11.7, −6.7, 0, 20)	No	—
♯4	(2, 3, 4)	(1, 5)	无解	—	—
♯5	(1, 4, 5)	(2, 3)	(−5, 0, 0, 40, 25)	No	—
♯6	(1, 3, 5)	(2, 4)	(35, 0, 40, 0, −15)	No	—
♯7	(1, 3, 4)	(2, 5)	(20, 25, 0, −60, 0)	Yes	40
♯8	(1, 2, 5)	(3, 4)	(5, 10, 0, 0, 10)	Yes	40
♯9	(1, 2, 4)	(3, 5)	(20, 25, 0, −60, 0)	No	—
♯10	(1, 2, 3)	(4, 5)	(20, 5, 20, 0, 0)	Yes	55

在我们介绍单纯形法的细节之前，还需要一个额外的几何概念。因为我们只对基可行解感兴趣，所以我们需要开发一个从一个系统过渡到另一个系统的方案。这涉及邻接的概念。

定义 7：对于具有 m 个约束的标准形式的线性规划，如果有 $m-1$ 个共同的基变量，则两个基可行解是相邻的。

例如，从图 3-3 中我们看到 ♯2 和 ♯8 是相邻的，令 $m=3$，这些点对应有 $3-1=2$ 个基变量。从表 3-1 可以看出，x_2 和 x_5 同时出现在基可行解里面。♯7 的基向量是 (x_1, x_3, x_4)，它既不与 ♯2 相邻，也不与 ♯8 相邻。在几何上，如果两个非退化并且都是基可行解，都位于可行域的同一边，则它们是相邻的。

3.3　单纯形表及解读

3.3.1　单纯形表

一个线性程序总是可以写成非负变量的方程组的集合。当方程同时满足：①每一个基变量在一个等式中都有一个非零系数，而在 row0 方程中没有出现；②在基变量出现的方程中，它的系数为 1；③每个方程只包含一个基变量；④ z 只出现在系数为 1 的 row0 方程中，则方程满足单纯形条件。

在进行单纯形计算时，我们将用 $\bar{a}_{ij}$ 表示式 Ei 方程中的 x_j 的当前系数 $(i=1，2，\cdots，m$ 和 $j=1，2，\cdots，n)$。我们用 $\bar{c}_j$ 代表 $E0$ 方程的第 j 个目标函数的当前系数值。当问题目标是最小化时，这些值称为降低成本或相对成本。它们是相对于基变量固定的简化模型中的当前非基变量集的单位成本。

模型的一般形式是

$$E0: z + \sum_{j=1}^{n} \bar{c}_j x_j = \bar{z}$$

$$E1: \sum_{j=1}^{n} \bar{a}_{ij} x_j = \bar{b}_i, i = 1, 2, \cdots, m$$

系数 $\bar{a}_{ij}$，$\bar{b}_i$ 和 $\bar{c}_j$ 的条形图指出这些值与原始模型的值不同。由于对式（2）中的约束进行线性运算，实现了不同的表示。

当方程是单纯形时，我们可以将一个变量与每个约束联系起来。设 $B(i)$ 为第 i 个约束的基变量的下标，使得 $x_{B(i)}(i=1，2，\cdots，m)$ 是基变量。然后，从单纯形的定义，$\bar{a}_{i,B(i)}=1$ 和所有的系数在 $B(i)$ 列为零。$E0$ 方程也如此，因此 $\bar{c}_{B(i)}=0$。

为了计算的便捷和准确，常把以下代数模型转化为单纯形表，示例问题如表 3-2 所示。

$H0$：$z-2x_1-3x_2=0$

$H1$：$-x_1+x_2+x_3=5$

$H2$：$x_1+3x_2++x_4=35$

$H3$：$x_1++x_5=20$

$x_1 \geqslant 0，x_2 \geqslant 0，x_3 \geqslant 0，x_4 \geqslant 0，x_5 \geqslant 0$

表中显示了变量的系数和右边的内容，而没有重复变量名或等号。"行"列表示约束条件［方程 E_i］，第 0 "行"列表示目标函数［方程 $E0$］。"基本"列表示与每个方程相关的基变量。通过检验与 z、x_3、x_4 和 x_5 相关的列，结果表明该模型的单纯形式满足条件。在接下来的讨论中我们将基于这个表讨论，但其只是构成线性规划模型的方程的一种表示形式。

表 3-2　方程（E0）到（E3）的系数

Row	Basic	z	x_1	x_2	x_3	x_4	x_5	RHS
0	z	1	-2	-3	0	0	0	0
1	x_3	0	-1	1	1	0	0	5
2	x_4	0	1	3	0	1	0	35
3	x_5	0	1	0	0	0	1	20

这个表格被用来描述方程的其他形式。表 3-3 给出了更新后的 $E0'$ to $E3'$ 方程集的表格。

表 3-3 方程（$E0'$）到（$E3'$）的系数

Row	Basic	z	x_1	x_2	x_3	x_4	x_5	RHS
0	z	1	0	-5	-2	0	0	-10
1	x_1	0	1	-1	-1	0	0	-5
2	x_4	0	0	4	1	1	0	40
3	x_5	0	0	1	1	0	1	25

表 3-4 给出了一个有 n 个变量和 m 个约束条件的问题的一般形式。

表 3-4 表的一般形式

Row	Basic	z	x_1	x_2	$\cdots$	x_n	RHS
0	z	1	$\bar{c}_1$	$\bar{c}_2$	$\cdots$	$\bar{c}_n$	$\bar{Z}$
1	$x_{B(1)}$	0	$\bar{a}_{11}$	$\bar{a}_{12}$	$\cdots$	$\bar{a}_{1n}$	$\bar{b}_1$
$\vdots$		0	$\vdots$	$\vdots$	$\vdots$	$\vdots$	$\vdots$
m	$x_{B(m)}$	0	$\bar{a}_{m1}$	$\bar{a}_{m2}$	$\cdots$	$\bar{a}_{mn}$	$\bar{b}_m$

假设选出了 m 个变量作为基变量。第 k 个基变量的列如下：

$$\begin{bmatrix} \bar{c}_k \\ \bar{a}_{1k} \\ \vdots \\ \bar{a}_{k,k} \\ \bar{a}_{k+1,k} \\ \vdots \\ \bar{a}_{mk} \end{bmatrix} = \begin{bmatrix} 0 \\ 0 \\ \vdots \\ 1 \\ 0 \\ \vdots \\ 0 \end{bmatrix}$$

3.3.2 单纯形表解读

对于每一组基变量，方程都可以写成单纯形形式并放在表格中。这些方程描述了基变量如何随着非基变量的不同值变化。设 Q 为表中每一行的非基变量集合，表 3-4 中的每一行可以写成 $x_{B(i)} = \bar{b}_i - \sum_{j \in Q} \bar{a}_{ij} x_j$。基解的发现通过设置非基变量等于 0。为了得到一个新的基解，必须从零开始增加一个非基变量。在这个过程的每个阶段，都必须回答与当前解决方案有关的一些问题。如果解决方案可行，它是否最优；若不是最优的，如何得到更好的解决方案并确保每个解决方案都是基本的。这些问题以及在计算过程中可能出现的其他问题都能借助单纯形算法得到答案。

3.3.3 可行域

本节我们以方程为单纯形形式为例，使用下面的线性程序及其图形表示。

$$\text{Maximize } z = 5x_1 + 3x_2$$
$$\text{subject to } 2x_1 + x_2 \leqslant 40$$
$$x_1 + 2x_2 \geqslant 10$$
$$-x_1 + 2x_2 \leqslant 30$$
$$x_1 \geqslant 0, \ x_2 \geqslant 0$$

加入松弛变量，得到模型的标准形式。在第二个不等式乘以 -1，我们得到带有基变量 x_3，x_4，和 x_5 的单纯形。

$$E_1 : 2x_1 + x_2 + x_3 = 40$$
$$E_2 : -x_1 - 2x_2 + x_4 = -10$$
$$E_3 : -x_1 + 2x_2 + x_5 = 30$$

这些方程构成了可行区域的三条边界线。可行域的每个边界被编号于所有落在边界上的解为零的变量。例如，x 轴编号为 1，因为这个边界上的所有解都是 $x_1 = 0$。标记为 3 的直线是由等式 El 推导出来的，但现在我们知道这条直线上的所有解都是 $x_3 = 0$。在一个极值点，两个变量的值为 0，表明两个约束条件或原始问题的非负性条件是严格的。图 3-4 中编号的极值点对应以下解：

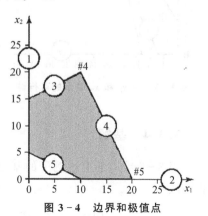

图 3-4　边界和极值点

$$x^1 = (10, 0, 40, 20, 0)$$
$$x^2 = (0, 5, 20, 35, 0)$$
$$x^3 = (0, 15, 0, 25, 20)$$
$$x^4 = (10, 20, 0, 0, 40)$$
$$x^5 = (20, 0, 50, 0, 10)$$

请特别注意图 3-4 中的原点，其中 x_1 和 x_2 为零。这个点对应的是一个基解，基变量 $(x_3, x_4, x_5) = (40, -10, 30)$。因为 x_5 是负的，所以这个解是不可行的。由图 3-4 可以看出原点在交叉可行区域之外。

最优解出现在第 4 点，可以得到 $(x_1, x_2) = (10, 20)$。其余变量的对应值为 $(x_3, x_4, x_5) = (0, 40, 0)$，虽然我们知道这一点是 BFS，但通过看方程 E1 到 E3 并不明显，因为这个解是通过将非零值赋给（x_1，x_2）而得到的。实际上，这组方程的每个解，无论是可行的还是不可行的，都是给（x_1，x_2）赋值的结果。

模型的图形表示可以根据任意两个变量来绘制。假设我们选择 x_2 和 x_5 作为非基变量和图形的坐标轴。通过对方程 E1、E2 和 E3 的线性运算，x_2 和 x_5 由 x_1，x_3 和 x_4 来线性表出。

当非基变量为 0（图 3-5 中的原点）时，基变量假设值（x_1，x_3，x_4）＝（10，40，20）。这是一个 BFS，对应于极值点#1。

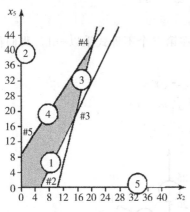

图 3-5　用 x_2 和 x_5 表示的可行域

在这个例子中，可行域实际上可以用任意两个非基变量来表示，它们的列向量是线性无关的。每个选择提供了一个可行域的观点，从不同的角落或极端点。将非基变量设置为 0 会得到一个基解，但是这个解可能不是最优的，甚至是不可行的。在每一种情况下，我们都想知道非基变量中的哪些变化将推动解决方案朝着最优性或可行性方向发展。这些问题我们将在本节的其余部分讨论。

3.3.4　基解

表 3-5 给出了上述例子的基变量（x_1，x_3，x_4）的方程。一般来说，方程写成

$$E0: z + \sum_{j \in Q} \bar{c}_j x_j = \bar{z}$$

$$Ei: x_{B(i)} + \sum_{j \in Q} \bar{a}_{ij} x_j = \bar{b}_i, i = 1, 2, \cdots, m$$

其中 Q 是一组非基变量。在我们的例子中，$B(1)=3$，$B(2)=4$，$B(3)=1$。

将非基变量设为 0，我们可以看到基变量的值在方程的右边。因此，在我们的例子中，基解是

$$x = (10, 0, 40, 20, 0) \text{ 和 } z = 30$$

从单纯形的一般表达式中，我们把目标函数值和基变量的值读为

$$z = \bar{z}, x_{B(i)} = \bar{b}_i (i = 1, 2, \cdots, m), x_j = 0 (\forall j \in Q)$$

表 3 - 5 与图 3 - 5 中原点对应的表

行	基变量	系数						RHS
		z	x_1	x_2	x_3	x_4	x_5	
0	z	1	0	4	0	0	-3	30
1	x_3	0	0	4	1	0	-1	40
2	x_4	0	0	-3	0	1	2	20
3	x_1	0	1	2	0	0	-1	10

3.3.5 基可行解

由于方程显然是满足的,所以确定可行性的问题归结为基变量是否非负。基变量的值等于方程的右边,当 RHS 列非负时,解是可行的。对表 3 - 5 的检验表明,示例解是合理的。一般来说,一个基本解是可行的。

$$\bar{b}_i \geqslant 0 \ (i=1, 2, \cdots, m)$$

只有在基解可行的情况下,问题才值得关注。为了解决这个问题,学者研究了在保持所有其他变量为 0 的情况下,从 0 开始增加一个非基变量的影响。这也是我们用来研究相邻基可行解的方法。由于等式是线性的,任何涉及一个以上非基变量的变化都可以表示为单个变化的线性组合,因此检查单个变量的变化就可以确定最优值。

算例问题的目标函数方程为

$$E0：z+4x_2-3x_5=30$$

对于当前的 BFS,x_2 和 x_5 都是零,因此减小任意一个都会导致解决方案变得不可行。因此,要注意目标函数值的增长。

当一个非基变量保持为 0 时,只有 z 和另一个非基变量能在等式 E0 中起作用。

$$z=30-4x_2$$
$$z=30+3x_5$$

增加 x_2 使目标函数减小,增加 x_5 使目标函数增大。假设我们是最大化,通过增加 x_5,可以得到比当前 BFS 更好的解,所以不是最优解。

因此,我们得出最优解的条件是:

$$\bar{c}_j \geqslant 0, \ (\forall j \in Q)$$

当最优性测试表明 BFS 不是最优的,则建议对解决方案进行更改。通过增加方程 E0 中任何一个系数为负的非基变量,可以改进现有的解。在一般情况下,所有非基变量 x_j 和 $\bar{c}_j < 0$ 都是转换为基变量的候选变量。一些算法选

择负得最多的变量，这被称为最陡上升规则。其思想是，增长率将在变化的方向上最大；然而，总增益将取决于变量的大小。这个变量增加多少的问题是由约束决定的。下一节我们将提供原始单纯形法的完整状态，该方法使用此信息来寻找线性程序的最优解。

3.4 单纯形法

对于一个单纯形的线性规划问题，目标函数式为我们提供了直接的指标来判断是否为最优基可行解。如果不是最优解，通过检验数可知可以增加一个或者多个非基变量的值来提高现有的解。当其中一个变量被选定时，可以通过最小比值法确定在可行域内变量可以增加的量。同时它也可以确定哪个基变量作为换出变量。最后，将换入的非基变量加入基可行解同时去掉换出的基变量，就构成新的基可行解。然后再不断重复这个过程。

这是一个通过单纯形法解决线性规划的粗略的表述。在这一小节，我们提供一个标准和完整的计算步骤。首先假设初始的基可行解是已知的。在所有约束都是"小于等于"且不等式右边为正的情况下，很容易就可以得到初始基可行解。在3.7 小节我们将会给出如何在模型不是这种形式的情况下得到初始基可行解。

3.4.1 原始单纯形法

1. 原始单纯形法步骤

步骤 1：将线性规划问题转化为等式约束；选出一个基可行解；将等式约束转化为单纯形；根据等式的系数建立初始单纯形表。如果第 0 行都是非负的系数，那么现在的基可行解就是最优解。

步骤 2：a. 确定换入变量。选择第 0 行中负得最多的检验数对应的变量作为换入变量。并且将此变量对应的行记作枢列。我们将要换入的变量记作 s。

b. 确定换出变量。计算 $\bar{b}_i$ 与枢列中正的 $\bar{a}_{is}$ 之间的比值。找出比值最小的行，记作枢行 r。

c. 进行迭代。设 x_s 为第 r 行的基变量，且记 $\bar{a}_{rs}$ 为枢元素。设 $\bar{a}_i$ 为右侧为 $\bar{b}_i$ 的单纯型表第 i 行的系数向量。设 $\bar{a}_i^{\text{new}}$ 为右侧为 $\bar{b}_i^{\text{new}}$ 的新单纯型表第 i 行的系数向量。通过以下运算建立新的单纯形表：

对于第 r 行

$$\bar{a}_r^{\text{new}} = \bar{a}_r / \bar{a}_{rs} \text{ 和 } \bar{b}_r^{\text{new}} = \bar{b}_r / \bar{a}_{rs}$$

对于第 $i = 0, 1, \cdots, m$ 且 $i \neq r$ 行，执行以下计算，

$$\bar{a}_i^{\text{new}} = (-\bar{a}_{is} \times \bar{a}_r^{\text{new}}) + \bar{a}_i \text{ 和 } \bar{b}_i^{\text{new}} = (-\bar{a}_{is} \times \bar{b}_r) + \bar{b}_i$$

步骤 3：若所有第 0 行的检验数都为非负，得到最优解，停止计算，否则，继续执行步骤 2。

2. 原始单纯形法例子

我们将 3.4 小节中的问题作为例子，得到表 3-7。

表 3-7　初始单纯形表

行	基变量	系数						RHS
		z	x_1	x_2	x_3	x_4	x_5	
0	z	1	-2	-3	0	0	0	0
1	x_3	0	-1	1	1	0	0	5
2	x_4	0	1	3	0	1	0	35
3	x_1	0	1	0	0	0	1	20

步骤 1：取松弛变量 x_3，x_4 和 x_5 作为初始可行解。

第 1 次迭代：

步骤 2：a. 根据最速下降原则，选取 x_2 作为换入变量（$s=2$）。

b. 对于正的 $\bar{a}_{is}$，计算 $\bar{b}_i/\bar{a}_{is}$ 的值。方便起见，将这些值列在表格的右边，见表 3-8。比值最小的为 5，所以将枢行记作 $r=1$。

表 3-8　比值计算

行	基变量	系数						RHS	比值
		z	x_1	x_2	x_3	x_4	x_5		
0	z	1	-2	-3	0	0	0	0	—
1	x_3	0	-1	1	1	0	0	5	5
2	x_4	0	1	3	0	1	0	35	11.67
3	x_5	0	1	0	0	0	1	20	—

c. 根据上文所说的线性变换进行迭代，得到新的单纯形表（表 3-9）。

表 3-9　一次迭代

行	基变量	系数						RHS	比值
		z	x_1	x_2	x_3	x_4	x_5		
0	z	1	-5	0	3	0	0	15	—
1	x_2	0	-1	1	1	0	0	5	—
2	x_4	0	4	0	-3	1	0	20	5
3	x_5	0	1	0	0	0	1	20	20

步骤 3：检验数并非全为非负，所以继续迭代。

第 2 次迭代：

步骤 2：a. 在第 0 行只有 x_1 的系数是负数，所以选取 x_1 作为换入变量（$s=1$）。

b. 从比值可知，枢行为第 2 行（$r=2$）且枢元素为 $\bar{a}_{21}=4$。

c. 进行线性变换，得到表 3-10。

表 3-10　二次迭代

行	基变量	系数						RHS	比值
		z	x_1	x_2	x_3	x_4	x_5		
0	z	1	0	0	-0.75	1.25	0	40	—
1	x_2	0	0	1	0.25	0.25	0	10	40
2	x_1	0	1	0	-0.75	0.25	0	5	—
3	x_5	0	0	0	0.75	-0.25	1	15	20

步骤 3：由表 3-10 可知第 0 行系数还不全为非负，所以回到步骤 2。

第 3 次迭代：

步骤 2：a. x_3 的系数为负，所以 x_3 为换入变量（$s=3$）。

b. 根据最小比值法，确定第 3 行为枢行（$r=3$）且枢元素为 $\bar{a}_{33}=0.75$。

c. 进行线性变换，得到表 3-11。

表 3-11　最终单纯形表

行	基变量	系数						RHS
		z	x_1	x_2	x_3	x_4	x_5	
0	z	1	0	0	0	1	1	55
1	x_2	0	0	1	0	0.333	-0.333	5
2	x_1	0	1	0	1	0	1	20
3	x_3	0	0	0	0	-0.333	1.333	20

步骤 3：所有检验数均为非负，得到最优解。

3.5　特殊情形

在单纯形法迭代过程中也许会出现一些特殊的情况，例如多重最优解以及无界解等。接下来我们就讨论每种可能出现的特殊情况。

在选择换入变量时我们用的是最速下降法，当系数中存在相等的最大的负数时，可以随机选择任何一个变量。虽然寻找最优解的路径会有所不同，但是通过单纯形法最终都可以找到最优解。选取换入变量的规则不会影响单纯形法的最终结果，但是会影响计算过程的复杂程度，也就是找到最优解需要的时间。唯一的要求就是换入变量对应的系数必须为负数。

在用最小比值法选取换出变量的过程中，有可能遇到比值相等的情况。最简单的办法就是随机选取其中一个变量换出。由于比值代表的是换入变量会导致一个基变量变为 0，所以若不止一行的比值都是最小值，那么在下一次迭代中不止一个基变量会变为 0。即在新的单纯形表中，会产生退化的基可行解。退化会带来循环的问题。在比较复杂的单纯形法中会有一些机制在上述情况发生时选择换出变量避免循环问题的产生。一种标准的做法是一直选择第一个或者最后一个最小比值。另一种更加稳健的方法是选择最小比值相等行中枢元素最大的行。因为约束条件的相似性，在选择换出变量时遇到最小比值相等的情况比较常见。

根据定义 5，与基础解相关的 m 列必须是线性无关的。这没有排除出现基解为 0 以及出现退化解的情况。在这种情况下的解在可行空间中定义了一个点，在这个点，基变量的选择是不唯一的。一般都可以找到换基变量为 0 且满足线性不相关要求的非基变量。从几何的角度，我们可以将定义 4 改写为定义 8。

定义 8：一基解 $x \in \mathfrak{R}^n$，若该点 x 约束的数量以及非负条件大于 n，则此解是退化的。

在二维平面内，一个退化解发生在三条或以上的直线交汇在一个点；在三维空间，退化解发生在四个或以上的平面交汇的点。

退化的存在会影响单纯形法寻找最优解的平稳过程。当换入变量的那一列有一行对应正的系数，那一行的比值将会是 0。下一次迭代的基变量设置将会改变，但是解还是不变，所以下次迭代会出现退化。跳出退化点的唯一办法是在退化的那一行，找到一个系数非正的换入变量。然后计算比值时才会是正数对应的解也会发生变化。

3.5.1 退化问题

我们从一个由表 3-7 改编而来问题入手。如表 3-12 所示，第 1 行和第 2 行的比值相等，我们随机选取第 1 行作为枢行，也就是选取 x_2 作为换入变量。经过一次迭代之后，得到表 3-13，这时候退化解就出现了。

$$(x_1, x_2, x_3, x_4, x_5) = (0, 5, 0, 0, 20)$$

这种情况下，我们只能选取 x_1 作为换入变量，同时选取 x_4 作为换出变量。经过第二次迭代，得到表 3-14 的结果，虽然解没有改变，但是基变量已经发生变化。选取x_3作为换入变量以及x_2作为换出变量，进行第三次迭代，得到新的解，见表 3 - 15。由于表 3 - 15 中，所有的系数均为非负，所以此时表 3 - 15 中的解即为最优解。

表 3 - 12 退化问题举例的初始单纯形表

行	基变量	系数						RHS	比值
		z	x_1	x_2	x_3	x_4	x_5		
0	z	1	−3	−4	0	0	0	0	—
1	x_3	0	−1	1	1	0	0	5	5
2	x_4	0	1	3	0	1	0	15	5
3	x_3	1	0	0	0	0	1	20	

表 3 - 13 一次迭代后的单纯形表

行	基变量	系数						RHS	比值
		z	x_1	x_2	x_3	x_4	x_5		
0	z	1	−7	0	4	0	0	20	—
1	x_2	0	−1	1	1	0	0	5	—
2	x_4	0	4	0	−3	1	0	0	0
3	x_3	0	1	0	0	0	1	20	20

表 3 - 14 二次迭代后的单纯形表

行	基变量	系数						RHS	比值
		z	x_1	x_2	x_3	x_4	x_5		
0	z	1	0	0	−1.25	1.75	0	20	—
1	x_2	0	0	1	0.25	0.25	0	5	20
2	x_1	0	1	0	−0.75	0.25	0	0	0
3	x_5	0	0	0	0.75	−0.25	1	20	26.67

表 3 - 15 最优解

行	基变量	系数						RHS
		z	x_1	x_2	x_3	x_4	x_5	
0	z	1	0	5	0	3	0	45
1	x_3	0	0	4	1	1	0	20
2	x_1	0	1	3	0	1	0	15
3	x_5	0	0	−3	0	−1	1	5

当退化发生的时候，有可能出现之前的解的情况，这是循环的一个信号。这时候解不会偏离现在的解，用单纯形法找最优解的过程会一直循环，不会终止。然而，可以通过调整选择换入和换出变量的规则来解决循环的问题。以下方法由布兰德（R. Bland）在1976年提出。

换入变量选取规则：从所有第0行系数为负的变量中选取下标最小的变量。

换出变量选取规则：采用最小比值法选取换出变量，若出现比值相等的情况，选择比值相等的行对应的基变量中下标最小的那个作为换出变量。

布兰德定理：只要在单纯形法迭代时，遵循上述的换入变量选取规则和换出变量选取规则，就不会出现循环。

值得说明的是，在现实生活中，退化情况是常见的，但是在实际问题中，循环几乎不发生。关于退化和循环的研究，主要具有理论意义。

3.5.2 循环问题

下面这个问题，再利用最速下降法选取换入变量时就存在循环问题。

$$\text{Maximize } z = 10\,x_1 - 57\,x_2 - 9\,x_3 - 24\,x_4$$
$$\text{subject to } 0.5\,x_1 - 5.5\,x_2 - 2.5\,x_3 + 9\,x_4 \leqslant 0$$
$$0.5\,x_1 - 1.5\,x_2 - 0.5\,x_3 + x_4 \leqslant 0$$
$$x_1 \leqslant 1$$
$$x_j \geqslant 0 \text{ for } j = 1, \cdots, 4$$

令 x_5，x_6，x_7 作为松弛变量以及基变量，迭代的结果如表 3 - 16 所示。

表 3 - 16　循环结果

迭代	基变量	基变量数值	目标函数值
1	(x_5, x_6, x_7)	$(0, 0, 1)$	0
2	(x_1, x_6, x_7)	$(0, 0, 1)$	0
3	(x_1, x_2, x_7)	$(0, 0, 1)$	0
4	(x_3, x_2, x_7)	$(0, 0, 1)$	0
5	(x_3, x_4, x_7)	$(0, 0, 1)$	0
6	(x_5, x_4, x_7)	$(0, 0, 1)$	0
7	(x_5, x_6, x_7)	$(0, 0, 1)$	0

在第7次迭代，基础可行解和第1次迭代的结果一样，所以这个迭代会一直无限地循环下去。当应用布兰德规则之后，前6次迭代的结果是一样的，但是第7次就开始发生变化了，在第8次我们将得到最优解。最后2次迭代见表3-17。

表 3 - 17 消除循环

迭代	基变量	基变量数值	目标函数值
7	(x_5, x_1, x_7)	$(0, 0, 1)$	0
8	(x_5, x_1, x_3)	$(2, 1, 1)$	1

3.5.3 多重最优解

如果含最优解的单纯形表中有一个或者多个非基变量的系数为 0，那么就存在多重最优解。注意第 0 行的系数表示的是非基变量的增加可以给目标函数带来的变化，当系数为 0 时，非基变量的变化不会引起目标函数的变化，也就是说对一个非退化解来说，可以通过换入检验数为 0 的非基变量，找到其他可以达到现有的目标函数值的解。所以，当第 0 行有 $\hat{m}$ 个系数为 0，那么可以找到 $\dfrac{\hat{m}!}{m!\,(\hat{m}-m)!}$ 个最优解，但并不是所有解都是可行的。当存在至少一个最右基础可行解时，任何他们的加权平均值都是最优解（权值非负且和为 1）。具体而言，如果 $x^1, \cdots, x^s$ 是最优的基础可行解，任何 $\hat{x}$ 满足以下条件时，即为最优解。

$$\hat{x} = \sum_{k=1}^{s} \lambda_k \, x^k, \sum_{k=1}^{s} \lambda_k = 1, \lambda_k \geqslant 0, k = 1, \cdots, s$$

3.5.4 无界解

当一个非基变量在第 0 行的系数为负数时，且所有在那一列的其他系数都为非正时，那么这个变量的值就可以无限增加，且不会影响基变量的值。这会导致目标函数也可以变得任意大。这个条件表示一个无界解，也就是这个线性规划问题不存在最优解。我们可以通过下面的例子具体展开。

$$\text{Maximize } z = 6x_1 + 3x_2$$
$$\text{subject to } x_2 \leqslant 5$$
$$-4x_1 + 3x_2 \leqslant 15$$
$$2x_1 - 3x_2 \geqslant 2$$
$$x_1 \geqslant 0, \ x_2 \geqslant 0$$

经过一系列迭代，我们得到表 3 - 18。选取 x_5 作为换入变量，但是没法进行最小比值法。无界解的出现有可能是由于线性规划模型建立产生的问题，所以出现无界解以后需要重新审视线性规划模型。

表 3 - 18   无界解举例

行	基变量	系数						RHS	比值
		z	x_1	x_2	x_3	x_4	x_5		
0	z	1	0	0	12	0	-3	66	—
1	x_2	0	0	1	1	0	0	5	—
2	x_4	0	0	0	3	1	-2	34	—
3	x_1	0	1	0	1.5	0	-0.5	8.5	—

3.6   初始基可行解

给定一个初始基可行解，单纯形法会在可行域的边界寻找最优解或者发现问题是无界解。当模型的约束条件都是"小于等于"时且不等式右边全为非负数时，很容易就可以找到初始基可行解；松弛变量就包含了初始基可行解而且模型的形式就是标准的单纯形。当初始模型包含"大于或者等于"时，基本初始可行解不能直接得到。这一小节，我们会提到如何寻找一个线性规划问题的初始基可行解，这也是两阶段法的第一阶段。而第二阶段就是利用在第一阶段得到的初始基可行解对线性规划问题进行求解。

3.6.1   扩展模型

为了找到一个含有"大于或者等于"的约束条件或者不等式右边为负的线性规划问题的基本初始可行解，我们首先通过添加人工变量使得模型的约束全为等式且等式右边都为非负。"小于或者等于"的约束中添加的人工变量前的系数是 $+1$，而"大于或者等于"的情况下，人工变量前的系数则为 -1。等式不需要添加人工变量。我们通过以下模型作为例子来说明。

$$\text{Maximize } z = -7x_1 + 3x_2$$
$$\text{subject to } 4x_1 + 8x_2 = 30$$
$$-2x_1 + x_2 \geq 3$$

加入人工变量后，约束条件变为以下等式

$$4x_1 + 8x_2 + a_1 = 30$$
$$-2x_1 + x_2 - x_3 + a_2 = 3$$
$$x_1 \geq 0, \ x_2 \geq 0, \ x_3 \geq 0, \ a_1 \geq 0, \ a_2 \geq 0$$

因为人工变量是作为基变量的，等式也满足单纯形，所以就可以开始用单纯形法解决问题了。然而，扩展后的模型和原问题对应的模型并不完全相同，只有当所有人工变量的取值都为 0 时，扩展后模型的基础可行解即为原问题的基础可行解。第一阶段我们需要做的就是找到令所有人工变量都为 0 的基可行解，如果找不到这样一个基可行解，那么原问题也不存在基可行解。如果找到这样一个解，人工变量就被消除了，也就可以通过单纯形法来找原问题的最优解了。

3.6.2 大 M 法

大 M 法又称惩罚法，当我们在约束条件中加入人工变量 x_{n+1}，$x_{n+2}\cdots\cdots$，x_{n+m} 时，在目标函数中添加目标项 $\sum_{i=1}^{m}Mx_{n+i}$（其中，M 是一个任意大的正数）。如下式所示。

$$\min f'(x) = \sum_{j=1}^{n}c_j x_j + \sum_{i=1}^{n}Mx_{n+1}$$

$$\text{s. t.} \qquad \sum_{j=1}^{n}a_{ij}x_j + x_{n+i} = b_i,\ i=1,2,\cdots,m$$

$$x_j \geqslant 0,\ j=1,2,\cdots,n+m$$

实例：

$$\max z = -4x_1 - 3x_2 - 8x_3$$

$$\begin{cases} x_1 + x_3 - x_4 = 2 \\ x_2 + 2x_3 - x_5 = 5 \\ x_i \geqslant 0,\ i=1,2,3,4,5 \end{cases}$$

在上述问题的约束条件中加入人工变量 x_6 和 x_7，得到

$$\max z = -4x_1 - 3x_2 - 8x_3 - Mx_6 - Mx_7$$

$$\begin{cases} x_1 + x_3 - x_4 + x_6 = 2 \\ x_2 + 2x_3 - x_5 + x_7 = 5 \\ x_i \geqslant 0,\ i=1,2,3,4,5,6,7 \end{cases}$$

这里 M 是一个任意大正数。初始单纯形表和迭代后的单纯形表如下所示。

表 3-19 初始单纯形表

行	基变量	系数								RHS	比值
		z	x_1	x_2	x_3	x_4	x_5	x_6	x_7		
0	z	1	$4-M$	$3-M$	$8-3M$	M	M	0	0	$-7M$	—
1	x_6	0	1	0	1	-1	0	1	0	2	2
2	x_7	0	0	1	2	0	-1	0	1	5	2.5

从单纯形表中可以看到，x_3 的系数最小，因此作为入基变量，x_6 作为出基变量。

表 3-20　一次迭代后的单纯形表

行	基变量	系数								RHS	比值
		z	x_1	x_2	x_3	x_4	x_5	x_6	x_7		
0	z	1	2M−4	3−M	0	8−2M	M	3M−8	0	−M−16	—
1	x_3	0	1	0	1	−1	0	1	0	2	
2	x_7	0	−2	1	0	2	−1	−2	1	1	0.5

表 3-21　二次迭代后的单纯形表

行	基变量	系数								RHS	比值
		z	x_1	x_2	x_3	x_4	x_5	x_6	x_7		
0	z	1	4	−1	0	0	4	M	M−4	−20	—
1	x_3	0	0	0.5	1	0	−0.5	0	0.5	2.5	5
2	x_4	0	−1	0.5	0	1	−0.5	−1	0.5	0.5	1

表 3-22　三次迭代后的单纯形表

行	基变量	系数								RHS	比值
		z	x_1	x_2	x_3	x_4	x_5	x_6	x_7		
0	z	1	2	0	0	2	3	M−2	M−3	−19	
1	x_3	0	1	0	1	−1	0	1	0	2	
2	x_2	0	−2	1	0	2	−1	−2	1	1	

此时，第 0 行所有系数均大于 0，迭代结束，得到最优解为 $(x_1, x_2, x_3, x_4, x_5, x_6, x_7)=(0, 1, 2, 0, 0, 0, 0)$，最优值 $z^*=-19$。

3.6.3　两阶段法

初始步骤：通过加入人工变量将问题的约束转化为等式的形式之后，每个约束至少存在一个变量的系数为 +1 且这个变量不存在于其他约束条件中。如果有 m 个基变量符合要求，那么直接进入第 2 阶段。否则，就需要引入人工变量然后进行第 1 阶段的计算。令 F 为含有人工变量约束的集合。

第 1 阶段：目标方程是最小化初始阶段中所加入的人工变量的总和，约束条件为被原问题中加入人工变量后的约束。也就是

$$\text{Minimize} = \{\sum_{i \in F} \alpha_i : \sum_{j=1}^{n} a_{ij}x_j + \alpha_i = b_i, i = 1, \cdots, m\}$$

其中 α_i 只有当 $i \in F$ 时才出现在约束中。如果一些人工变量是基变量且不

为 0，则线性规划问题无可行解。停止计算，且原问题无解。如果一些人工变量是基变量且为 0，那么约束他们是基变量的约束条件是多余的，可以删除。

第 2 阶段：去掉人工变量，回到原问题的目标方程：

$$\text{Maximize } z = \sum_{j=1}^{n} c_j x_j$$

从第 1 阶段得到的初始基可行解开始，用单纯形法找到原问题的最优解。

举例：把之前的问题写成单纯形且加入松弛变量和人工变量，我们得到以下模型，包括第 1 阶段和第 2 阶段的目标函数以及约束。

Phase 1：Maximize $w = -\alpha_1 - \alpha_2$

Phase 2：Maximize $z = -7x_1 + 3x_2$

$$\text{subject to } 4x_1 + 8x_2 + \alpha_1 = 30$$

$$-2x_1 + x_2 - x_3 + \alpha_2 = 3$$

$$x_1 \geq 0,\ x_2 \geq 0,\ x_3 \geq 0,\ \alpha_1 \geq 0,\ \alpha_2 \geq 0$$

构造如表 3-23 所示的表，我们根据第 1 阶段的目标方程引入了第 $0'$ 行。第 $0'$ 行并不是标准的单纯形，因为基变量 α_1 和 α_2 的系数不为 0。通过将第 $0'$ 行减去第 1 行和第 2 行的变换，得到第 0 行。

通过比较第 0 行的检验数，选取 x_2 作为换入变量。通过最小比值法确定 α_2 为换出变量。线性变换后，还有一个人工变量是基变量。比较表 3-24 的检验数可知应选取 x_1 作为换入变量，α_1 作为换出变量。得到表 3-25 的结果，由第 0 行的检验数可知，我们已经找到了第 1 阶段的最优解。因为人工变量不在基变量内，所以它们可以从第 2 阶段中删掉。

第 2 阶段由第 1 阶段找到的基可行解 $(x_1, x_2, x_3) = (0.3, 3.6, 0)$ 开始。如表 3-26 所示，我们将第 2 阶段的目标方程放在第 $0'$ 行。同样的，现在第 $0'$ 行也不是标准的单纯形，所以通过线性变换，转换为第 0 行的标准单纯形。比较第 0 行的检验数，选取 x_3 作为换入变量，x_1 作为换出变量。经过先行先换后得到表 3-27，第 0 行检验数全为非负，所以表 3-27 就是第 2 阶段以及原问题的最优解。

表 3-23 第 1 阶段初始表格

行	基变量	系数						RHS	比值
		w	x_1	x_2	x_3	α_1	α_2		
$0'$	w	1	0	0	0	1	1	0	
0	w	1	-2	-9	1	0	0	-33	—
1	α_1	0	4	8	0	1	0	30	3.75
2	α_2	0	-2	1	-1	0	1	3	3

表 3 - 24 第 1 次迭代

行	基变量	系数						RHS	比值
		w	x_1	x_2	x_3	α_1	α_2		
0	w	1	-20	0	-8	0	9	-6	—
1	α_1	0	20	0	8	1	-8	6	0.3
2	x_2	0	-2	1	-1	0	1	3	—

表 3 - 25 第 1 阶段最优解

行	基变量	系数						RHS	比值
		w	x_1	x_2	x_3	α_1	α_2		
0	w	1	0	0	0	1	1	0	—
1	x_1	0	1	0	0.4	0.05	-0.4	0.3	—
2	x_2	0	0	1	-0.2	0.1	0.2	3.6	—

表 3 - 26 第 2 阶段初始解

行	基变量	系数				RHS	比值
		z	x_1	x_2	x_3		
0'	z	1	-7	3	0	0	
0	Z	1	0	0	-3.4	8.7	—
1	x_1	0	1	0	0.4	0.3	0.75
2	x_2	0	0	1	-0.2	3.6	—

表 3 - 27 第 2 阶段最优解

行	基变量	系数				RHS	比值
		z	x_1	x_2	x_3		
0'	z	1	0	0	0	0	
0	Z	1	8.5	0	0	11.25	—
1	x_3	0	2.5	0	1	0.75	—
2	x_2	0	-0.5	1	0	3.75	—

练 习

1. 将下列线性规划问题变换为标准形式。

（1） $\min Z = -3x_1 + 4x_2 - 3x_3 + 7x_4$

s. t.
$$4x_1 - x_2 + 2x_3 - x_4 = -2$$
$$x_1 + x_2 + 2x_3 - x_4 \leqslant 14$$
$$-2x_1 + 5x_2 - 2x_3 + x_4 \geqslant 2$$
$$x_1, \; x_2 \geqslant 0, \; x_3 \leqslant 0, \; x_4 \text{无限制}$$

（2）$\max Z = 2x_1 + 5x_2$

    s. t. $x_1 + 2x_2 \leqslant 3$

          $2x_1 - x_2 \geqslant 2$

          $x_1 \geqslant 0$，x_2 无限制

2. 运用图解法和单纯形法求解以下线性规划问题。

（1）$\min Z = 2x_1 - x_2 + 2x_3$

    s. t. $-x_1 + x_2 + x_3 = 4$

          $-x_1 + x_2 - x_3 \leqslant 6$

          $x_1 \leqslant 0$，$x_2 \geqslant 0$，x_3 无限制

（2）$\max Z = 2x_1 + x_2$

    s. t. $3x_1 + 5x_2 \leqslant 15$

          $6x_1 + 2x_2 \leqslant 24$

          $x_1 \leqslant 0$，$x_2 \geqslant 0$

3. 给定以下线性规划：

$\max Z = 10x_1 + 5x_2 + 8x_3 - 3x_4$

s. t. $-2x_1 + x_2 + 2x_3 - 3x_4 \geqslant 12$

      $x_1 + x_2 + x_3 + x_4 \leqslant 20$

      $x_j \geqslant 0$，$j = 1, \cdots, 4$

a）请选择 x_3 和 x_4 作为轴，并根据这些变量绘制可行区域和目标等值线。

b）确定该区域的极值点。

c）确定解决方案是否可行。

4. 以下表格不是单纯形表。

行	基变量	系数						RHS
		z	x_1	x_2	x_3	x_4	x_5	
0	z	1	0	-1	-1	0	2	20
1	—	0	0	5	-1	1	12	12
2	—	0	1	8	1	2	16	16
	比值	—	—	5	20	—	—	

a）用线性方程组写出表格中所描述的方程组。

b）运用单纯形算法求解方程最优解。

c）从单纯形表中，预测当 x_3 增加 1 时会产生什么影响？当增加 0.5 或者 2 呢？

5. 运用本章知识，从下表开始对对偶单纯形算法进行至少两次迭代。对

构造的第二个表得到的解进行评论。

行	基变量	系数						RHS
		z	x_1	x_2	x_3	x_4	x_5	
0	Z	1	0	2	0	3	-5	
1	x_3	0	0	2	1	6	4	
2	x_1	0	1	-1	0	-2	-4	

6. 回答关于单纯形算法的以下问题。

a）如果不能借助等价最大化的方法，那么你将如何解决最小化问题呢？

b）如果算法总是选择负项值最大的变量作为进基变量，那么对算法会产生什么影响呢？

7. 设有 A1 和 A2 两个香蕉基地，产量分别为 60 吨和 80 吨，联合供应 B1，B2 和 B3 三个销地，销量经预测分别为 50 吨、50 吨和 40 吨。两个产地到三个销地的单位运价如下表所示：

销地 产地	B1	B2	B3
A1	600	300	400
A2	400	700	300

每个产地向每个销地发货多少，才能使总的运费最少？

8. 一家特拉华州的公司刚刚在得克萨斯州的奥斯汀建立了一家新的制造厂。几家公司的员工计划下周参观工厂，旅游办公室必须为他们所有人安排租车。表 3-28 为汽车日需求量。

有几种不同价格的出租方案可供选择。

（1）周六或周日的每日费用 ＄35

（2）平日的每日费用 ＄50

（3）三天计划（连续三个工作日） ＄125

（4）补间计划（星期六及星期日） ＄60

（5）平日计划（星期一至五） ＄180

（6）整周计划（星期六至星期五） ＄200

表 3-28 租车日需求量

天数	星期六	星期日	星期一	星期二	星期三	星期四	星期五
车辆数	2	5	10	9	16	7	11

一辆车一次只能供一个人使用，但如果一辆车的租期超过一天，不同的人可能会在不同的日子里使用它。旅行社应如何安排租车服务，以最低的成本满足所有要求？

参考文献

[1] PAUL A，JENSEN，JONATHAN F，BARD. Operations Research Models and Methods. [M]. John Wiley-Sons，2003.

[2] BARD J F. Practical Bilevel Optimization：Algorithms and Applications [M]. Boston：Kluwer Academic，1998.

[3] BAZARAA M S，JARVIS J J，SHERALI H D. Linear Programming and Network Flows [M]. New York：Wiley，1990.

[4] BERTSIMAS D，TSITSIKLIS J N. Introduction to Linear Optimization [M]. Athena Scientific，Belmont，MA，1997.

[5] BIXBY R E. Progress in Linear Programming [M]. Orsa J on Comput，1994，6（1）：15—22.

[6] DANTZIG G B，TAPIA M N. Linear Programming：Introduction [M]. New York：Springer-Verlag，1997.

[7] LUSTIG I J，MARSTEN R E，SHANNO D F. Computational Experience with a Primal-Dual Interior Point Method for Linear Programming [J]. Linear Algebra & Its Applications，1991，152：191—222.

[8] MARSTEN R，SUBRAMANIAN R，SALTZMAN M，et al. The Practice of Mathematical Programming ‖ Interior Point Methods for Linear Programming：Just Call Newton，Lagrange，and Fiacco and McCormick！ [J]. Interfaces，1990，20（4）：105—116.

[9] NERING E D，TUCKER A W. Linear Programs and Related Problems [M]. New York：Academic Press，1992.

[10] VANDERBEI R J. Linear Programming：Foundations and Extensions [M]. Kluwer Academic，1996.

[11] YE Y. Interior Point Algorithms：Theory and Analysis [M]. Wiley，1997.

[12] 都不英奇. 实用运筹学 [M]. 北京：机械工业出版社，2016.

[13] 陈照辉. 工程运筹学原理与实务 [M]. 重庆：重庆大学出版社，2016：250.

第4章　对偶单纯形与灵敏性分析

建立线性规划模型并且求得最优解并不是问题的终点。通常，最优结果对决策者而言实际参考价值较小，只有对最优解的结果进一步分析，才能解决决策者真正关心的问题。因为数学模型只是对实际问题的一般抽象，通常有一些被忽略的因素需要在实践中加以修正，新信息的收集也可能会改变模型中原有估计的参数。例如，个体厂商感兴趣的不仅仅是当前条件下能够获得的最大利润，更关心的是调整资源限制会如何影响最大利润变化。此外，模型中涉及的系数 c_j 通常是一个估计值，无法准确获取。因而在实际问题中，决策者会想知道，如果真实的系数值在一定范围之间浮动，相同的基解是否仍然最优。例如生产决策中，员工工资、原材料和运输等成本的不确定性对于利润最大化时的最优产量的影响，这些都属于敏感性分析的问题范畴，是本章第一节的主要内容。

在整章中，我们运用 m 维对偶向量 π。该向量的组成元素可直接从当前的基矩阵 B 和对应的目标函数系数 c_B 运算得出。在4.5节中，我们会详细阐述这些变量出现的来龙去脉。我们将在这节中证明每个线性规划（LP）都对应一个对偶线性规划。这两个问题都由相同的数据构造。但是如果其中一个是最大化问题，那另一个就是最小化问题。若原问题及其对偶问题均具有可行解，则两者均具有最优解，且它们最优解的目标函数值相等。对偶问题中的变量可以解释为原问题中约束条件的价格。对偶变量反映的是对应的原变量的边际效应，即每增加一单位的原变量使目标函数变化的值。通过研究对偶问题，我们能够更好地从经济学角度对原问题的特点和意义进行分析。

4.1　对偶单纯形法

在单纯形表的计算中等式（不等式）右边的常数列往往是非负的，所以每次迭代的基解都是可行解。在这一小节，我们把系数列非负的情况称为初始可行，相应的若存在一些常数为负数，我们称为初始不可行。

对于单纯形法，在找到最优解时，一些元素在第 0 行的系数直到最优解找到之前都一直是负的。对于在迭代过程中所有第 0 行系数为非负的基可行解我们称为对偶可行。相应的，对于有一些元素在第 0 行系数为负的基可行解我们称为对偶不可行。

根据前面的定义和描述可知，单纯形法是一种初始可行但是对偶不可行的情况。在找到最优解之后的结果则是初始可行和对偶可行。我们接下来要考虑的一种单纯形法的变化形式，和现有的方法相反，叫作对偶单纯形法。直到最后一次迭代，每个基可行解都是初始不可行（不等式约束常数项有些微负数）而且对偶可行（第 0 行所有元素的系数都为非负）。在求得最优解的那次迭代中，结果是同时满足初始和对偶可行的定义的。所以对于一个给定的问题，利用单纯形法和对偶单纯形法会得到相同的结果，但是他们寻找最优解的路径是不一样的。

对偶单纯形法适用于那些初始对偶基可行解很容易得到的问题。尤其适用于当一个问题的约束改变，导致原来的初始基可行解不可行时。我们将在第 4 章详细展开关于单纯形法和对偶单纯形法的比较和联系。这一小节只是简单介绍一下对偶单纯形法，因为它和单纯形法非常相似。

4.1.1　算法步骤

参考单纯形表，对偶单纯形法的算法也应该由一个对偶可行的基可行解开始，也就是要求第 0 行的元素都应为非负。在单纯形法中，我们先选取换入变量再选取换出变量，而对偶单纯形法则相反，也就是先确定换出变量再确定换入变量。这也是两种单纯形法之间最主要的不同。以下算法假设已经得到一个含有基可行解的单纯形表。

步骤 1： 从一个对偶基可行解出发，令 $k=1$，根据这个基可行解构造单纯形表。判断约束条件右侧尝试是否都为非负，如果全为非负，那么停止计算，得到最优解。

步骤 2：

a. 选取换出变量。找到对应的约束条件右项常数为负的一行（记作 r），也就是，$\bar{b}_r<0$。把第 r 行记作枢行，选取 $x_{B(r)}$ 作为换出变量。一个用来确定哪一行作为 r 的普遍做法是选择右项常数负得最大的那一行。也就是，$\bar{b}_r=\min\{\bar{b}_i：i=1，\cdots，m\}$。

b. 确定换入变量。对于在枢行中的每个负数，计算第 0 行与第 r 行之间的比值。如果计算结果中没有负的系数，$\bar{a}_{rj}<0$，则停止，因为这个问题无可

行解。否则,令比值最小的那一列作为枢列,下标记作 s,相应的,x_s 为换入变量。枢列由以下比值确定。

$$\frac{-\overline{c}_s}{\overline{a}_{rs}}=\min\left\{\frac{-\overline{c}_i}{\overline{a}_{rj}}:\overline{a}_{rj}<0,j=1,\cdots,n\right\}$$

c. 替换基变量。将基变量中的 $x_{B(r)}$ 替换成 x_s。通过以下线性变换得到新的单纯形表。首先令 $\overline{a}_i$ 为原来的单纯形表的第 i 行元素的向量,令 $\overline{a}_i^{\text{new}}$ 为新的单纯形表第 i 行元素的向量。类似的,令 $\overline{b}_i$ 为原来的单纯形表中第 i 行的右项常数,令 $\overline{b}_i^{\text{new}}$ 为新的单纯形表中第 i 行的右项常数。将第 i 行第 s 列的元素记作 $\overline{a}_{is}$,枢行在新的单纯形表中就是

$$\overline{a}_i^{\text{new}}=(-\overline{a}_{is}\times\overline{a}_r^{\text{new}})+\overline{a}_i$$

以及

$$\overline{b}_i^{\text{new}}=(-\overline{a}_{is}\times\overline{b}_r^{\text{new}})+\overline{b}_i \text{ for } i=0,1,\cdots,m,i\neq r$$

步骤 3:如果所有换入的变量的右项常数都为非负,这个解就满足初始可行的定义,也就是找到了最优解。否则,令 $k\to k+1$,然后回到步骤 2。

4.1.2 算法举例

考虑以下问题。

$$\text{Maximize } z=-5x_1-35x_2-20x_3$$
$$\text{subject to } x_1-x_2-x_3\leqslant-2$$
$$-x_1-3x_2\leqslant-3$$
$$x_1\geqslant0,\ x_2\geqslant0,\ x_3\geqslant0$$

步骤 1:加入松弛变量 x_4 和 x_5,如表 4-1 所示。

迭代 1:选取第 2 行作为枢行,所以 x_5 作为换出变量。根据最小比值法,确定 x_1 是换入变量。比值计算的结果见表 4-2。进行线性变换,我们得到表 4-3 的结果,由于右项常数非全为负数,所以需要进行第二次迭代。

迭代 2:选取第 1 行作为枢行,所以 x_4 换出,x_2 换入。计算结果见表 4-4,由于右项常数还是有负数存在,所以进行第三次迭代。

表 4-1 初始对偶单纯形表

行	基变量	系数						RHS
		z	x_1	x_2	x_3	x_4	x_5	
0	z	1	5	35	20	0	0	0
1	x_4	0	1	-1	-1	1	0	-2
2	x_5	0	-1	-3	0	0	1	-3

表 4-2 换出和换入变量的选择

行	基变量	系数						RHS
		z	x_1	x_2	x_3	x_4	x_5	
0	z	1	5	35	20	0	0	0
1	x_1	0	1	-1	-1	1	0	-2
2	x_2	0	-1	-3	0	0	1	-3
	比值	—	5	11.67	—	—	—	

表 4-3 第 2 次迭代

行	基变量	系数						RHS
		z	x_1	x_2	x_3	x_4	x_5	
0	z	1	0	20	20	0	5	-15
1	x_4	0	0	-4	-1	1	1	-5
2	x_1	0	1	3	0	0	-1	3
	比值	—	—	5	20	—	—	

表 4-4 第 3 次迭代

行	基变量	系数						RHS
		z	x_1	x_2	x_3	x_4	x_5	
0	z	1	0	0	15	5	10	-40
1	x_2	0	0	1	0.25	-0.25	-0.25	1.25
2	x_1	0	1	0	-0.75	0.75	-0.25	-0.75
	比值	—	—	—	20	—	40	

表 4-5 最优解

行	基变量	系数						RHS
		z	x_1	x_2	x_3	x_4	x_5	
0	z	1	20	0	0	20	5	-55
1	x_2	0	0.333	1	0	0	-0.333	1
2	x_3	0	-1.333	0	1	-1	0.333	1

迭代 3：选取第 2 行作为枢行，所以 x_1 换出，x_3 换入。重新计算单纯形表，得到表 4-5，可知现在的解同时满足初始对偶可行，也就是最优解已经找到。

4.1.3 改变约束右侧的常数

对偶单纯形法一个主要的作用就是在约束条件改变之后对问题进行重新优化。我们通过下面的例子来说明（最优解如表 4-6 所示）。

$$\text{Maximize } z = 2x_1 + 3x_2$$
$$\text{subject to } -x_1 + x_2 \leqslant 5$$
$$x_1 + 3x_2 \leqslant 35$$
$$x_1 \leqslant 20$$
$$x_1 \geqslant 0, \ x_2 \geqslant 0$$

改变右侧系数，具体而言，将 b_2 从 35 改成 20，将 b_3 从 20 改成 26，得到新的单纯形表（表 4-7）。改变右项常数值并不会影响第 0 行检验数的变化，所以第 0 行系数还是保持非负。然而，由于第 1 行的右侧系数还是负数，所以现在的基解不可行。显然，应该选取 x_2 作为换出变量，x_{s3} 作为换入变量，结果如表 4-8 所示。

表 4-6 变化前的最优解

行	基变量	系数						RHS
		z	x_1	x_2	x_{s1}	x_{s2}	x_{s3}	
0	z	1	0	0	0	1	1	55
1	x_2	0	0	1	0	0.33	-0.3	5
2	x_1	0	1	0	0	0	1	20
3	x_{s1}	0	0	0	1	-0.3	1.33	20

表 4-7 右项常数改变后的单纯形表

行	基变量	系数						RHS
		z	x_1	x_2	x_{s1}	x_{s2}	x_{s3}	
0	z	1	0	0	0	1	1	55
1	x_2	0	0	1	0	0.33	-0.3	-2
2	x_1	0	1	0	0	0	1	26
3	x_{s1}	0	0	0	1	-0.3	1.33	33
	比值	—	—	—	—	—	3	

表 4-8　对偶单纯形法迭代后的单纯形表

行	基变量	系数						RHS
		z	x_1	x_2	x_{s1}	x_{s2}	x_{s3}	
0	z	1	0	3	0	2	0	40
1	x_{s3}	0	0	-3	0	-1	1	6
2	x_1	0	1	3	0	1	0	20
3	x_{s1}	0	0	4	1	1	0	25

4.1.4　加入约束

基于先前的问题，我们现在增加一个 $x_2 \geqslant 10$ 的约束，在最优解中，$x_1 = 20$ 以及 $x_2 = 5$ 不满足这个约束。首先，我们先减去一个松弛变量 x_{s4}，得到等式

$$x_2 - x_{s4} = 10$$

然后乘 -1，得到正确的形式，并且加入单纯形表中，修改后的单纯形表如表 4-9 所示。通过线性变换将表 4-9 转化为标准的单纯形表，得到表 4-10。可以看到，第 4 行的右项常数是负数，所以 x_{s4} 是换出变量，x_{s3} 是换入变量。最优解的单纯形表如表 4-11 所示。

表 4-9　增加约束后的单纯形表

行	基变量	系数							RHS
		z	x_1	x_2	x_{s1}	x_{s2}	x_{s3}	x_{s4}	
0	z	1	0	0	0	1	1	0	55
1	x_2	0	0	1	0	0.333	-0.333	0	5
2	x_1	0	1	0	0	0	1	0	20
3	x_{s1}	0	0	0	1	-0.333	1.333	0	20
4	x_{s4}	0	0	-1	0	0	0	1	-10

表 4-10　标准单纯形表

行	基变量	系数							RHS
		z	x_1	x_2	x_{s1}	x_{s2}	x_{s3}	x_{s4}	
0	z	1	0	0	0	1	1	0	55
1	x_2	0	0	1	0	0.333	-0.333	0	5
2	x_1	0	1	0	0	0	1	0	20
3	x_{s1}	0	0	0	1	-0.333	1.333	0	20
4	x_{s4}	0	0	-1	0	0.333	-0.333	1	-5
	比值	—	—	—	—	—	3	—	

表 4 - 11　重新优化后的单纯形表

行	基变量	系数							RHS
		z	x_1	x_2	x_{s1}	x_{s2}	x_{s3}	x_{s4}	
0	z	1	0	0	0	2	0	3	40
1	x_2	0	0	1	0	0	0	−1	10
2	x_1	0	1	0	0	1	0	3	5
3	x_{s1}	0	0	0	1	1	0	4	0
4	x_{s3}	0	0	0	0	−1	1	−3	15

4.2　单纯形法的矩阵表示

很多情况下用矩阵而不是前面提到的代数形式来表示线性规划问题和利用计算机编程会更加方便。矩阵形式的计算更为简便，这会大大提升效率。事实上，计算机中运用的都是基于这一小节以及下一小节提到的方法。

4.2.1　线性规划模型

在构建矩阵形式的单纯形法的过程中，我们假设所有要求的标准形式都已经转变完成，也就是等式的形式。一个包含 n 个变量以及 m 个约束的线性规划问题，由以下矩阵和向量来表示。

决策变量：$\qquad\qquad x=(x_1,\cdots,x_n)^T$ $\qquad\qquad$ （4 - 1）

目标方程系数：$\qquad c=(c_1,\cdots,c_n)$ $\qquad\qquad$ （4 - 2）

右项常数：$\qquad\quad b=(b_1,\cdots,b_n)^T$ $\qquad\qquad$ （4 - 3）

结构系数：$\qquad A=\begin{bmatrix} a_{11} & a_{12} & \cdots & a_{1n} \\ a_{21} & a_{22} & \cdots & a_{2n} \\ \vdots & \vdots & & \vdots \\ a_{m1} & a_{m2} & \cdots & a_{mn} \end{bmatrix}$

根据这些符号，式（4 - 1）到式（4 - 3）可以写成

$$\text{Maximize } z=cx$$

$$\text{subject to } Ax=b$$

$$x\geqslant 0$$

考虑下面这个代数形式的例子。

$$\text{Maximize } z = 2x_1 + 1.25x_2 + 3x_3 \qquad (4-4)$$
$$\text{subject to } 2x_1 + x_2 + 2x_3 \leqslant 7$$
$$3x_1 + x_2 \leqslant 6$$
$$x_2 + 6x_3 \leqslant 9$$
$$x_1 \geqslant 0, \ x_2 \geqslant 0, \ x_3 \geqslant 0$$

加入松弛变量 x_4，x_5 以及 x_6，在这个模型中定义的向量和矩阵如下所示

$$x = (x_1, x_2, x_3, x_4, x_5, x_6)^T \qquad (4-5)$$
$$c = (2, 1.25, 3, 0, 0, 0) \qquad (4-6)$$

$$A = \begin{pmatrix} 2 & 1 & 2 & 1 & 0 & 0 \\ 3 & 1 & 0 & 0 & 1 & 0 \\ 0 & 1 & 6 & 0 & 0 & 1 \end{pmatrix} \text{以及 } b = \begin{pmatrix} 7 \\ 6 \\ 9 \end{pmatrix}$$

4.2.2 基解计算

我们假设 n 个变量是有顺序排列的，且 x 的前 m 个变量作为基变量。然后我们可以将 x 写成 $x = (x_B, x_N)$，其中，x_B 和 x_N 分别表示基变量和非基变量。矩阵 A 也可以类似的分成 $A = (B, N)$，其中 B 是 $m \times m$ 的矩阵，N 是 $m \times (n-m)$ 的矩阵。所以等式 $Ax = b$ 可以被写成

$$(B, N) \begin{pmatrix} x_B \\ x_N \end{pmatrix} = Bx_B + Nx_N = b$$

两边同乘 B^{-1}，可得

$$x_B + B^{-1}Nx_N = B^{-1}b$$

解这个等式可得

$$x_B = B^{-1}(b - Nx_N)$$

目标方程可以被写成两部分的和，也就是基变量和非基变量：

$$z = c_B x_B + c_N x_N = c_B B^{-1}(b - Nx_N) + c_N x_N \qquad (4-7)$$

令非基变量 $x_N = 0$，得到一个基解

$$x_B = B^{-1}b \text{ 以及 } z = c_B B^{-1}b$$

简便起见，我们令 $\pi = c_B B^{-1}$，所以 $z = \pi b$。

在我们的例子中，当 $x_B = (x_1, x_3, x_5)^T$ 时，基解为

$$x_B = B^{-1}b = \begin{pmatrix} 0.5 & 0 & -0.166 \\ 0 & 0 & 0.166 \\ -1.5 & 1 & 0.5 \end{pmatrix} \begin{pmatrix} 7 \\ 6 \\ 9 \end{pmatrix} = \begin{pmatrix} 2 \\ 1.5 \\ 0 \end{pmatrix}$$

目标函数值为

$$z = c_B x_B = (2,3,0) \begin{pmatrix} 2 \\ 1.5 \\ 0 \end{pmatrix} = 8.5$$

对偶解为

$$\pi = (\pi_1, \pi_2, \pi_3) = c_B B^{-1} = (2,3,0) \begin{pmatrix} 0.5 & 0 & -0.166 \\ 0 & 0 & 0.166 \\ -1.5 & 1 & 0.5 \end{pmatrix} = \left(1, \ 0, \ \frac{1}{6}\right)$$

4.2.3　目标函数的边际效应

单纯形法必须要有足够的信息才可以判断一个解是否为最优解，如果不是就要判断哪一个变量应该换入基变量。这些信息很容易在矩阵形式的单纯形法中找到。从式（4-7）中，我们可以发现目标函数可以写成以下形式

$$z = c_B B^{-1} b + (c_N - c_B B^{-1} N) x_N$$

为了与单纯形表中的判断规则一致，我们将其改写为

$$z = c_B B^{-1} b - (c_B B^{-1} N - c_N) x_N$$

当非基变量为 0 时，目标函数值为 $z = c_B B^{-1} b$，但是现在我们想要让除了 x_k 以外的非基变量都保持 0，来观察其影响。关于 x_k 的目标函数为

$$z = c_B B^{-1} b - (c_B B^{-1} A_k - c_k) x_k$$

如果给定一个基解，这个表达式的第一部分是一个常数。第二部分中，x_k 的系数表示单位 x_k 的变化带来目标函数的边际变化。我们定义对于任意的 x_k，边际变化为

$$\bar{c}_k = c_B B^{-1} A_K - c_k = \pi A_k - c_k$$

其中 $\bar{c}_k$ 就是 x_k 对应的检验数。

一个基解是最优解的充分条件是，增加任意一个非基变量的值会引起目标函数的值减小或保持不变。从数学上来讲就是，对于所有 $k \in Q$，都有 $\bar{c}_k \geqslant 0$。

其中，Q 是所有非基变量的集合。如果这个条件没有满足，所有检验数为负的非基变量都可以作为换入变量。

对于例子中的问题，非基变量是 $x_N = (x_2, \ x_4, \ x_6)$，$c_N = (1.25, \ 0, \ 0)$，$\pi = \left(1, \ 0, \ \frac{1}{6}\right)$。每个非基变量的检验数计算如下：

$$\bar{c}_2 = \left(1, \ 0, \ \frac{1}{6}\right)(1, \ 1, \ 1)^T - 1.25 = -1/12$$

$$\bar{c}_4 = \left(1, \ 0, \ \frac{1}{6}\right)(1, \ 0, \ 0)^T - 0 = 1$$

$$\overline{c}_6 = \left(1, \ 0, \ \frac{1}{6}\right) \ (0, \ 0, \ 1)^T - 0 = 1/6$$

因为 $\overline{c}_2$ 是负数，所以现有的解还不是最优解。

4.2.4　基变量的边际效应

当选好换入变量时，我们利用最小比值法来确定换出变量。也就是所有正的 $\overline{a}_{ik}$ 对应的比值 $\overline{b}_i/\overline{a}_{ik}$ 最小的那一行所对应的变量作为换出变量。$\overline{a}_{ik}$ 的值就是非基变量 x_k 增加一单位引起 $x_{B(i)}$ 变化的值。利用矩阵形式的单纯形法很容易就可以计算出这个变化的值。给定一个特定的 B，我们可以得到

$$x_B = B^{-1}(b - Nx_N)$$

令除了 x_k 的所有非基变量都为 0，这个表达式就变为

$$x_B = B^{-1}b - B^{-1}A_K x_k$$

等式右边的第一项可以看成是一个常数。第二项的系数可以看成是 x_k 的单位增量引起的基变量的边际减少量。所以，我们定义向量 $\overline{A}_k$ 为基变量边际减少量。

$$\overline{A}_k = B^{-1}A_k = \begin{pmatrix} \overline{a}_{1k} \\ \overline{a}_{2k} \\ \vdots \\ \overline{a}_{mk} \end{pmatrix}$$

这正是最小比值法所需要的信息。

对于我们例子中的问题，我们先从基解出发

$$x_B = \begin{pmatrix} x_1 \\ x_3 \\ x_5 \end{pmatrix} = B^{-1}b = \overline{b} = \begin{pmatrix} 2 \\ 3/2 \\ 0 \end{pmatrix}$$

令 x_2 作为换入变量，计算得到

$$\overline{A}_2 = B^{-1}A_2 = B^{-1}\begin{pmatrix} 1 \\ 1 \\ 1 \end{pmatrix} = \begin{pmatrix} 1/3 \\ 1/6 \\ 0 \end{pmatrix}$$

最小比值为 $\theta = 1/3$，所以选取 x_1 为换出变量。

4.3　改进单纯形法

单纯形法能够具体化关键元素且被手动计算，是教学中最好的方法。然而，这涉及非基变量等许多不必要的计算，会出现单纯形表大小的问题——存

在一个只有 1000 个变量以及 100 个约束的小问题，在加入松弛变量之后会生成一个需要超过 100000 字节计算机储存空间的单纯形表。

为了避免这些问题，所有的计算机程序采用的都是改进单纯形法，也就是不需要更新整个表格而只是计算矩阵的一些数据，这大大提高了计算机编程的效率。

4.3.1 矩阵等式

修正单纯形法和单纯形表法的步骤相同，只不过不再借助于单纯形表的辅助，往往借助于矩阵的运算。算法所需的数据来自由原问题定义而来的矩阵 A，c 和 b，变量和约束的数量，以及基变量和非基变量而且假设 B^{-1} 已知。修正的单纯形法需要计算以下信息。

初始变量：$x_B = B^{-1}b$

对偶变量：$\pi = c_B B^{-1}$

x_k 的边际成本：$\bar{c}_k = \pi A_k - c_k$（$A_k$ 是矩阵 A 的第 k 列）

枢列：$\overline{A}_k = B^{-1} A_k$

这种算法的一个特点是，有其他的方法选取换入变量。在我们的例子中，我们采用的方法是计算非基变量对应的检验数，并选择负得最大的那个检验数对应的非基变量作为换入变量。在下一小节，我们将讨论更加有效的方法。

4.3.2 算法说明

我们用这一小节开始使用过的例子来介绍具体的计算方法。我们从表 4-1 所示的初始基可行解入手，也就是

$$x_B = (x_1, x_3, x_5)^T, c_B = (2, 3, 0)$$

$$B = \begin{pmatrix} 2 & 2 & 0 \\ 3 & 0 & 1 \\ 0 & 6 & 0 \end{pmatrix}, B^{-1} = \begin{pmatrix} 1/2 & 2 & -1/6 \\ 0 & 0 & 1/6 \\ -3/2 & 1 & 1/2 \end{pmatrix}$$

在以下的步骤中，左边表示的是符号的运算，右边表示的是具体例子的计算。

步骤 1：计算基解

对于现在的基解 B，计算 B^{-1} 以及初始和对偶解

$$x_B = B^{-1}b, \ \pi = c_B B^{-1}$$

对于例子中的问题，利用 B^{-1}，我们计算得到

$$x_B = (x_1, x_3, x_5)^T = (2, 2/3, 0)^T$$

$$\pi = (\pi_1, \pi_2, \pi_3) = (1, 0, 1/6)$$

步骤 2：选取换入变量

计算每个非基变量的检验数

$$\bar{c}_j = \pi A_j - c_j$$

如果所有的计算结果都是非负，停止计算得到最优解 $z^* = c_B x_B$。否则，选取检验数负得最多的那个变量作为换入变量。令换入变量为 x_s。

$$\bar{c}_2 = \left(1,\ 0,\ \frac{1}{6}\right)(1,\ 1,\ 1)^T - 1.25 = -1/12$$

$$\bar{c}_4 = \left(1,\ 0,\ \frac{1}{6}\right)(1,\ 0,\ 0)^T - 0 = 1$$

$$\bar{c}_6 = \left(1,\ 0,\ \frac{1}{6}\right)(0,\ 0,\ 1)^T - 0 = 1/6$$

因为 x_2 的检验数为负数，所以选取 x_2 作为换入变量（$s=2$）。

步骤 3：计算枢列

令矩阵 A 的 s 列为向量 A_s。计算枢列

$$\bar{A}_s = B^{-1} A_s$$

对于 $s=2$，枢列是

$$\bar{A}_2 = B^{-1}(1,\ 1,\ 1)^T = (1/3,\ 1/6,\ 0)^T$$

步骤 4：找出换出变量

找到比值最小的行 r，也就是

$$\theta = x_{B(r)}/\bar{a}_{rs} = \min\left\{\frac{x_{B(i)}}{\bar{a}_{is}}:\ \bar{a}_{is} > 0\right\}$$

若没有一行的 $\bar{a}_{rs} > 0$，那么这个问题就是有无界解。否则，选取 $x_{B(r)}$ 作为换出变量。θ 表示为了使得 $x_{B(r)}$ 变成 0，需要增加的 x_s 的量。

在例子中，

$$\theta = \min\left\{\frac{2}{1/3},\ \frac{3/2}{1/6}\right\} = 6$$

所以第 1 行的比值最小。因此 x_1 就是换出变量同时 x_2 作为换入变量从 0 变到 6。

步骤 5：改变基变量

将 $x_{B(r)}$ 替代为 x_s，$c_{B(r)}$ 替代为 c_s。回到步骤 1。

$$x_B = (x_2,\ x_3,\ x_5)^T,\quad c_B = (1.25,\ 3,\ 0)$$

$$B^{-1} = \begin{pmatrix} 3/2 & 0 & -1/2 \\ -1/4 & 0 & 1/4 \\ -3/2 & 1 & 1/2 \end{pmatrix}$$

已知执行这个算法直到在第 2 步找到最优解或者在第 4 步找到无界解为

止。对于例子中的问题，新的基可行解为

$$x_B=(x_2, x_3, x_5)^T=(6, 1/2, 0)^T, z=c_B x_B=9$$

这对于原来的解来说有所提升。

4.3.3 选取换入变量的多种方式

第二步中的换入变量有多种选择方法。尽管算法中用的是最速下降法，但是选取换入变量的唯一要求就是检验数为负数。实际上，计算所有的检验数是极不高效的。当 n 很大的时候，需要非常大的计算量。

另一个选择就是按照变量的下标来计算检验数。这种方法选取计算出的第一个负的检验数。如果这一次 x_s 选为换入变量，那么下一次迭代计算检验数的时候，就从下标大于 s 的开始，当计算完所有 n 个检验数之后，再重新回到第 1 个开始计算。当对于所有的 $j \in Q$ 都有 $\bar{c}_j \geqslant 0$ 时，最优解就找到了。

候补列表是更加复杂的方法。在第一次迭代，产生一张含有所有负的检验数的列表。子迭代就从这张列表中选择换入变量进行，直到这张列表中不再有负的检验数。然后构建另一张候补列表，如此循环，直到不再出现新的负的检验数。另一种方法是改变在运算过程中寻找最优解的方法。随着我们逐渐逼近最优解，只有少量的检验数会是负数，这时候改用"选择第一个负检验数"的方法。

4.4 灵敏性分析

在前面几章的学习中，我们可以看到，线性规划问题通常假设了所有系数已知。然而在实际中，这一假设通常不成立。此外，线性规划问题在分析和建立模型的过程时通常会因为便利性需要省略一些变量和限制条件。我们已经介绍了在线性规划方程组中添加一个新的限制条件时，如何运用对偶单纯形法来检验原最优解是否发生变化。观察判别数（差额成本），如果非负，那么增加的新变量对原最优解无影响；反之，如若为负，该变量将成为入基变量，算法将继续，直到所有的判别数非负。

在这一部分，我们将分析系数 c_j、a_{ij} 和 b_i 的不确定性问题，确定在不改变最优解或最优基的情况下这些系数的数值边界。这些问题就属于敏感性分析的范畴。为了方便推导，我们将每次考虑一次单独变动一个系数的简单情况。当两个或两个以上系数同时变化时，问题将会复杂得多。变动范围问题由二维多面体来表达，当 k 个系数同时变动，就会产生一个 k 维多面体。唯一的例外是变动比例范围，这时问题允许向量的所有元素以固定的比例同时进行变化。这种情况我们将会在后面的章节里进一步讨论。

4.4.1 影子价格

我们可以看到，每一个线性规划问题的基 B 都对应一组 m 个对偶变量 $\pi=(\pi_1, \cdots, \pi_m)$。对偶变量的最优值可以理解为价格。在本部分中，我们将会通过对偶的线性规划问题进一步进行探讨。

$$\text{Maximize}\{cx: Ax=b, x\geqslant 0\}$$

假设最优基 B 对应的解是 $(x_B, 0)$，其中 $x_B=B^{-1}b$，$\pi=c_BB^{-1}$。现在假设非退化情况下，向量 b 变动微小的范围（Δb）不会导致最优基的变化。那么对于 $b+\Delta b$，最优解将变为

$$x=(x_B+\Delta x_B, 0)$$

其中，$\Delta x_B=B^{-1}\Delta b$。因此目标函数中相应的增量是

$$\Delta z=c_B\Delta x_B=\pi\Delta b$$

这个方程表明，对于向量 b 的微小变化，对偶变量 π 表达了最优收益的灵敏度。换句话来讲，如果原来由 b 解决的问题现在变化为一个由 $b+\Delta b$ 解决的新问题，那么最优时的目标方程值将会变动 $\pi\Delta b$。

具体而言，对于一个利润最大化问题，可以把 π_i 理解为——约束条件右侧向量 b 中的第 i 个元素变化一个单位而使得利润变化的变动量。因此，π_i 可以被视作资源 b_i 的边际价格。因为如果 b_i 变为 $b_i+\Delta b_i$，最优时的目标函数值就会相应变动 $\pi\Delta b_i$ 单位。当约束条件 $Ax=b$ 写作 $Ax\leqslant b$ 时，对偶变量是非负的。这意味着对于一个正的对偶变量 π_i，第 i 种资源总量 b_i 的正向变动将会导致目标函数值（即总利润）的增加。在经济术语中，我们常把对偶变量也称作影子价格。

例 1 影子价格通常与约束条件有关，通常用于评估与原始问题变量相关的价格或成本系数。本例中，我们用矩阵 A 来代表一个炼油厂的运作，特定的变量 x_j 表示购买原油的数量，原油成本可以看作每桶 22.65 美元（$c_j=22.65$）。炼油厂的问题是，如何使得成本最小化。存在一个购买量上限，即以这个价格，最多只能购买 50000 桶。这一限制可以用方程表达为

$$x_j+x_s=50000$$

其中 x_s 是松弛变量。假设在最优情况下，x_s 的判别数是 -2.17 美元（因为本例是最小化问题，所以最优情况下的判别数小于等于零）。那么这个值代表了什么含义呢？

我们可以看到，约束条件中的影子价格也是每桶 -2.17 美元。当然，这并不是说我们应该只为每桶原油支付 2.17 美元。这意味着，我们应当为可能

的额外供应的购买机会再每桶多准备 2.17 美元。这也就是说，如果按照成本的价格 c_j 计算，我们如果每多购买一桶原油，目标函数值（即厂商总成本）将减少 2.17 美元。因此，我们应该准备好最多在原油市场上竞价到可以以 $22.65 + 2.17 = 24.82$ 美元每桶的价格进行采购。需要注意的是，24.82 美元是一个保本价格，如果我们能够以低于 24.82 美元每桶的价格购买额外供应的原油，我们就降低了总成本；如果恰好以 24.82 美元每桶的价格购买，我们的总成本将不会发生变化。

非基变量的判定数的下界通常被称为该变量的机会成本。如果管理层做出非最优的决定——增加非基变量的值，那么在一个最大化问题中，判定数表达了该变量每增加一个单位所导致的目标函数值 z 减少的量，所以也被称作差额成本。

因为对于决策者实际分析问题的需要，我们常说敏感性分析是线性规划问题的计算中最重要的部分。这主要也是因为在线性规划问题的模型中出现的系数通常无法被准确地确定，因而通常只能通过历史经验和实证数据进行估计。在这种情况下，我们需要了解这些系数在怎样的范围内变化而不影响最优解及最优基的变化。我们具体可以把敏感性分析根据涉及的不同系数分为以下三类：目标方程系数 c_j、右侧的值 b_i、矩阵系数 a_{ij}。

4.4.2 目标函数系数的变动

1. 非基变量

目标方程中非基变量的系数变动只影响该变量的判别数。设 Q 为非基变量编号的集，如果 δ 是原目标函数系数 c_q 相关的变动量，$q \in Q$，那么在最优情况下，我们可以将非基变量 x_q 的判别数写作 $\bar{c}_q(\delta) = \pi A_q - (c_q + \delta)$。为了使当前的基 B 保持最优，那么必须使 $\bar{c}_q(\delta) \geqslant 0$。这意味着

$$\delta \leqslant \pi A_q - c_q = \bar{c}_q$$

变动范围 δ 没有下界并不奇怪。在最大化问题中，减小非基变量的目标方程系数并不能使得目标值更优。

其他变量的判定值都与 c_q 相互独立，因而将保持非负。如果非基变量的系数变化超过了不等式范围约束，那么判别数 $c_q < 0$，该变量 x_q 将会作为新的入基变量，继续进行单纯形法的运算，直到我们修正该问题的最优基为止。

值得一提的是，在大多数商业线性规划问题中，也会给出另一个范围，x_q 可以从零变化而不使得基发生改变。当 $\delta = \bar{c}_q$，判别数是 0，这意味着 x_q 可以任意变动而不会影响目标函数值。当然也意味着存在多个最优解。在不影响基

变化的情况下，x_q 可以取得的最大值由 $\min\limits_{i}\left\{\dfrac{\overline{b}_i}{\overline{a}_{iq}}: \overline{a}_{iq}>0\right\}$ 取得，这也是上一章中修正单纯形法的第四步最小比率检验。

2. 基变量

一个基变量目标方程系数的变化可能会影响所有非基变量的判别数。令 e_i 为长度为 m 的向量中第 i 个单位向量，假设目标函数中第 i 个基变量 $x_{B(i)}$ 的系数增加了 δ。c_B 变为 $c_B + \delta e_i^T$，对偶向量是一个有关 δ 的仿射函数，$\pi(\delta) = (c_B + \delta e_i^T)B^{-1}$。第 q 个非基变量的判别数将会变为

$$\begin{aligned}\overline{c}_q(\delta) &= (c_B + \delta e_i^T)B^{-1}A_q - c_q\\&= c_B B^{-1}A_q + \delta e_i^T B^{-1}A_q - c_q\\&= \overline{c}_q + \delta \overline{a}_{iq}\end{aligned}$$

其中 $\overline{a}_{iq} = (B^{-1}A_q)_i$ 是变化后的矩阵 A_q 的第 i 列元素。对任意非基变量 x_q，这一值可以通过 $B^T y = e_i$，$\overline{a}_{iq} = y^T A_q$ 解得。显然，如果 $\overline{a}_{iq} = 0$，则此时该非基变量的判别数不变。

若最终解保持最优，必有 $\overline{c}_q(\delta) \geqslant 0$，或

$$\overline{c}_q + \delta \overline{a}_{iq} \geqslant 0, \forall q \in Q \tag{4-8}$$

其中 c_q 是当前最优解处的判别数。对于一个基变量来说，在保持当前最优不变的情况下，c_i 的变化范围可以通过 $c_i + \delta$ 表示，其中

$$\max_{q \in Q}\left\{\dfrac{-\overline{c}_q}{\overline{a}_{iq}}: \overline{a}_{iq}>0\right\} \leqslant \delta \leqslant \min_{q \in Q}\left\{\dfrac{-\overline{c}_q}{\overline{a}_{iq}}: \overline{a}_{iq}<0\right\}$$

因为需要保证满足式（4-8）的条件。如果 $\overline{a}_{iq}>0$ 不满足，那么 $\delta > -\infty$；反之，如果 $\overline{a}_{iq}<0$ 不满足，则 $\delta < \infty$

注意，变动第 i 个基变量的系数 c_i 不会影响所有基变量的判别数，因为基变量的判别数为零。最优时，$\overline{c}_B = c_B B^{-1}B - c_B = 0$，因此 c_B 的变动 δ 会被自行抵消。

例 2 假设我们有如下的线性规划问题

$$\text{Maximize } z = 4.9 - 0.1x_3 - 2.5x_4 - 0.2x_5$$
$$\text{subject to } x_1 = 3.2 - 0.5x_3 - 1.0x_4 - 0.6x_5$$
$$x_2 = 1.5 + 1.0x_3 + 0.5x_4 - 1.0x_5$$
$$x_6 = 5.6 - 0.5x_3 - 2.0x_4 - 1.0x_5$$

非基变量的集合是 $Q = \{3, 4, 5\}$，所以当前基只有在 $\delta \leqslant \overline{c}_q$，$\forall q \in Q$ 时保持最优。比如，当 $q=3$，则 $\delta \leqslant 0.1$。如果原始系数 $c_3 = 1$，则当 $c_3 \leqslant 1.1$ 时，当前基保持不变。

如果基变量 x_2 的目标方程系数 c_2 变为 $c_2 + \delta$，则非基变量的判别数将会

变为

$$x_3 : \bar{c}_3\ (\delta) = 0.1 + \delta(-1.0)$$

$$x_4 : \bar{c}_4\ (\delta) = 2.5 + \delta(-0.5)$$

$$x_5 : \bar{c}_5\ (\delta) = 0.2 + \delta(+1.0)$$

注意 $x_{B(i)} = \bar{b}_i - \sum_{j\in\{3,4,5\}} \bar{a}_{ij} x_j$，$i=1$，2，6，所以 $\bar{a}_{ij}$ 是前面公式中出现的数字的负数。δ 的变动范围是

$$\max\left\{\frac{-0.2}{1.0}\right\} \leqslant \delta \leqslant \min\left\{\frac{-2.5}{-0.5}, \frac{-0.1}{-1.0}\right\}$$

$$-0.2 \leqslant \delta \leqslant 0.1$$

当 δ 在该范围的任一边界处取得时，判定数变为零。在本例中，$\delta=0.1$，x_3 的判定数为零。所以，如果 x_2 的目标函数系数变动超过 0.1，则 x_3 变得活跃更有利。根据最小比值检验，$\min\left\{\frac{3.2}{0.5}, \frac{5.6}{0.5}\right\} = 6.4$ 意味着在 x_1 变为 0 之前，x_3 可以增加到 6.4。$\delta=-0.2$，x_5 的判定数为零。在保持最优不变的情况下，c_2 下降，则基也要发生变化。在本例中，比率检验表示 x_2 将会成为出基变量。

前面的分析过程也可以通过允许 c 向量成比例变化来进行一般化推广。要表达比例变动范围，则需要规定一个 n 维行向量 c^*。考虑新的向量 $c(\delta)=c+\delta c^*$。将之前分析中的 e_i 替换为 c^*，进一步基于基变量进行分析。

4.4.3 右侧向量的变动

我们也需要研究当 b_i 变动到 $b_i+\delta$，$1\leqslant i\leqslant m$ 时的情况，目标是在保持当前最优解不变的情况下，得出右侧项可以变动的范围。通常，我们把 b_i 看作是不等式约束条件的右侧项，因而如果要转换成标准形式，我们需要对应的松弛变量。

1. 基本松弛变量

如果与第 i 个约束相关的松弛变量是基变量，则该约束是没有限制性的。原因很简单，松弛变量给出了右侧的 b 在"小于或等于"约束下可以减少的范围，或在"大于或等于"约束下可以增大的范围。当前解依然可行，且在 $b_i+\delta$ 范围内保持最优，当

$$-\hat{x}_s \leqslant \delta \leqslant \infty，当约束是 "\leqslant" 约束$$

$$-\infty \leqslant \delta \leqslant \hat{x}_s，当约束是 "\geqslant" 约束$$

其中 $\hat{x}_s$ 是对应的松弛变量的值。

2. 非基松弛变量

如果一个松弛变量是非基变量，则原始的不等式约束在最优情况下是有限制性的。看上去，似乎由于该约束有限制性，因此不能改变右侧项，特别是在"小于或等于"约束时降低b_i的值。通过改变右侧向量b，我们也改变了$x_B = (B^{-1}b) = \bar{b}$。在这个范围内，$x_B$保持非负。对于相关的值，我们依然可以保留一个最优可行解，即基不变。（注意x_B和$z = c_B x_B$都会改变。）

考虑第k个约束

$$a_{k1}x_1 + a_{k2}x_2 + \cdots + a_{kn}x_n + x_s = b_k$$

其中，x_s是松弛变量。如果右侧变成$b_k + \delta$，这个方程就可以写为

$$a_{k1}x_1 + a_{k2}x_2 + \cdots + a_{kn}x_n + (x_s - \delta) = b_k \tag{2}$$

可以看到，$(x_s - \delta)$代替了x_s，如果x_s是非基的，就有表达式

$$x_B = \bar{b} - \bar{A}_s\ (-\delta)$$

其中$\bar{A}_s$表示在单纯行表中与x_s对应的更新列。因为x_B必须保持非负，所以我们有$\bar{b} + \delta \bar{A}_s \geq 0$，用它可以求解$\delta$可以取到的范围。

$$\max_i \left\{ \frac{\bar{b}_i}{-\bar{a}_{is}} : \bar{a}_{is} > 0 \right\} \leq \delta \leq \min_i \left\{ \frac{\bar{b}_i}{-\bar{a}_{is}} : \bar{a}_{is} < 0 \right\}$$

如果$\bar{a}_{is} > 0$不满足，那么$\delta > -\infty$；反之，如果$\bar{a}_{is} < 0$不满足，则$\delta < \infty$。

对于"大于或等于"约束，改变符号。因为我们可以通过改变符号用$-\sum_{j=1}^{n} a_{ij}x_j \leq -b_i$的形式分析$\sum_{j=1}^{n} a_{ij}x_j \geq b_i$，用$-(x_s + \delta)$来替代方程（2）中的$(x_s - \delta)$。另一种方法是通过如下的形式来研究右侧项的变化

$$b(\delta) = b + \delta e_k$$

因此，新的x_B值可以用下式表达

$$x_B(\delta) = B^{-1}b(\delta) = B^{-1}b + \delta B^{-1}e_k$$
$$= \bar{b} + \delta B^{-1}e_k$$

又因为在"小于或等于"条件约束下，与松弛变量相对应的列向量是e_k；在"大于或等于"条件约束下，与松弛变量相对应的列向量是$-e_k$，所以

$$\bar{A}_s = B^{-1}e_k，当约束是"\leq"约束$$
$$\bar{A}_s = -B^{-1}e_k，当约束是"\geq"约束$$

因此，我们可以得出

$$\bar{b} - \bar{A}_s\ (-\delta) \geq 0，当约束是"\leq"约束$$
$$\bar{b} - \bar{A}_s\ (+\delta) \geq 0，当约束是"\geq"约束$$

例3 考虑例2中的问题，假设x_4代表一个与约束1（一个原始的"$\leq$"

约束）对应的松弛变量。如果该约束的右侧项b_1改变了δ

$$\overline{b}=(3.2,\ 1.5,\ 5.6)^T \text{且} \overline{A}_s = \overline{A}_4 = (1.0,\ -0.5,\ 2.0)^T$$

我们有

$$x_1(\delta)=3.2-1.0(-\delta)$$
$$x_2(\delta)=1.5+0.5(-\delta)$$
$$x_6(\delta)=5.6-2.0(-\delta)$$

因此

$$x_1(\delta)\geqslant 0,\ \text{或} 3.2-1.0(-\delta)\geqslant 0\left(\text{即，}\delta\geqslant\frac{3.2}{-1.0}\right)$$

$$x_2(\delta)\geqslant 0,\ \text{或} 1.5+0.5(-\delta)\geqslant 0\left(\text{即，}\delta\geqslant\frac{1.5}{0.5}\right)$$

$$x_6(\delta)\geqslant 0,\ \text{或} 5.6-2.0(-\delta)\geqslant 0\left(\text{即，}\delta\geqslant\frac{5.6}{-2.0}\right)$$

因此，δ的变动范围是

$$\max\left\{\frac{3.2}{-1.0},\ \frac{5.6}{-2.0}\right\}\leqslant\delta\leqslant\min\left\{\frac{1.5}{0.5}\right\}$$
$$-2.8\leqslant\delta\leqslant 3.0$$

当需要描述成比例的b的变动时，其余都与之前的分析过程一致，除了要用b^*代替单位向量e_k，则$b(\delta)=b+\delta b^*$。当$x_B(\delta)=B^{-1}b(\delta)\geqslant 0$时，当前的基$B$保持不变。

4.4.4 矩阵系数的变动

矩阵系数的不确定性要弱于右侧项和目标方程系数。因为通常来说，矩阵系数代表变量之间的相互作用关系，不像成本和需求那样容易受到市场波动影响。因为基变量的矩阵系数会影响基矩阵B，分析起来会非常复杂。所以在这里，我们仅讨论非基变量的矩阵系数。

考虑矩阵第j列非基变量对应的系数列向量A_j。如果A_j中的第i个元素变动了δ单位，那么判定数$\overline{c}_j$将会发生如下变化：

若

$$A_j(\delta)=A_j+\delta e_i$$

那么

$$\overline{c}_j(\delta)=\pi(A_j+\delta e_i)-c_j$$
$$=\overline{c}_j+\delta\pi e_i$$
$$=\overline{c}_j+\delta\pi$$

其中$\pi(=c_B B^{-1})$是对偶向量。在$\overline{c}_j(\delta)\geqslant 0$时，解保持最优。

对应的 δ 的变动范围为

$$\delta \geqslant -\frac{\bar{c}_j}{\pi_i}, \quad \text{当 } \pi_i > 0$$

$$\delta \leqslant -\frac{\bar{c}_j}{\pi_i}, \quad \text{当 } \pi_i < 0$$

4.5 对偶线性规划

这里的对偶是指对同一事物（问题）从不同的角度（立场）观察，有两种拟似对立的表述。如"平面中矩形的面积与周长的关系"，可分别表述为：周长一定，面积最大的矩形是正方形；面积一定，周长最短的矩形是正方形。又如统一数据集的线性规划问题，可以有两种优化的表述：一个企业决策者做生产规划时，可以提出以最大化理论为目标函数；也可以提出以最小资源消耗为目标。

4.5.1 对偶问题的提出

例 4 （生产计划优化问题）某厂生产 Ⅰ、Ⅱ 两种产品，已知生产单位产品所需的设备台时及 A、B 两种原材料的消耗，如表 4-12 所示。

表 4-12 某企业单位产品资源消耗情况

	产品 Ⅰ	产品 Ⅱ	现有条件
设备	1 台时/件	2 台时/件	8 台时
原材料 A	4kg/件	0	16kg
原材料 B	0	4kg/件	12kg

设生产 Ⅰ、Ⅱ 分别 x_1，x_2 个单位，总利润为 Z，则数学模型为 (LP)：

$$\text{Maxmize } Z = 2x_1 + 3x_2$$

$$\text{s. t.} \begin{cases} x_1 + 2x_2 \leqslant 8 \\ 4x_1 \leqslant 16 \\ 4x_2 \leqslant 12 \\ x_1, \ x_2 \geqslant 0 \end{cases}$$

考虑到资源限制：若把接受外来加工任务看成将企业的三种资源（设备资源、原料 A 和原料 B）出售给对方，每单位资源 i 售价（利润）为 y_i，$i = 1$、2、3，则 1 个单位设备资源加 4 个单位资源 B 相当于一个单位产品 Ⅰ，故这些资源的总售价应至少为产品Ⅰ的售价，不然给别人加工不如自己生产产品Ⅰ。即 y_1

$+4y_2 \geqslant 2$。同理有 $2y_1 + 4y_3 \geqslant 3$。

我们得到如下对偶线性规划（DLP）：

$$\text{Minimize } W = 8y_1 + 16y_2 + 12y_3$$

$$\text{s. t.} \begin{cases} y_1 + 4\ y_2 \geqslant 2 \\ 2\ y_1 + 4\ y_3 \geqslant 3 \\ y_1,\ y_2,\ y_3 \geqslant 0 \end{cases}$$

线性规划问题的对偶概念，在理论上和实际应用上都有重要意义，以下我们将进一步阐述。

4.5.2　线性规划的对偶理论

以上讨论可直观地了解到原线性规划问题与对偶问题之间的关系；本节我们将从理论上进一步讨论线性规划的对偶问题。

1. 原问题与对偶问题的关系

（1）定义

对于一个线性规划问题 P：

$$\text{Maxmize } z = \sum_{i=1}^{n} c_i x_i$$

$$\text{s. t.} \begin{cases} \sum_{i=1}^{n} a_{ji} x_i \leqslant b_j, j = 1, \cdots, m \\ x_i \geqslant 0, i = 1, \cdots, n \end{cases}$$

下面的线性规划 D 成为 P 的对偶问题（DualProblem），P 称为原问题（Primal Problem）。

$$\text{Minimize} \omega = \sum_{j=1}^{m} b_j\ y_j$$

$$\text{s. t.} \begin{cases} \sum_{j=1}^{m} a_{ji}\ y_j \geqslant c_i, i = 1, \cdots, n \\ y_j \geqslant 0, j = 1, \cdots, m \end{cases}$$

表 4-13　原问题与对偶问题矩阵定义

原问题	对偶问题
$\text{Maximize } z_P = cx$ $\qquad$ s. t. $\begin{cases} Ax \leqslant b \\ x \geqslant 0 \end{cases}$	$\text{Minimize } z_D = \pi b$ $\qquad$ s. t. $\begin{cases} \pi A \leqslant c \\ \pi \geqslant 0 \end{cases}$

表 4－14　原问题与对偶问题的对应关系

原问题（或对偶问题）	对偶问题（或原问题）
目标函数 max z	目标函数 min ω
变量 $\begin{cases} n\text{个} \\ \geqslant 0 \\ \leqslant 0 \\ \text{无约束} \end{cases}$	$\left. \begin{cases} n\text{个} \\ \geqslant \\ \leqslant \\ = \end{cases} \right\}$ 约束条件
约束条件 $\begin{cases} m\text{个} \\ \leqslant \\ \geqslant \\ = \end{cases}$	$\left. \begin{cases} m\text{个} \\ \geqslant 0 \\ \leqslant 0 \\ \text{无约束} \end{cases} \right\}$ 变量
约束条件右端项 目标函数变量的系数	目标函数变量的系数 约束条件右端项

例 5　试求下述线性规划原问题的对偶问题。

$$\text{Minimize } z = 2x_1 + 3x_2 - 5x_3 + x_4$$

$$\text{s. t.} \begin{cases} x_1 + x_2 - 5x_3 + 2x_4 \geqslant 7 \\ 2x_1 + 2x_3 - 3x_4 \leqslant 4 \\ x_2 + x_3 + x_4 = 4 \\ x_1 \leqslant 0, \ x_2, \ x_3 \geqslant 0, \ x_4 \text{无约束} \end{cases}$$

解：设对应于前三个约束条件的对偶变量分别为 y_1，y_2，y_3；则由表 4－3 中原问题与对偶问题的对应关系，可直接写出上述问题的对偶问题，即

$$\text{Maximize } \omega = 7y_1 + 4y_2 + 4y_3$$

$$\text{s. t.} \begin{cases} y_1 + 2y_2 \geqslant 2 \\ y_1 + y_3 \leqslant 3 \\ -5y_1 + 2y_2 + y_3 \leqslant -5 \\ 2y_1 - 3y_2 + y_3 = 1 \\ y_1 \geqslant 0, \ y_1 \leqslant 0, \ y_1 \text{无约束} \end{cases}$$

2. 对偶问题的基本理论

定理 1：弱对偶性（Weak Duality）

若 $\bar{x}$ 是原问题的可行解，$\bar{Y}$ 是对偶问题的可行解。则存在 $C\bar{X} \leqslant \bar{Y}b$。

证明：设原问题是

$$\text{Maximize } z = CX$$

$$\text{s. t.} \begin{cases} AX \leqslant b \\ X \geqslant 0 \end{cases}$$

因为 $\bar{X}$ 是原问题的可行解，所以满足约束条件，即 $A\bar{X} \leqslant b$。

若 $\overline{Y}$ 是给定的一组值，设它是对偶问题的可行解，将 $\overline{Y}$ 左乘上式，得到

$$\overline{Y}A\overline{X}\leqslant \overline{Y}b$$

原问题的对偶问题是

$$\text{Minimize } \omega = Yb$$
$$\text{s. t.} \begin{cases} YA \geqslant C \\ Y \geqslant 0 \end{cases}$$

因为 $\overline{Y}$ 是对偶问题的可行解，所以满足

$$\overline{Y}A \geqslant C$$

将 $\overline{X}$ 右乘上式，得到

$$\overline{Y}A\overline{X} \geqslant C\overline{X}$$

于是得到

$$C\overline{X} \leqslant \overline{Y}A\overline{X} \leqslant \overline{Y}b$$

即 $C\overline{X} \leqslant \overline{Y}b$，证毕。

实际上，从定性角度出发，我们可以认为：CX 为将所有资源投入生产后将获得的利润；Yb 为将所有车间资源转让出卖后将获得的利润。由于将资源转让出卖后将获得的利润必须不小于运用资源投入生产所获得的利润，企业才可能出卖资源，因此必有 $CX \leqslant Yb$。

性质 1（无界性）

若原问题（对偶问题）为无界解，则其对偶问题（原问题）无可行解。

注：该性质可利用反证法进行证明，同时，逆命题不真，原问题与对偶问题均无可行解。

定理 2：充分最优性准则（Sufficient Optimality Criterion）

设 $\hat{X}$ 是原问题的可行解，$\hat{Y}$ 是对偶问题的可行解，当 $C\hat{X}=\hat{Y}b$ 时，$\hat{X}$，$\hat{Y}$ 是最优解。

证明： 若 $C\hat{X}=\hat{Y}b$，根据定理 2 弱对偶性可知：对偶问题的所有可行解 $\overline{Y}$ 都存在 $C\hat{X} \leqslant \overline{Y}b$，因 $C\hat{X}=\hat{Y}b$，所以 $\hat{Y}b \leqslant \overline{Y}b$。可见 $\hat{Y}$ 是使得目标函数取值最小的可行解，因而是优解。

同理，可证明对于原问题的所有可行解 $\overline{X}$，存在

$$C\hat{X}=\hat{Y}b \geqslant C\overline{X}$$

所以 $\hat{X}$ 是最优解，证毕。

定理 3：强对偶定理（Strong Duality）

若原问题有最优解，那么对偶问题也有最优解；且目标函数值相等。

证明： 设 $\hat{X}$ 是原问题的最优解，它对应的基矩阵 B 必存在 $C_B B^{-1}A-C \geqslant 0$。即得到 $\hat{Y}A \geqslant C$，其中 $\hat{Y}=C_B B^{-1}$。

此时 $\hat{Y}$ 是对偶问题的可行解，它使

$$\omega = \hat{Y}b = C_B B^{-1} b$$

因原问题的最优解是 $\hat{X}$，使目标函数取值

$$z = C\hat{X} = C_B B^{-1} b$$

于是得到

$$\hat{Y}b = C_B B^{-1} b = C\hat{X}$$

可见 $\hat{Y}$ 是对偶问题的最优解。

定理 4： 最优可行互补解（Optimality of Feasible Complementary Solutions）

若原问题的基 B 的基变量 X_B 是最优的，则对偶问题的通解 $\pi = C_B B^{-1}$ 也是最优的。

证明： 对于原问题，假设它的最优解为 $x^* = (x_B, x_N)$，其中 x_B 是基 B 对应的基变量，x_N 是基 N 对应的非基变量，$A = (B, N)$。根据最优调价下检验数（Reduced cost）定义，知

$$C_B B^{-1} N - C_N \geqslant 0, \quad 即 C_B B^{-1} N \geqslant C_N$$

设 $\pi = C_B B^{-1}$ 是对偶问题的通解，则

$$\pi A = \pi(B, N) = (C_B, C_B B^{-1} N) \geqslant (C_B, C_N) = C$$

显然，π 是原问题的可行解。又因

$$\pi b = C_B B^{-1} b = C_B x_B = C x^*$$

所以 $\pi = C_B B^{-1}$ 也是对偶问题的最优解，证毕。

定理 5： 必要充分最优条件（Necessary and Sufficient Optimality Conditions）

原问题和对偶问题的可行解是最优的，当且仅当原问题和对偶问题的目标函数相等。

证明： 结合定理 3 和 4 很容易证明充分必要关系，留给大家思考。

定理 6： 互补松弛（Complementary Slackness）［补充经济解释］

若 $\hat{X}$，$\hat{Y}$ 分别是原问题和对偶问题的可行解。那么 $\hat{Y}X_s = 0$ 和 $Y_s\hat{X} = 0$，当且仅当 $\hat{X}$，$\hat{Y}$ 为最优解。

证明： 设原问题和对偶问题的标准型为

原问题

$$\text{Maximize } z = CX$$
$$\text{s. t. } \begin{cases} AX + X_S = b \\ X, X_S \geqslant 0 \end{cases}$$

对偶问题

$$\text{Minimize } \omega = Yb$$
$$\text{s. t. } \begin{cases} YA - Y_s = C \\ Y, \ Y_s \geq 0 \end{cases}$$

(1) 充分性

将原问题目标函数中的系数向量 C 用 $C = YA - Y_s$ 替代后，得到

$$z = (YA - Y_s)X = YAX - Y_sX$$

将对偶问题的目标函数中系数列向量，用 $b = AX + X_s$ 替代后，得到

$$\omega = Y(AX + X_s) = YAX + YX_s$$

若 $\hat{Y}X_s = 0$ 和 $Y_s\hat{X} = 0$，则 $\hat{Y}b = \hat{Y}A\hat{X} = C\hat{X}$，由定理 3 可知 $\hat{X}$，$\hat{Y}$ 是最优解。

(2) 必要性

若 $\hat{X}$，$\hat{Y}$ 分别为原问题和对偶问题的最优解，根据定理 3 可知

$$\hat{Y}b = C\hat{X} = \hat{Y}A\hat{X}$$

易知 $\hat{Y}X_s = 0$ 和 $Y_s\hat{X} = 0$。证毕。

例 6 已知线性规划问题：

$$\text{Minimize } \omega = 2x_1 + 3x_2 + 5x_3 + 2x_4 + 3x_5$$
$$\text{s. t.} \begin{cases} x_1 + x_2 + 2x_3 + x_4 + 3x_5 \geq 4 \\ 2x_1 - x_2 + 3x_3 + x_4 + x_5 \geq 3 \\ x_j \geq 0, \ j = 1, \ 2, \ \cdots, \ 5 \end{cases}$$

已知其对偶问题的最优解为 $y_1^* = 4/5$，$y_2^* = 3/5$；$z = 5$。试用对偶理论找出原问题的最优解。

解：先写出它的对偶问题

$$\text{Maximize } z = 4y_1 + 3y_2$$
$$\text{s. t.} \begin{cases} y_1 + 2y_2 \leq 2 & ① \\ y_1 - y_2 \leq 3 & ② \\ 2y_1 + 3y_2 \leq 5 & ③ \\ y_1 + y_2 \leq 2 & ④ \\ 3y_1 + y_2 \leq 3 & ⑤ \\ y_1, \ y_2 \geq 0 \end{cases}$$

将 y_1^*，y_2^* 的值代入约束条件，得②，③，④式为严格不等式；由互补松弛性得 $x_2^* = x_3^* = x_4^* = 0$。因 y_1，$y_2 \geq 0$；原问题的两个约束条件应取等式，故有

$$x_1^* + 3x_5^* = 4$$
$$2x_1^* + x_5^* = 3$$

求解后得到 $x_1^* = 1$, $x_5^* = 1$; 故原问题的最优解为

$$x^* = (1, 0, 0, 0, 1)^T; \quad \omega^* = 5$$

4.5.3 对偶的经济意义——影子价格

我们在前面说到, 在单纯形的每一步迭代中, 目标函数取值 $\pi = C_B B^{-1} b$, 和检验数 $C_B B^{-1} N - C_N$ 中都有乘子 $Y = C_B B^{-1}$, 那么 Y 的经济含义是什么?

设 B 是 $\{\max z = CX \mid AX \leqslant b, X \geqslant 0\}$ 的最优基, 因为

$$z^* = C_B B^{-1} b = Y^* b$$

由此求偏导数, 得

$$\frac{\partial z^*}{\partial b} = C_B B^{-1} = Y^*$$

即拉格朗日乘子在最优化时的值。若要分析它的经济意义, 就要分析 C_B, B^{-1} 的量纲。以生产计划优化问题为例, C_B 这里的经济意义是利润, 用元/件表示, B^{-1} 是最优基的逆矩阵, 示例中原料 1 的量纲是小时/件, kg/件, 它们是消耗定额; 而逆矩阵的量纲是件/小时, 件/kg, 它们是资源转化为产品的效率, 所以 $C_B B^{-1}$ 可表示为单位资源转化成利润的效率。由此可见, 原问题目标函数的量纲不同, 其经济意义也不同, 相应地 $C_B B^{-1}$ 的经济意义也不同。因而可以给予不同名称。

从一般经济意义来看, 当资源转化为最佳经济效益时的转化率高低, 是在目标函数最优值中体现的, 可称为对目标函数边际贡献。换句话说, 影子价格的经济意义是在资源得到最优配置, 使总效益最大时, 该资源投入量每增加一个单位所带来总收益的增加量。

以下用生产计划优化问题例 4 来说明影子价格的经济意义和特点。

1. 对目标函数的边际贡献

影子价格反映资源对目标函数的边际贡献, 即资源转换成经济效益的效率。示例中, 原问题的对偶问题的最优解为 $y_1^* = 1.5$, $y_2^* = 0.125$, $y_3^* = 0$。这说明在其他条件不变的情况下, 若设备增加一台, 该厂按最优计划安排生产可多获利 1.5 元; 原材料 A 增加 1kg, 可多获利 0.125 元; 原材料 B 增加 1kg, 对获利无影响。

如图 4-1, 若设备增加一台, 代表该约束直线由 ① 移至 ①′, 最优解由 (4, 2) 变为 (4, 2.5), $z = 15.5$, 即比原来增大 1.5。若原材料 A 增加 1kg, 代表该约束的直线由 ② 移至 ②′, 最优解从 (4, 2) 变为 (4.25, 1.875), $z =$

14.125。比原来增加 0.125。原材料 B 增加 1kg，该约束的直线由③移至③′，最优解不变。

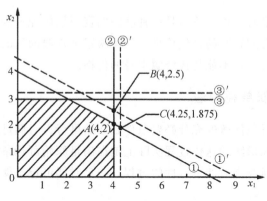

图 4 - 1　基于 x_1 和 x_2 的可行域

可见资源的影子价格不同，对目标函数值的贡献也不同。由图 4 - 1 可见，随着资源量的变化，可行域也发生变化；当某资源量的不断增加超过某值时，需要重新计算目标函数的最优解。

2. 反映资源稀缺程度

在不发生退化情况下，$yi=1.5$，$yi=0.125$，$y=0$，对应资源的剩余量，也即剩余变量的值是 $x3=0$，$x4=0$，$x5=4$。当某种资源的 $y^*>0$，表示这种资源短缺；决策者要增加收入，先注重影子价格高的资源；当某种资源 $y=0$，表示这种资源有剩余，不短缺，或资源过多供应。可以用影子价格反映在最优解时某种资源利用状态的指标。

3. 反映资源的边际使用价值

资源占用者赋予资源的一个内部价格，与资源的市场价格无直接关系。影子价格可以计算出经济活动的成本，它不是市场价格，不能与资源的市场价格的概念等同。但也有学者在探讨市场价格与影子价格之间的内在关系，这是经济理论问题。

4. 影子价格的三种理论

一是资源最优配置理论；二是机会成本和福利经济学理论；三是全部效益和全部费用理论。对于影子价格，国内外有不同的论述，这里不做进一步地讨论。

影子价格是经济学的重要概念，将一个企业拥有的资源的影子价格与市场价格比较，可以决定是购入还是出让该种资源。当某资源的市场价格低于影子价格时，企业应该买进该资源用于扩大生产；而当市场价格高于影子价格时，则企业的决策者应该将已有资源卖掉，这样获利更多。此外，在考虑一个地区或一个国家的某种资源的进出口决策中，资源的影子价格也是影响决策的一个重要因素。

从另一方面来看，影子价格是一种静态的资源最优配置价格，不能表现资源在不同时期动态配置时的最优价格，只反映某种资源的稀缺程度和资源与总体积效益之间的关系，不能替代资源本身的价格。

4.5.4 对偶单纯形法

线性规划取得最优解的充分必要条件是原始可行、对偶可行和互补松弛条件同时满足。单纯形法的迭代过程实际上是在满足原始可行条件和互补松弛条件的基础上，不断改进对偶可行性的过程，一旦对偶可行条件得到满足，就得到了最优解。

根据对偶问题的对称性，也可以这样思考：若保持对偶问题的解是基可行解，而原问题在非可行解的基础上，通过逐步迭代达到基可行解，这样也得到了最优解。由此我们引入对偶单纯形法，其基本思想为在迭代过程中保持对偶可行条件和互补松弛条件满足，并且在迭代过程中不断改进原始可行条件。当原问题和对偶问题均为可行解时，即求得了最优解。

以极大化问题为例的对偶单纯形法算法步骤为：

①线性规划的检验数行 $Z_j - c_j \geqslant 0$，但 b_i 中存在负的分量。即该问题的对偶问题的解是基可行解，原问题的解不是基可行解。

②确定出基变量：在小于零的 bi 时，令出基变量 $br = \min\{bi\}$，其对应的变量 xr 作为出基变量。

③确定进基变量：

• 为使迭代后的表中第 r 行基变量为非负，因而只有对应的 $a_{rj} < 0$ 的非基变量才可以作为换入基的变量。为使迭代后表中对偶问题的解仍为可行解，令

$$\theta = \min\left\{\frac{-(z_j - c_j)}{a_{rj}} \mid a_{rj} < 0\right\} = \frac{-(z_k - c_k)}{a_{rk}}$$

称 a_{rk} 为主元素，x_k 为进基变量；

• 进行矩阵行变换，得到新的基。重复以上步骤。

④当所有的 $bi \geqslant 0$ 时，当前解是最优解。

当存在 $br < 0$，且所对应的行中所有分量 $a_{rj} \geqslant 0$。则第 r 行的约束方程为 $x_r + a_{r,m+1}x_{m+1} + \cdots + a_m x_n = b_r$。

当存在 $b_r < 0$，且对所对应的行中所有分量 $a_{rj} \geqslant 0$。则第 r 行的约束方程为 $x_r + a_{r,m+1}x_{m+1} + \cdots + a_m x_n = b_r$。

因 $a_{rj} \geqslant 0 (j = m+1, \cdots, n)$，又 $b_r < 0$，故不可能存在 $x_j \geqslant 0$（$j = 1, \cdots$ n）的解，故原问题无可行解，这时对偶问题的目标函数值无界。

从以上求解过程可以看到对偶单纯形法有以下优点：

①初始解可以是非可行解，当检验数都为负数时，就可以进行基的变换，这时不需要加入人工变量，因此可以简化计算。

②当变量多于约束条件，对这样的线性规划问题，用对偶单纯形法计算可以减少计算工作量，因此对变量较少，而约束条件很多的线性规划问题，可先将它变换成对偶问题，然后用对偶单纯形法求解。

③在灵敏度分析及求解整数规划的割平面法中，有时需要用对偶单纯形法，这样可使问题的处理简化。对偶单纯形法的局限性主要是，对大多数线性规划问题，很难找到一个对偶问题的初始可行基，因而这种方法在求解线性规划问题时很少单独应用。

练　习

1. 线性规划问题的最优解是 $x^* = (5, 0, 0, 0, 2)^T$，$z^* = 60$，$x_B = (x_1, x_2, x_5)$

$$\text{Maximize } z = 12x_1 + 6x_2 + 2x_3$$
$$\text{subject to } 2x_1 + 4x_2 - x_3 + x_4 = 10$$
$$x_1 + 3x_3 = 5$$
$$x_1 + 2x_2 - x_5 = 3$$
$$x_j \geqslant 0, \ j = 1, \cdots, 5$$

(1) 计算保持基不变时，各个目标函数系数可以变动的范围。

(2) 计算保持基不变时，各个约束条件右侧项可以变动的范围。

2. 考虑如下的线性规划问题

$$\text{Maximize } z = 5x_1 - 3x_2 + 4x_3 - x_4$$
$$\text{subject to } 3x_1 + 4x_2 + 3x_3 - 5x_4 \leqslant 13$$
$$5x_1 - 3x_2 + x_3 + 2x_4 \leqslant 5$$
$$x_j \geqslant 0, \ j = 1, \cdots, 4$$

在最优情况下，x_3 和 x_4 是基变量，基的逆

$$B^{-1} = \begin{pmatrix} \dfrac{1}{11} & \dfrac{5}{11} \\ -\dfrac{1}{11} & \dfrac{3}{11} \end{pmatrix}$$

(1) 确定每一个目标函数系数的变动范围。

(2) 确定各个约束条件右侧项可以变动的范围。

(3) 每增加一个单位 c_1，就减少 1 个单位 c_3，确定参数的变化范围。

(4) 每增加一个单位 b_1，就减少 1 个单位 b_2，确定参数的变化范围。

(5) 每增加一个单位 a_{11}，就减少 0.5 个单位 a_{21}，确定参数的变化范围。

3. 目标系数参数成比例变动。令 c^* 为一个 n 阶行向量，λ 为一个系数。考虑如下的线性规划问题。

$$z_{OF}(\lambda) = \text{Maximize } z = (c + \lambda c^*)x$$

$$\text{subject to } Ax = b, \ x \geqslant 0$$

对于最优基 B，所有的判定数必须是非负的。

$$\bar{c}_j + \lambda \bar{c}_j^* \geqslant 0 \ \forall j$$

(1) 确定最优基 B 不变的情况下，λ 的变动范围。

(2) 令 $z_{OF}(\lambda)$ 为最优目标函数值，证明 $z_{OF}(\lambda)$ 是有关于 λ 的凸函数。

4. 右侧参数成比例变动。令 b^* 为一个 m 阶向量，λ 为一个系数。考虑如下的线性规划问题。

$$z_{RHS}(\lambda) = \text{Maximize } z = cx$$

$$\text{subject to } Ax = b + \lambda b^*, \ x \geqslant 0$$

对于最优基 B，$\bar{b} = B^{-1}b$ 且 $\bar{b}^* = B^{-1}b^*$ 判定数必须是非负的。

$$\bar{b}_i + \lambda \bar{b}_i^* \geqslant 0 \ \forall i$$

(1) 确定最优基 B 不变的情况下，λ 的变动范围。

(2) 令 $z_{RHS}(\lambda)$ 为最优目标函数值，用对偶性质和上一题的结论证明 $z_{RHS}(\lambda)$ 是有关于 λ 的凹函数。

(3) 令 $z_{RHS}(\lambda)$ 为最优目标函数值，用定义法证明 $z_{RHS}(\lambda)$ 是有关于 λ 的凹函数。

5. 考虑目标函数带参数的线性规划问题

$$\text{Maximize } z = -3x_1 - (4 + 8\lambda)x_2 - 7x_3 + x_4 - (1 - 3\lambda)x_5$$

$$\text{subject to } 5x_1 - 4x_2 + 14x_3 - 2x_4 + x_5 = 20$$

$$x_1 - x_2 + 5x_3 - x_4 + x_5 = 8$$

$$x_1 + 2x_2 - x_5 = 3$$

$$x_j \geqslant 0, \ j = 1, \cdots, 5$$

(1) λ 取值在什么范围内使得基向量 (x_2, x_3) 最优？

(2) 给出 $\lambda \geqslant 0$ 时的所有最优基可行解。

6. 令 x_5, x_6, x_7 为如下的线性规划问题的松弛变量，$x_B = (x_1, x_2, x_3)$，计算 B^{-1}。

$$\text{Maximize } z = 2x_1 + 4x_2 + x_3 + x_4$$
$$\text{subject to } x_1 + 3x_2 + x_4 \leqslant 8 \text{（原料一）}$$
$$2x_1 + x_2 \leqslant 6 \text{（原料二）}$$
$$x_2 + 4x_3 + x_4 \leqslant 6 \text{（原料三）}$$
$$x_j \geqslant 0, \quad j = 1, \cdots, 4$$

（1）如果任意一种原材料边际采购量可以增加，那么应该增加哪一种？

（2）b_1 在什么范围内变动，能使最优基 B 不变？$b_1 = 20$ 时，求最优解。

（3）如果原料一可以额外增加 7 单位，厂商最多愿意为这些材料支付多少钱？

7. 已知某工厂计划生产 I，II，III 三种产品，各产品需要在 A，B，C 设备上加工，有关数据见下表所示。试回答：

设备代号	I	II	III	设备有效台时/月
A	8	2	10	300
B	10	5	8	400
C	2	13	10	420
单位产品利润/千元	3	2	2.9	

（1）如何充分发挥设备能力，使生产盈利最大？

（2）若为了增加产量，可借用其他工厂的设备 B，每月可借用 60 台时，租金为 1.8 万元，借用 B 设备是否合算？

（3）若另有两种新产品 IV 和 V，其中 IV 需用设备 A12 台时；B5 台时；C10 台时，单位产品盈利 2.1 千元；新产品 V 需用设备 A4 台时，B4 台时，C12 台时，单位产品盈利 1.87 千元。如果 A，B，C 设备台时不增加，分别回答这两种新产品投产在经济上是否合算？

（4）对产品工艺重新进行设计，改进结构。改进后生产每件产品 I，需用设备 A9 台时，设备 B12 台时，设备 C4 台时，单位产品盈利 4500 千元，对原计划有何影响？

8. 针对线性规划问题：

$$\text{Max } z = -3x_1 + x_2 + 2x_3$$
$$\text{Subject to } x_2 + 2x_3 \leqslant 3$$
$$-x_1 + 3x_3 \leqslant -1$$
$$-2x_1 - 3x_2 \leqslant -2$$
$$x_1, \ x_2, \ x_3 \geqslant 0$$

（1）写出该线性规划问题的对偶问题。

（2）根据对偶性定理，证明对偶问题和原问题的目标函数的最优值相等且等于零。

9. 考虑如下的线性规划问题

$$\text{Minimize } z = 2x_1 + x_2$$
$$\text{Subject to } -x_1 + 2x_2 \leqslant 10$$
$$x_1 - 2x_2 \leqslant 4$$
$$x_1 + x_2 \geqslant 8$$
$$x_1 + 2x_2 \leqslant 20$$
$$x_1 \geqslant 0, \ x_2 \geqslant 0$$

（1）写出模型的等式形式。

（2）该线性规划问题的基解最多有几种？

（3）如何选择基变量才会使得第一个和第三个约束条件为紧？求此时的基解。

（4）哪组基变量会使得等式形式的模型无解？

（5）用两阶段法求解该问题，列出初始单纯形表。

（6）根据列出的单纯形表，选择应当入基和出基的变量。

10. 写出下列线性规划问题的对偶问题，再写出对偶问题的对偶，并验证其即为原问题。

（1）$\text{Minimize } z = 2x_1 + 2x_2 + 4x_3$

$$\text{s. t. } \begin{cases} 2x_1 + 3x_2 + 5x_3 \geqslant 3 \\ 3x_1 + x_2 + 7x_3 \leqslant 4 \\ x_1 + 4x_2 + 6x_3 \leqslant 5 \\ x_1, \ x_2, \ x_3 \geqslant 0 \end{cases}$$

（2）$\text{Maimize } z = x_1 + 2x_2 + 3x_3 + 4x_4$

$$\text{s. t. } \begin{cases} -x_1 + x_2 - x_3 - 3x_4 = 5 \\ 6x_1 + 7x_2 - 4x_3 - 5x_4 \geqslant 8 \\ 12x_1 - 9x_2 - 9x_3 + 9x_4 \leqslant 20 \\ x_1, \ x_2 \geqslant 0, \ x_3 \leqslant 0, \ x_4 \text{无约束} \end{cases}$$

（3）$\text{Maximize } z = \sum_{j=1}^{n} c_j x_j$

$$\text{s. t. } \begin{cases} \sum_{j=1}^{n} a_{ij} x_j \leqslant b_i (j = 1, 2, \cdots, m_1; m_1 \leqslant m) \\ \sum_{j=1}^{n} a_{ij} x_j = b_i (j = m_1 + 1, m_2 + 1, \cdots, m) \\ x_j \geqslant 0 (j = 1, 2, \cdots, n_1; n_1 \leqslant n) \\ x_j \text{ 无约束} (j = n_1 + 1, n_1 + 2, \cdots, n) \end{cases}$$

11. 判断下列说法是否正确，为什么？

(1) 如果线性规划的原问题存在可行解，则其对偶问题也一定存在可行解；

(2) 如果线性规划的对偶问题无可行解，则原问题也一定无可行解；

(3) 如果线性规划的原问题和对偶问题都具有可行解，则该线性规划问题一定具有优先最优解。

12. 设线性规划问题 I 是

$$\text{Maximize } z_1 = \sum_{j=1}^{n} c_j x_j$$

$$\text{s. t.} \begin{cases} \sum_{j=1}^{n} a_{ij} x_j \leqslant b_i (i = 1, 2, \cdots, m) \\ x_j \geqslant 0 (j = 1, 2, \cdots, n) \end{cases}$$

$(y_1^*, y_2^*, \cdots, y_m^*)$ 是其对偶问题的最优解。

又设线性规划问题 II 是

$$\text{Maximize } z_2 = \sum_{j=1}^{n} c_j x_j$$

$$\text{s. t.} \begin{cases} \sum_{j=1}^{n} a_{ij} x_j \leqslant b_i + k_i (i = 1, 2, \cdots, m) \\ x_j \geqslant 0 (j = 1, 2, \cdots, n) \end{cases}$$

其中，k_i 是给定的常数，试证明：$\text{Maximize } z_2 \leqslant \text{Maximize } z_1 + \sum_{i=1}^{m} k_i y_i^*$。

13. 已知线性规划问题 $\max z = CX$，$AX = b$，$X \geqslant 0$，分别说明发生下列情况时，其对偶问题的解的变化：

(1) 问题的第 k 个约束条件乘上常数 $\lambda (\lambda \neq 0)$；

(2) 将第 k 个约束条件乘上常数 $\lambda (\lambda \neq 0)$ 后加到第 r 个约束条件上；

(3) 目标函数 $\max z = \lambda CX (\lambda \neq 0)$；

(4) 模型中 $X = (x_1, x_2, \cdots, x_n)^T$，用 $x' = (3x_1', x_2, \cdots, x_n)^T$ 替换。

14. 已知线性规划问题

$$\max z = 2x_1 + x_2 + 5x_3 + 6x_4 \quad \text{对偶变量}$$

$$\text{s. t.} \begin{cases} 2x_1 + x_3 + x_4 \leqslant 8 & y_1 \\ 2x_1 + 2x_2 + x_3 + 2x_4 \leqslant 12 & y_2 \\ x_j \geqslant 0, \quad j = 1, \cdots, 4 \end{cases}$$

其对偶问题的最优解为 $y_1^* = 4$，$y_2^* = 1$，试应用对偶问题的性质，求原问题的最优解。

15. 试用对偶单纯形法求解下列线性规划问题：

(1) $\min z = x_1 + x_2$

$$\text{s. t.} \begin{cases} 2x_1 + x_2 \geqslant 4 \\ x_1 + 7_2 \geqslant 7 \\ x_1, \ x_2 \geqslant 0 \end{cases}$$

(2) $\min z = 3x_1 + 2x_2 + x_3 + 4x_4$

$$\text{s. t.} \begin{cases} 2x_1 + 4x_2 + 5x_3 + x_4 \geqslant 0 \\ 3x_1 - x_2 + 7x_3 - 2x_4 \geqslant 2 \\ 5x_1 + 2x_2 + x_3 + 6x_4 \geqslant 15 \\ x_1, \ x_2, \ x_3, \ x_4 \geqslant 0 \end{cases}$$

参考文献

[1] BERTSIMAS D，TSITSIKLIS J N. Introduction to Linear Optimization [M]. Athena Scientific，Belmont，MA，1997.

[2] BIXBY R E. Commentary：Progress in linear programming [J]. Informs Journal on Computing，1994，6.

[3] BIXBY R E，SALTZMAN M J. Recovering an optimal LP basis from an interior point solution [J]. Operations Research Letters，1994，15（4）：169－178.

[4] CHOW I C，MONMA C L，SHANNO D F. Further Development of a Primal-Dual Interior Point Method [J]. Orsa J on Comput，1990，2（4）：304－311.

[5] GREENBERG H J. The use of the optimal partition in a linear programming solution for postoptimal analysis [J]. Operations Research Letters，1994，15（4）：179－186.

[6] KOJIMA M，MEGIDDO N，MIZUNO S. A primal—dual infeasible-interior-point algorithm for linear programming [J]. Mathematical Programming，1993，61（1－3）：263－280.

[7] LUSTIG I J，MARSTEN R E，SHANNO D F. Computational Experience with a Primal-Dual Interior Point Method for Linear Programming [J]. Linear Algebra & Its Applications，1991，152：191－222.

[8] LUSTIG I J，MARSTEN R E，SHANNO D F. Feature Article—Interior Point Methods for Linear Programming：Computational State of the Art [J]. Orsa J on Comput，1994，6（1）：1－14.

[9] MARSTEN R，SUBRAMANIAN R，SALTZMAN M，et al. The Prac-
    tice of Mathematical Programming ‖ Interior Point Methods for Linear
    Programming：Just Call Newton，Lagrange，and Fiacco and McCormick！
    [J]. Interfaces，1990，20（4）：105—116.

[10] VANDERBEI R J. Linear Programming：Foundations and Extensions
    [M]. Kluwer Academic，1996.

[11] YE Y. Interior Point Algorithms：Theory and Analysis [M]. Wiley，1997.

[12] P A，BARD J F. Operations Research Models and Methods [J]. John
    Wiley and Sons，2003.

第5章 网络流规划

网络由弧线以及其连接起来的节点组成，如同连接主要城市的高速公路系统或通过高压电线向社区供电的电网系统。本章所讨论的网络的弧线携带流量，且进入每个节点的总流量等于离开每个节点的总流量。网络流规划问题（Network Flow Problem，NFP）通常研究如何将流量进行分配至各个弧线使其总成本最小，也被称为最小成本流问题。网络流规划问题具有线性规划模型的部分特征，因此可看作线性规划的特殊情况。我们使用等价的图形模型对该问题进行研究，其中图形模型也称为 NFP 模型。

NFP 可以建模求解的问题包括 OR 的一些经典问题，如分配问题、最短路径问题、最大流量问题、单纯最小成本流问题和广义最小成本流问题。其之所以重要，是因为现实世界的许多实践活动都能以网络的形式表达，NFP 能使分析人员快速将问题可视化。在使用 NFP 建模求解情况下，借助高效算法比标准的单纯形法在计算工作量和存储需求方面更加高效。本章我们将会介绍 NFP 建模的广泛应用，并扩展到不同的情况。

作为对网络流规划的介绍，我们在图 5-1 中展示了一个经典模型的图形表达。该模型表示一种商品在全国范围内的分布（对于案例的具体描述见本章的 5.4 小节）。下面我们将介绍常用网络术语的定义并加以说明。

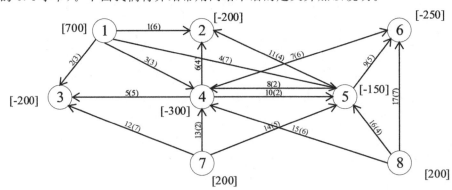

图 5-1 网络流规划问题例子

节点和弧 (Nodes and Arcs)：网络流模型由节点和弧组成。问题建模的过程中，每个节点以圆圈的形式代表规划问题的一个部分，如物理位置、单个工作人员或某个时间点。为了便于模型的构建，通常需对每个节点进行命名；弧通常指的是从原点节点到终端节点的有向线段，在特殊情况下（如存在外部流时），弧可能仅与一个节点存在连接关系。如果一个弧没有方向，则称它为边。节点数用 m 表示，弧的数量用 n 表示。

弧流量 (Arcs flow)：流与网络相关联，流通过弧进入和离开节点。当存在流量守恒约束时，进入一个节点的总流量必须等于离开该节点的总流量。弧流量是网络流规划模型的决策变量。

流的上界和下界 (Upper and Lower Bounds)：在弧内的流具有上下界的限制。通常以 capacity 代表流的上界。我们分别用 l_k 和 u_k 作为弧 k 的上下界。

成本 (cost)：最优解的评判标准是成本。与每个弧 k 相关联的是流的单位成本 C，C 的负值对应于收入。

收益 (gain)：弧的收益 g 乘以弧开始处的流等于弧结束处的流。当一个流 x_k 被分配给一个弧时，这个流就离开了该弧的原点节点。进入终端节点的流为 $g_k x_k$。弧的下界、上界和成本都是指弧的原点节点的流。

所有弧都有单位收益的网络称为单纯网络（pure network）。具有整数参数的单纯网络的最优解总是具有整数流。如果某些收益的值不是 1，则该网络是广义网络（generalized network），其解通常不是整数的。

弧参数 (Arc parameters)：在网络图中，弧参数显示在弧的旁边，用括号括起来（如下界、上界、成本、收益）。当参数未显示时，它将采用默认值。默认值为 0 表示下界，∞ 表示上界，0 表示成本，1 表示收益。

外部流：节点 i 处的外部流（用 b_i 表示）为必须从起点进入节点 i 或离开节点 i 进入网络外目的地的流。一个正的外部流进入节点，一个负的外部流离开节点。在网络图中，外部流显示在与节点相邻的方括号中。

可行流 (Feasible flow)：当对弧的流的分配满足"每个节点的流守恒，且在每个弧的边界内"，则称该流是可行的。

最优流 (Optimal flow)：使弧成本之和最小的可行流是最优流。

5.1 经典问题

这些模型的主要区别在于相关的参数集，或者在流程图中节点和弧线的排列方式。在本节中，我们将根据 NFP 公式中使用的参数子集描述上述每种情况。所有非相关参数的默认值定义为：下界为 0，上界为 $M(\infty)$，成本为 0，收益为 1。

本节讨论的所有特殊情况都可以用更为普遍的问题设计的算法来解决。然而，有许多特殊目的的算法在计算时不考虑非相关参数，效率更高。图 5 - 2 显示了具有 NFP 模型的各种问题与一般 LP 问题之间的关系。从左到右，问题变得越来越普遍。因此，广义最小成本流问题左侧的所有问题都可以用为其设计的算法来求解，而广义最小费用流问题本身就是 LP 问题的一种特殊情况。部分网络问题不基于流守恒原则，如最小生成树问题，因此不包括在本章或下一章，我们将在第 8 章贪婪算法（greedy algorithms）的讨论中介绍。

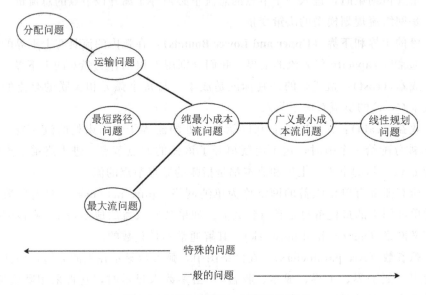

图 5 - 2　经典问题和 LP 问题的关系

5.1.1　运输问题

一个典型运输问题的组成部分如图 5 - 3 所示。这个问题涉及一组供应商品的起点，标记为 $S1$，$S2$ 和 $S3$。以及一组存在商品需求的目的地，标记为 $D1$，$D2$ 和 $D3$。运输成本在 3×3 的矩阵中指定，供给和需求数据显示在矩阵外。

运输问题的经典表述通常使用矩阵或图表，其中行表示起点，列表示终点。求解该问题的算法也基于这个矩阵。将一单位商品从起点 i 运送到终点 j 的成本 C_{ij} 用矩阵中适当的条目表示。如果在给定的货源和终点之间无法装运，则输入 M，表示较大的成本。

供应和需求数据展示在矩阵的边缘，分别用符号 s_i 和 d_j 表示，其中 $i=1$，$\cdots$，m；$j=1$，$\cdots$，n。在经典运输问题的陈述中，存在供需平衡关系，即总供给总是等于总需求，即 $\sum_{i=1}^{m} s_i = \sum_{j=1}^{n} d_j$。示例中即为此情况，且该条件是可行性的充分条件。当需求超过供应时，通过添加虚拟供应点（称为 $m+1$）表示；或当供应超过需求时，添加虚拟需求点（称为 $n+1$）表示，其可以广泛运用于实际问题。如果 Δ 表示过剩，我们根据不平衡情况设置 $s_{m+1}=\Delta$ 或 $d_{n+1}=\Delta$。与相应装运相关的所有单位成本 $C_{i,n+1}$ 或 $C_{m+1,j}$ 都设置为零。

图 5-3 的 NFP 模型如图 5-4 所示。起点由左边的节点表示，终点由右边的节点表示。允许的运输环节显示为弧，而不允许或不存在的运输环节则被省略。如图 5-3 所示，其中单元格（S3，D1）的成本条目表明不允许从起点 3 运输到终点 1，因此省略了弧（S3，D1）。

	D1	D2	D3	供给
S1	3	1	M	5
S2	4	2	4	7
S3	M	3	3	3
需求	7	3	5	

图 5-3 运输问题的矩阵模型

由于成本是唯一相关的弧参数，NFP 模型中只包含弧成本，其他参数如上界和下界都为默认值。网络在图论中有一种重要的特殊形式，可称为 bipartite。这意味着节点可以被划分为两个子集，所有的弧线是从一个子集到另一个子集。

在图 5-4 中的每个供应节点上，括号中的正数表示供应流进入网络；在每个目的地节点上，括号中的数为负则表示该流量必须离开网络。最佳解决方案如图 5-5 所示，其中矩阵条目对应流量而不是运输成本。可以看到有 6 条弧在解决方案中有正数流，与这些值相关的最小成本是 $z^* = 46$。

对 NFP 模型进行调整，可以将其转化为经典运输问题。如果某个环节存在约束条件，则该弧存在上界。若供给是指在起点转化为产品的原材料，需求以产品为单位，则获得要素可以表示每个起点的转化效率。若在某些环节需要一些最小流，弧

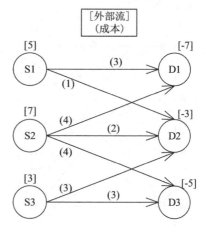

图 5-4 运输问题的网络流规划模型

线下界可设置为非零值。

	D1	D2	D3	供给
S1	2	3	0	5
S2	5	2	5	7
S3	0	0	3	3
需求	7	3	5	

图 5-5　最优解决方案，$z^* = 46$

5.1.2　分配问题

典型的分配问题如图 5-6 所示。有五个工人被分配到五项工作，矩阵中的数字表示工人 i 做工作 j 的成本 c_{ij}，成本为 M 的工作不允许被分配给对应的工人。规划问题为"如何以最低成本使工人与工作岗位匹配"。

	J1	J2	J3	J4	J5
W1	M	8	6	12	1
W2	15	12	7	M	10
W3	10	M	5	14	M
W4	12	M	12	16	15
W5	18	17	14	M	13

图 5-6　分配问题的矩阵模型

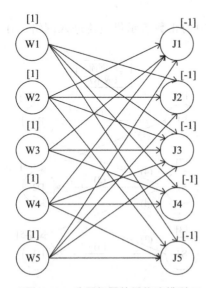

图 5-7　分配问题的网络流模型

NFP 模型如图 5-7 所示，其与运输模型非常相似，除了外部流都是 +1 和 -1。分配模型的唯一相关参数是弧成本（为了避免混乱，图中没有显示）；其他所有参数应设置为默认值，这个模型也有 bipartite 结构。

分配问题的决策变量用 x_{ij} 表示，如果工人 i 被分配给工作 j，则取值为 1，否则为 0。如图 5-8 所示，总成本最小化的解决方案在每一列和每行中总流为 1。

5.1.3　最短路径问题

最短路径问题采用网络结构，唯一的弧参数为成本。典型案例如图 5-9 所示，路径的长度等于该路径中所有弧的成本之和。问题的关键是找到从某个指定节点（如节点 A）到其他节点或所有其他节点的最短路径，后者由于是从一个指定节点出发的所有最短路径的集合形成了一个称为树的图结构，也被称为最短路径树问题（shortest path tree problem）。由于找到"到所有节点的路径"和找到"到一个节点的路径"难度相当，所以通常直接求解最短路径树问题。

	J1	J2	J3	J4	J5
W1	0	0	1	0	1
W2	0	0	1	0	0
W3	0	0	0	1	0
W4	1	0	0	0	0
W5	0	1	0	0	0

图 5-8 分配问题的解决方案，$z^* = 51$

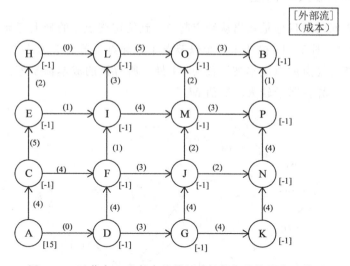

图 5-9 以节点 A 为起点的最短路径数问题的网络流模型

其 NFP 等价形式是将弧距离等价为弧成本，为起点分配固定的外部流量 $m-1$（m 为节点数），并为其他每个节点分配固定的外部流量 -1。图 5-9 展示的是以节点 A 为起点的案例。在求解该问题时，由于弧流量没有上下界，该算法以最小成本路径将流量从起点分配到每个节点，最短路径树将由最优解中具有非零流量的弧组成。图 5-10 即为解决方案。

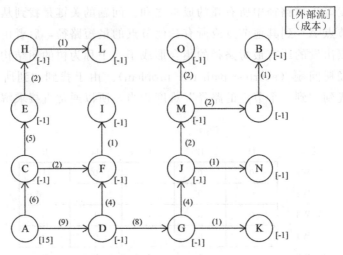

图 5-10 最短路径树问题的解决方案，$z^* = 48$

5.1.4 最大流问题

最大流问题的目标是找出从给定起点 s 到给定终点 t 的最大可能流，同样适用于 NFP。图 5-11 描述了一个以节点 1 为起点、节点 8 为终点的 NFP 模型。除了离开终点的弧成本被设置为 -1 外，所有弧的成本都是零。另外，起点和终点的上界被赋予较大的数值 M。

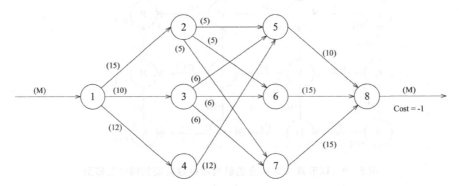

图 5-11 最大流问题的 NLP 模型

解决方案如图 5-12 所示。节点 1 到节点 8 的最大流为 30，括号内标注了每个弧的流。图中粗体的弧 {(1，3)，(2，6)，(2，7)，(5，8)} 称为最小切割，这是一组较为关键的弧，若从图形中移除它们，从起点进入的流量就无法流向终点。其将图中的节点划分为两个不相交的子集或子图。最小切割内弧线是限制最大流的瓶颈。在这个例子中，最小切割内的弧的容量之和等于能流向终点的最大流，这是网络理论中一个著名的原对偶结果，称为最大流的最小切割定理（*max-flow min-cut theorem*）。此外，包含最小切割的弧线可以用灵敏度分析来识别。

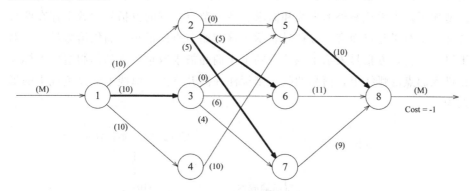

图 5 - 12　最大流（包含最小切割）= 30

5.2　拓展问题

正如前一节讨论的一些特殊情况，NFP 模型经常涉及二部图，但不限于此。下面展示的一些拓展案例表明各种各样的复杂问题都存在一个网络结构。

5.2.1　带成本与收入的运输问题

假设有一家公司有两个工厂（S1 和 S2）和四个客户（D1、D2、D3 和 D4）。从工厂运输产品到客户的成本如图 5 - 13 中左上方的矩阵所示。该矩阵包含最小和最大出货量，每个工厂的单位制造成本，最小和最大收入，以及每个客户的单位收入。工厂经理所面临的问题是找到最优的运输模式使净利润最大化，即包含低运输成本和低制造成本的收入方案。

	运输成本				运输限制		
	顾客 D1	顾客 D1	顾客 D1	顾客 D1	最小出货量	最大出货量	单位成本
工厂 S1	10	15	6	13	10	25	8
工厂 S2	3	6	7	10	10	25	10
最小收货量	5	5	5	5			
最大收货量	15	15	15	15			
单位收入	12	14	16	18			

图 5 - 13　扩展型运输问题的参数

从建模的角度来看，这个问题与标准的运输问题非常相似。唯一的区别是，在起点可以得到的商品供给数量和客户的商品需求数量不再是固定的，而是由一系列的数值给出。图 5 - 14 表示如何在 NFP 模型中展示这些参数。我们增加了弧来承载额外的供给和需求。各个节点上方的方括号中数字存在两种含义：①对于起点而言，方括号表示了该起始节点的最小商品供给数量；②对于终点而言，方括号表示了该节点的最小商品需求数量。商品的制造成本标注在进入起点的弧线上，商品的收入则标注在离开终点的弧线上，以负成本的形式表示。

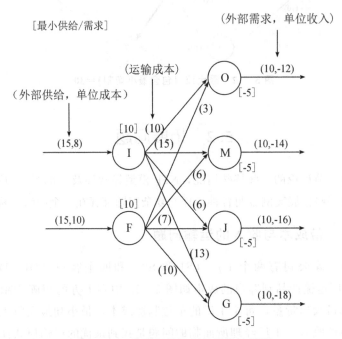

图 5 - 14　扩展运输问题的网络流模型

5.2.2　多时段运营

现在考虑这样一个场景，上节所提到的运输公司需要为接下来的两个月制定一个运输时间表。每个客户的需求均为第一个月 15 台，第二个月 20 台。这些要求必须得到满足。S1 工厂的生产能力为每月 30 台，S2 工厂的生产能力为每月 50 台。第一个月，S1 工厂的生产成本为每台 8 美元，S2 工厂为每台 10 美元。在第二个月，两家工厂的单位成本均是每台 9 美元。每单位产品以 1 美元/月的价格储存在客户站点（产品不能储存在工厂），运输成本如上节所示。此外，运输公司第一个月为每个路线上提供每单位产品 1 美元的折扣。本问题的目标是将两个月期间的总生产成本、运输成本和库存成本降至最低。注意，并非所有的生产能力都需得到利用。

本问题的 NFP 模型如图 5 - 15 所示。因为不再有任何最低运输要求，各起点的上方不再有方括号。进入起点的弧上的括号中的第一个数字表示该起点能够供应的最大商品数量。此外，每个终点的需求都是固定的。

图 5 - 15 所示的网络可以被分解为两个互联的运输子网，每个子网代表不同的周期。从一个时期到下一个时期的弧线与库存相对应。在这种结构下，网络的规模与周期的数量成正比。这种方法也可以被用来求解多时期和多阶段的问题。

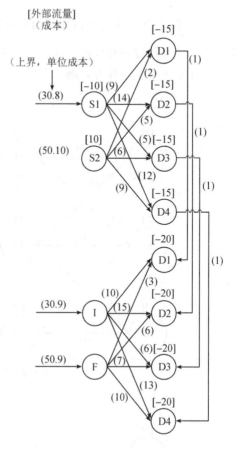

图 5 - 15　两阶段网络流模型

5.2.3　转运问题（Transshipment Problem）

转运问题是经典运输问题的另一重要扩展。转运问题中，转运点不一定是供应点和需求点。全国零售连锁的分销系统中经常发生转运。西尔斯（Sears）和沃尔玛（Wal-Mart）等公司通常都有区域仓库，将货物运往较小的区域仓库，后者再向零售店供货。在此场景中，区域仓库是转运点。

转运问题是具有非二部性（*not-bipartite*）的 NFP 模型。该模型包含了具有非负供给或需求订单的中间节点，以及将该中间节点与起点或终点相连接的弧。图 5 - 16 描述了一个典型的转运问题案例，包含了三个起点、三个转运点和三个终点。

观察可知，我们同样也可以根据下边的步骤将其转化为平衡运输问题。首先，假设有 m 个纯供应点（即仅有离开的弧），n 个纯需求点（即仅有进入的弧）和 p 个转运点。设 s_T 为该问题的总可用供给，即 $s_T = \sum_{i=1}^{m+p} s_i$ ；同时，设 t_k 为转运节点 k 处的净库存情况，且 $k=1,\cdots,p$ 时。若由节点 k 供应库存，则 t_k 为正；若节点 k 有需求库存，则 t_k 为负；在这个例子中，$m=n=p=3$，$s_T=17$。

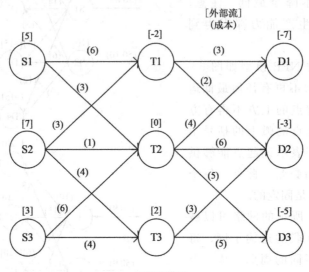

a. 网络流模型

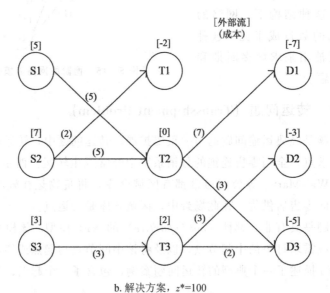

b. 解决方案，$z^*=100$

图 5－16　转运问题

步骤 1：如果有必要，通过增加一个虚拟的供给点来满足过剩的需求，或者增加一个虚拟的需求点来吸收过剩的供给，将问题转化为平衡的形式。

步骤 2：构建一个运输表，以 $m+p$ 行表示每个供应点和转运点，以 $n+p$ 列表示每个需求点和转运点。每个单纯供给点 i 的供给等于它的原始值 s_i，每个单纯需求点 j 的需求等于它的原始值 d_j，每个转运点 l 的供给等于 $s_k=t_k+s_T$，需求 $d_k=s_T$。

为了便于建模，允许货物从转运点到其自身，并为其分配单位运输成本为零，也就是说，我们将 x_{kk} 包含在模型中（$k=1,\cdots,p$），并设 $C_{kk}=0$。该实例的转运模型如图 5-17 所示，解决方案如图 5-18 所示。注意，图 5-16b 和 5-18 中的解决方案是相同的。

	D1	D2	D3	T1	T2	T3	供给
S1	M	M	M	6	3	M	5
S2	M	M	M	3	1	4	7
S3	M	M	M	M	6	4	3
T1	3	2	M	0	M	M	15
T2	4	6	5	M	0	M	17
T3	M	3	5	M	M	0	19
需求	7	3	5	17	17	17	

图 5-17　转运问题的运输表

	D1	D2	D3	T1	T2	T3	供给
S1	0	0	0	0	5	0	5
S2	0	0	0	2	5	0	7
S3	0	0	0	0	0	3	3
T1	0	0	0	15	0	0	15
T2	7	0	3	0	7	0	17
T3	0	3	2	0	0	14	19
需求	7	3	5	17	17	17	

图 5-18　运输问题的解决方案，$z^*=100$

决策变量 x_{kk} 对应一个虚构运输。对每个提供非负数量（$t_k \geqslant 0$）的转运点 k，需求数量（$d_k=s_T$）与虚构运输 x_{kk} 之间的净差表示转运数量。类似地，对于每个转运点 k 的负数量（$t_k<0$）表示需求的单位数，供给量（$s_k=d_k+s_T$）与虚构货物 x_{kk} 之间的净差表示转运数量。由于虚构的运输变量 x_{kk} 有 $c_{kk}=0$，它们的水平不影响运输的总成本。

为了转变为标准的运输模型，我们引入了 s_T 作为每个转运节点 k 的一个虚拟缓冲库存。由于 s_T 已经被包含在 s_k 与 d_k 中，满足 $\sum s_i = \sum d_i$。通过 k 点转运的库存总数为 $s_T - x_{kk}$（当 $t_k \geqslant 0$），或 $t_k - s_T - x_{kk}$（当 $t_k < 0$）。

5.2.4 流的转换（Transformation of Flow）

某公司在四个工厂生产三种产品，由于各个工厂工人在熟练度方面存在差异，各个工厂生产产品所需的时间也不同。产品生产所需时间（单位为分钟）如图 5-19 中的矩阵所示。"—"表示产品不能在指定的工厂生产。图中还给出了对这三种产品的需求。每个工厂的总可用时间是每周 25 小时。工厂 1、2、3 和 4 的人工成本分别为每小时 10 美元、12 美元、9 美元和 13 美元。本问题的目的是建立并求解能够满足所有需求且总产品制造成本最小的网络模型。

	工厂 1	工厂 2	工厂 3	工厂 4	需求
产品 A	30	25	—	—	70
产品 B	28	—	25	22	80
产品 C	—	30	30	29	40

图 5-19　运输流问题的参数

与运输问题不同，需求以产品单位来衡量，与工厂用小时来衡量生产能力不同，因此在供给和需求之间存在一个增益因子，以实现生产能力向产品数量的转换，具体如图 5-20 所示。

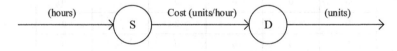

图 5-20　利用增益因子对流量进行变换

需求数据以每单位/分钟的形式给出，此外还需要计算适当的增益因子以将图 5-19 中给出的数据进行转换，再乘以 60 得到每小时所生产单位产品数量。工厂 1 生产产品 A 的收益是 60（min/hour）/30（min/unit）= 2（units/hour）。完整的 NFP 模型和解决方案分别如图 5-21 和图 5-22 所示。

5.2.5 凸成本和凹收入

本问题的关键在于如何考虑和分析在两个节点之间传递流的弧线。在一个弧中，假设前 10 单位流的单位成本是 5 美元，后 5 单位流的单位成本是 8 美元，任何额外的单位流的单位成本是 10 美元。当单位成本随流增加而增加时，

弧的成本是流的凸函数，则可增设多条弧来构建该问题的网络模型。图 5－23
描述了一个线性模型，每个成本水平都有一个弧线。在代价函数连续的情况
下，使用线性逼近，以弧的数量决定逼近的精度。非线性凹型收入函数可以用
类似的方法处理。在本问题中，收入以负成本的形式表现。

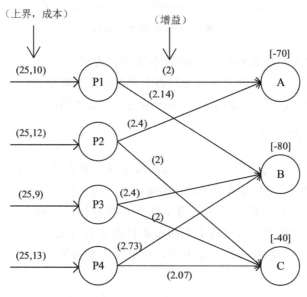

图 5－21　带增益的网络流模型

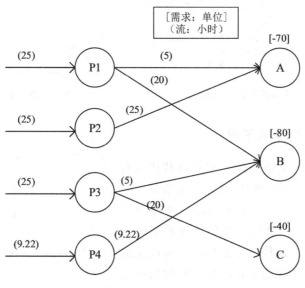

图 5－22　解决方案

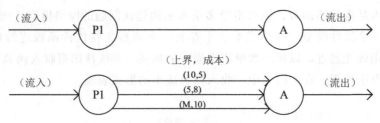

图 5-23 非线性凸成本

注意，凹成本函数和凸收入函数不能转化为线性模型。为了处理这些函数，需在公式中引入整数变量以确保各个弧根据适当顺序进行选择，如成本较高的弧首先出现在凹成本的情况。本问题我们将在本书的 7.8 节展开讨论。

5.2.6 无向边

某些情况下，允许流按照任意的方向在两个节点之间流动，其中从节点 i 到节点 j 的单位成本与从 j 到 i 的相同，可以用无向边表示，如图 5-24 所示。但是在与流有关的模型中，每个弧都存在具体的方向，因此图 5-24 可转化为一个等价模型，其中每个无向边都被两条具有相反方向的有向弧代替。在图 5-25 中，两条弧线的下界为零，且单位成本相等。

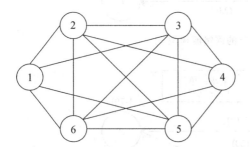

图 5-24 带节点与边的模型

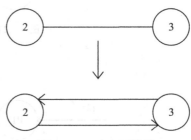

图 5-25 有向弧模型

5.2.7 消除弧下界

具有零下界的流等效模型可以替代具有非零下界的流动等效模型。图 5-26 给出了一个具有参数下界（l）、上界（u）、成本（c）和增益（g）的一般弧，以及具有零下界的弧的等价表示。这种转变需要改变弧两端的外部流。当上下界相等时，受影响的弧可被消除，因为其流量上界为零。

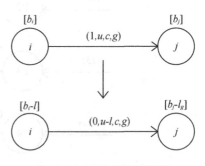

图 5-26 已消除下界模型

5.2.8　经济寿命模型

某公司考虑购买一台价格为 1000 美元的机器。如表 5-1 所示，该机器的年运行成本和残值取决于其使用年限。这种机器预期能够使用较长的一段时间，但考虑到机器运行成本在不断地增加且其残值在下降，必须寻找一个最佳的时间来更换机器，其最优更换时间称为经济寿命。

表 5-1　机器的成本时间

使用时间	每年运营成本	年末残值
1	$1000	$500
2	1200	300
3	1500	100
4	1900	0
5	2500	0

投资分析认为，现金的终值需要转化为现金的现值，这就是货币时间价值原则。具体来讲，从现在起 n 年以后收到的金额 c 的现值计算如下：

$$P = \frac{c_n}{(1+i)^n}$$

数量 i 是一个用小数表示的百分比，也被称为利率、贴现率或最小可接受收益率。$1/(1+i)^n$ 是折现因子。当 i 是正数时，折现系数小于 1。

涉及金钱时间价值决策问题的网络表征并不明显。但在本节中，我们将会建立投资经济寿命的网格求解，这也侧面说明了使用 NFP 可处理的各种情况。

投资可看作一段时间内的现金流问题，如图 5-27 所示。假设现在的时间是 0，机器可以保留 3 年。运营成本在每年年底支出，残值是机器寿命结束（本案例为 3 年）时的收入。图 5-27 中，成本为正值，收入为负值。

此时需要将机器的终值转化为现值，设 c_n 为机器在 n 时所花费的成本，设 N 为机器的使用寿命，s_n 为 n 时使用机器所产出的数量。那么 N 年的净现值 P 为：

$$P_N = \sum_{n=0}^{N} \frac{c_n}{(1+i)^n} - \frac{s_N}{(1+i)^N}$$

在 $N=3$ 时，假定 i 为 20%，可得

$$P_3 = 1000 + 833.33 + 833.33 + 810.19 = \$3476.85$$

注意，这个表达式中的第四项是第三年的综合经营成本和残值的现值。

该问题的 NFP 模型使用了增益构建折扣因子，如图 5-28 中 $N=3$ 的情

况。用 c_3' 表示第三年的净现金流量，该流量已同时考虑机器的经营成本和残值。增益因子 g 为 $1/(1+i)=0.8333$。

$$x_0=1,\ x_1=0.833,\ x_2=0.833^2,\ x_3=0.833^3,\ P_3=3476.85$$

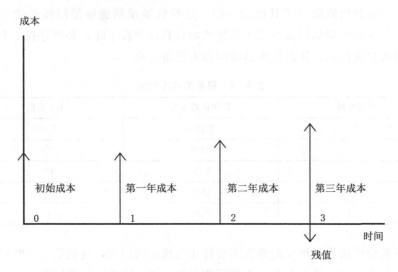

图 5-27 三年期的成本流

图 5-28 现金流问题的网络流模型

本问题中，与网络相关的成本是该机器现金流的现值。实际上，机器的现值可转化为一般网络模型的成本进行计算。对于图 5-29 所示的现金流，我们可能要求在无限时期内一系列替换的现值。

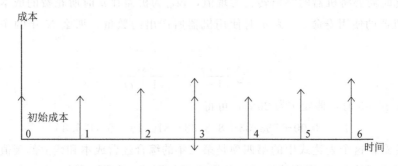

图 5-29 在无限时期内的现金流替换

在没有证明这一结果的情况下，观察到 NFP 模型中连续的一系列替换可以用图 5-30 所示的循环来表示。

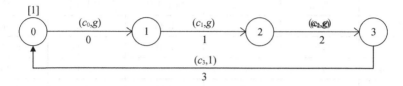

图 5-30　表示无限时期的网络流模型

一台机器的经济寿命是指在无限的时间范围内使所有权的现值最小的寿命，为了找到这个值，必须建立规划来求解，NFP 模型如图 5-31 所示。有 5 个周期或替代路径分别代表 1 至 5 年后的替换。

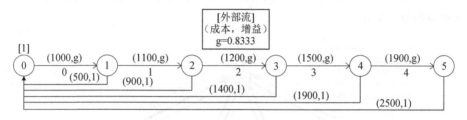

图 5-31　经济寿命的 NFP 模型

这个问题的解决方案如图 5-32 所示，只在一个循环上有正流量。计算结果表明这台机器应每两年更换一次，最优流成本是 $ 8045.46。

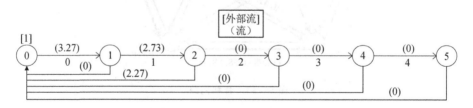

图 5-32　设备更换问题解决方案

5.2.9　套汇案例

第二个例子与外汇市场的套利行为有关。一般来说，套利是一个人同时买卖相同或同等证券的过程，目的是从不同证券间的价格差异中获利。案例中交易的证券为 5 种货币。表 5-2 列出了货币及其汇率 r_{ij}，$i, j = 1，\cdots，5$。例如，第 1 行第 3 列中的 $r_{13} = 1.45$ 表示 1 美元可以购买 1.45 瑞士法郎。其他货币有日元、德国马克和英镑。

表 5 - 2　各种货币之间的汇率

	美元	日元	瑞士法郎	德国马克	英镑
美元	1	1.05	1.45	1.72	0.667
日元	0.95	1	1.41	1.64	0.64
瑞士法郎	0.69	0.71	1	1.14	0.48
德国马克	0.58	0.61	0.88	1	0.39
英镑	1.5	1.56	2.08	2.56	1

在买卖货币时，交易者必须向交易所支付交易费。我们假设每个交易所收取 1% 的费用。接下来的问题就是确定是否存在获利，即将第一种货币兑换成第二种货币，将第二种货币兑换成第三种，依次类推，在最终兑换结束后得到更多的原始货币。

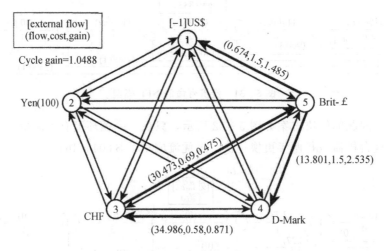

图 5 - 33　套利网络

如果存在，可以使用具有增益的网络流模型来找到该问题的解决方案。网络流模型如图 5 - 33 所示，每种货币都有一个节点，每对节点之间有有向弧。流出弧线与卖出货币相关，流入弧线与买入货币相关。弧 (i, j) 上的增益描述了将一单位货币 i 转换为 r_{ij} 单位货币 j 的过程。

$$g_{ij} = r_{ij}/1.01$$

这个表达式中的分母 1.01 是交易费用。

弧成本是一种货币的美元等价物，可以从表 5 - 2 的第一列中获得。例如，弧（5，1）的单位成本为 1.50 美元，这是相当于 1 英镑的美元等价物。请注意，离开节点 5（Brit-£）的弧的所有成本均为 1.50。我们在节点 1 提出 1 美元的需求，即求模型试图减少获得 1 美元增益所需的总投资。

网络中的流以货币为单位，取决于弧的起始节点。例如，所有离开节点 2 的流都是数百日元。弧（5，4）上的流表示英镑与德国马克的换算，以磅为单位。

为了确定能否进行套利，我们必须在网络中找到一个增益大于 1 的循环。一个循环的增益是该循环上弧增益的乘积，因此将尽量减少所兑换货币的美元等价物的总和，这与最小化投资总额乘以交易所数量相同。其他目标函数也是可能的，但在每个弧上放置 1 的成本相当于添加不同的货币，因此是无效的。在美元节点的流量为 1 时，只要存在增益大于 1 的循环，任何目标函数都会产生可行的解。若只有盈亏平衡循环或增益小于 1 的循环，则这个问题没有可行的解。

解决方案如表 5-3 所示，其通过求解该问题的广义网络公式获得。可以看出有以下循环：英镑→德国马克→瑞士法郎→英镑。这个循环的增益是 $(2.535) \times (0.871) \times (0.475) = 1.0488$，表明每次投资的英镑，可以在循环兑换完成后实现 4.88% 的增益：首先将 13.801 英镑换成 34.986 德国马克，然后兑换成 30.473 瑞士法郎；接下来，30.473 瑞士法郎兑换 14.475 英镑。最后，0.674 英镑兑换 1 美元。这将在系统中留下 13.801 英镑并再次循环。

表 5-3 套利问题的解，$z^* = 62.088$

Arc	Flow	Originating node	Terminal node	Cost	Gain*	Node	Name	Fixed
1	0	1	2	1	1.040	1	Us $	-1
2	0	1	3	1	1.436	2	Yen (100)	0
3	0	1	4	1	1.703	3	CHF	0
4	0	1	5	1	0.660	4	D-Mark	0
5	0	2	1	0.95	0.941	5	Brit-£	0
6	0	2	3	0.95	1.396			
7	0	2	4	0.95	1.624			
8	0	2	5	0.95	0.634			
9	0	3	1	0.69	0.683			
10	0	3	2	0.69	0.703			
11	0	3	4	0.69	1.129			
12	30.4733	5		0.69	0.475			

Arc	Flow	Originating node	Terminal node	Cost	Gain*	Node	Name	Fixed
13	0	4	1	0.58	0.574			
14	0	4	2	0.58	0.604			
15	34.986	4	3	0.58	0.871			
16	0	4	5	0.58	0.386			
17	0.6734	5	1	1.5	1.485			
18	0	5	2	1.5	1.545			
19	0	5	3	1.5	2.059			
20	13.801	5	4	1.5	2.535			

* 请注意，增益系数已四舍五入到三个有效数字，解是四舍五入的值。

最佳目标值 $z^* = 62.088$ 是将解中的全部流按照流量兑换为美元的比率转换成的近似美元等价物。这些汇率不包括 1% 的兑换费，Brit-£对美元的流量的客观贡献值为 1。其他非零流量的价值约为 20.70 美元，这是在循环中投入的金额。循环具有三个弧，因此计数三次。

1.0488 的循环增益意味着在节点 5，无论投资金额如何，每次遍历循环都会实现 4.88% 的利润。不考虑交易发生的时间或解决如何启动流程的问题，该解决方案假定已达到稳定状态。然而，即使这种稳定状态存在，也不会持续太久，因为价格制定者会迅速调整汇率以确保没有一个循环的增益大于 1。

5.3 线性规划模型

每个 NFP 模型都等价于一个 LP 模型。尽管我们通常从 NFP 模型开始，但构建 LP 模型还是很有用，特别是 NFP 模型具有阻止使用专门算法来求解的侧面约束的情况。

考虑具有 n 个弧和 m 个节点的网络模型。对于每个节点，我们将 $K_{O(i)}$ 表示为起始于节点 i 的弧集，并将 $K_{T(i)}$ 表示为终止于节点 i 的弧集。设 b_i 为节点 i 处的外部流，c_k、l_k、u_k 和 g_k 分别表示一般弧 k 的成本、下限、上限和增益。弧 k 的流决策变量用 x_k 表示。LP 模型由目标函数、流量守恒约束以及流的上下限组成。

目标函数：

$$\text{Minimize} \sum_{k=1}^{n} c_k x_k \tag{5-1}$$

流量守恒：

$$\sum_{k \in K_{O(i)}} x_k - \sum_{k \in K_{T(i)}} g_k x_k = b_i, i = 1, 2, \cdots, m \qquad (5-2)$$

流上下界：

$$l_k \leqslant x_k \leqslant u_k, k = 1, 2, \cdots, n \qquad (5-3)$$

图 5-34 描绘了具有 6 个节点和 10 条弧的网络，重新编号以对应于式（5-1）到式（5-3）中使用的符号。LP 等价模型由目标函数、六个流守恒约束和简单的流下界组成。

目标函数：

$$\begin{aligned}
\text{Minimize } z = {} & 1000x_1 + 1000x_2 + 1200x_3 + 1500x_4 + 1900x_5 \\
& + 500x_6 + 900x_7 + 1400x_8 + 1900x_9 + 2500x_{10}
\end{aligned}$$

流量守恒：

$$\text{Node 1：} x_1 - x_6 - x_7 - x_8 - x_9 - x_{10} = 1$$
$$\text{Node 2：} x_2 + x_6 - 0.833x_1 = 0$$
$$\text{Node 3：} x_3 + x_7 - 0.833x_2 = 0$$
$$\text{Node 4：} x_4 + x_8 - 0.833x_3 = 0$$
$$\text{Node 5：} x_5 + x_9 - 0.833x_4 = 0$$
$$\text{Node 6：} x_{10} - 0.833x_5 = 0$$

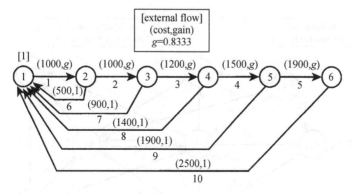

图 5-34　具有重新编号节点和弧的 NFP 模型

流下界（上界是无界的）：

$$x_k \geqslant 0, \ k = 1, 2, \cdots, 10$$

用标准的 LP 求解这个模型就得到：

$$x_1^* = 3.2727, \ x_2^* = 2.2727, \ x_7^* = 2.2727,$$
$$x_3^* = x_4^* = x_5^* = x_6^* = x_8^* = x_9^* = x_{10}^* = 0, \ z^* = 8045.5$$

这与使用 NFP 代码获得的解相同。

值得注意的是，LP 模型适用于寻找投资经济寿命的离散问题。在这种情况下，使用网络构造对问题进行建模通常要容易得多，然后再通过本节中介绍的转换找到等价的 LP 模型。

5.4 最小成本流问题

为了对 NFP 模型进行更深入的了解，我们介绍最小成本流问题的一般情况。假设美国一家公司的物流经理面临着将位于多个工厂的同质商品运送到全国各地的客户的问题。这种情况如图 5 - 35 所示。工厂位于凤凰城（Phoenix）、奥斯汀（Austin）和盖恩斯维尔（Gainesville）（图中的灰色节点）。可用于运输的数量显示在节点旁边的括号中，正数表示商品的供应量。客户分布在芝加哥（Chicago）、洛杉矶（Los Angeles）、达拉斯（Dallas）、亚特兰大（Atlanta）和纽约（New York），与这些节点相邻的负数是需求。可行的空运链接由节点之间的有向弧表示，与弧相邻的数字是单位运输成本。每个弧上的流限制为最多 200 个单位。达拉斯和亚特兰大是枢纽，除了有自己的需求外，还可以将物品转运给其他客户。求解目的是确定使其他客户最小化的最佳分配计划，并最大限度地降低运输总成本，且供应品能满足所有客户的需求。

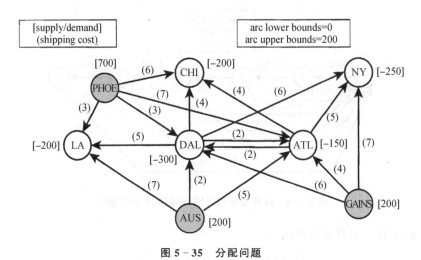

图 5 - 35 分配问题

这个分配问题是现成的 NFP 模型，所以我们用它来描述基本的构建块。事实上，它可能看起来像转运问题，但仔细分析会发现两者之间的区别是现在的弧设置了有限的上限。

在图 5 - 35 中，节点对应城市，有向弧对应交通运输路线，起始节点和终止节点标识弧。例如，图 5 - 35 中的一条弧起源于凤凰城节点，终止点位于芝加哥节点，表示流在这两个城市之间是单向。如果我们考虑从芝加哥到凤凰城的流，可以在连接这些节点的图中添加另一个有向弧。

网络中的流在节点处通过弧线流进流出。一般来说，每个网络图都附有一个或多个描述问题中数据的图例。从外部源进入或离开节点的流称为外部流，并显示在与节点相邻的方括号中。正的外部流是供给——进入网络的流，负外部流是需求——离开网络的流。正如我们在等式（2）中看到的，流在每个节点都是守恒的，这意味着从弧线或外部来源进入节点的总流量必须等于离开节点的总流量，无论是到弧线还是到外部需求点。弧流量是模型中的决策变量。

流量受到问题陈述中隐含或显式的弧线中的下限和上限限制。此示例中，我们将所有弧的下限指定为 0，将 200 指定为上限。如前所述，容量用于指流量的上限。在每个节点的流量守恒和每个弧的流量界限所施加的限制内，通常有许多可行的流量（在特定问题中，这意味着将变量分配给每个弧）。假设可行区域非空，问题就是从一组可行流集合中找到关于给定目标函数的最佳流。

这个问题的目标是成本最小化。与每条弧相关的是每单位流量的成本（图 5 - 35 中括号中的数字）。如果流 x_k 以单位成本 c_k 穿过弧 k，则产生成本 $c_k x_k$。网络的总成本是弧成本之和 $z = \sum_{k \in A} c_k x_k$，其中 A 是所有弧的集合。目标是找到最小化此度量的可行流。

我们称本节中的模型为纯最小成本流模型，因为在其起始节点进入弧线的流量等于在其终点节点离开弧线的流量。本章稍后将纯最小成本流模型与没有此要求的广义网络流模型进行对比。纯模型具有积分最优解的重要性质，每当所有节点外部流和所有弧上界和下界都是整数值时，纯模型的解就是整数值。这个属性具有重要的影响。

5.4.1 线性规划模型

每个最小成本流模型都可以表述为一个线性规划，即用代数线性表达式来描述目标函数和约束，如等式（1）到（3）所示。我们现在为图 5 - 35 所示的分配问题构建 LP 模型。为方便起见，可以对节点和弧进行编号，如图 5 - 1 所示，此处将其重新处理为图 5 - 36。有 8 个节点和 17 条弧。决策变量 x_k 表示所有在弧 $k \in A$ 上的流量。成本函数由 z 表示

目标函数为最小化总成本：
$$z = 6x_1 + 3x_2 + 3x_3 + 7x_4 + \cdots + 7x_{17}$$
主要约束：节点流守恒

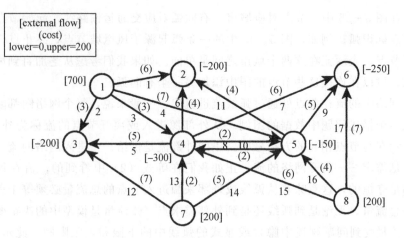

图 5-36 带有节点和弧的 NFP 表示

节点 1：$x_1 + x_2 + x_3 + x_4 = 700$

节点 2：$-x_1 - x_6 - x_{11} = -200$

节点 3：$-x_2 - x_5 - x_{12} = -200$

节点 4：$x_5 + x_6 + x_7 + x_8 - x_3 - x_{10} - x_{13} = -300$

节点 5-8 依此类推

"+"号表示从节点流出，"—"号表示从节点流入。下界和上限为 $0 \leqslant x_k \leqslant 200$，$k = 1, \cdots, 7$。

网络流模型可以用专用网络编程算法或通用线性规划求解。图 5-37 所示的解决方案演示了完整性属性。总成本 $z^* = 5300$ 美元。

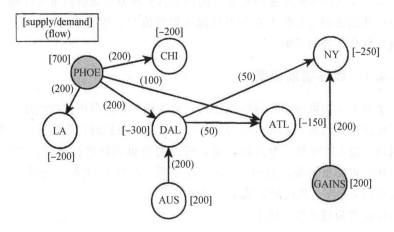

图 5-37 最优流解，$z^* = 5300$ 美元

5.4.2 可变外部流

进一步推广分配问题，我们假设供给和需求值并非如最初所述是固定的，而是更具动态性的。物流经理在分析中必须考虑以下附加信息。

• 菲尼克斯：这家工厂将停产，700 台的全部存货必须装运或报废。废品价值为每件 5 美元。

• 芝加哥：最低需求量是 200 台。不过，如果可以的话，还可以再出售 100 套，每套收入为 20 美元

• 洛杉矶：需求量为 200 台且必须满足。

• 达拉斯：合同需求为 300 台。可额外出售 100 套，每套收入 20 美元。

• 亚特兰大：需求量为 150 台且必须满足。

• 纽约：上一批货还剩下 100 台。目前没有确定的需求，但每套售价 25 美元，最多可售出 250 套。

• 奥斯汀：最大产量为 300 台，每台的制造成本为 10 美元。

• 盖恩斯维尔：要求所有定期生产的 200 台设备都必须发货。额外的 100 台可以通过加班生产，加班生产的每台成本为 14 美元。

其中一些条件表示可变的外部流，即可以在指定节点以可变数量进入或离开网络的流。我们通过添加在一个特定节点上（起始节点或终止节点）的弧来处理这种情况。表 5－4 列出了图 5－36 中添加到网络中的一组外部流动弧。"—"表示相应的弧不会在网络中的节点处产生（或终止，取决于具体情况）。

表 5－4 配电网增加的外部流量弧

External flow arcs	Origin node	Terminal node	Lower bound	Upper bound	Cost
Phoenix scrap	1	—	0	700	5
Chicago extra demand	2	—	0	100	−20
Dallas extra demand	4	—	0	100	−20
New York demand	6	—	0	250	−25
Austin extra supply	—	7	0	300	10
Gainesville extra supply	—	8	0	100	14

这些新弧中的每一条都只影响单个节点上的流量守恒约束。"成本"列中出现三个负值，代表需求可变的城市的收入。一般来说，负成本等于收入。所有新弧的下界均为零，但上界取决于附加信息。

图 5-38 显示了具有六个外部流动弧例子的最优解。从最优解中，我们注意到菲尼克斯总共提供了 700 台，而奥斯汀提供了 300 台，盖恩斯维尔提供了最低数量的 200 台。所有客户都可获得最大许可。目标函数为负（$z^* = -\$1600$），表示净利润。节点处的固定外部流对利润数字没有贡献，因为没有成本或收入与固定流相关联。

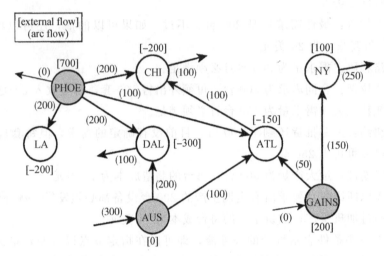

图 5-38　具有可变节点流的解，$z^* = -\$1600$

5.4.3　广义最小成本流问题

继续分析以上的分配例子，经理注意到存在运输损失的可能性。作为近似值，我们假设每个运输环节都会损失运输量的 5%。

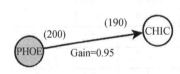

图 5-39　使用增益因子
对损失建模

我们引入一个弧增益参数来处理运输中发生的损耗或增益。增益参数乘以弧开始处的流量，得到弧结束处的流量。图 5-39 说明了增益对流量的影响。假设从菲尼克斯到芝加哥的损失为 5%，弧上的增益为 0.95。那么说明 200 个单位离开凤凰城后，只有 190 个单位到达芝加哥。

有损失问题的解如图 5-40 所示。与以前不同，流量不是整数值，芝加哥的额外需求不再得到满足，奥斯汀没有满负荷生产，更多的弧用于提供运输过程中丢失的商品，利润大大减少。最佳目标函数值现在是 $z^* = -\$494.30$。

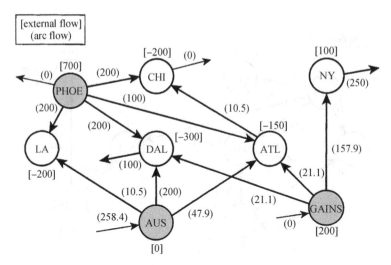

图 5-40 用增益因子表示运输损失的解，$z^* = -\$494.30$

增益是一种非常有用的建模工具。当所有弧增益为 1 时，纯 NFP 模型结果和所有解都为整数值。当一些增益不是 1 时，我们有一个不能保证整数解的广义的 NFP 模型。

5.4.4 侧面约束

重新讨论没有损失的模型，物流经理收到来自盖恩斯维尔工厂的投诉。奥斯汀正在满负荷生产和运输，而盖恩斯维尔工厂的生产能力仅为其三分之二。由于两个工厂最多可生产 300 件产品，因此经理希望了解要求两个工厂出货相同比例的产能的约束效果。其中一种方法是要求离开奥斯汀的总流量等于离开盖恩斯维尔的总流量。使用图 5-36 中的弧数，我们有

$$x_{12} + x_{13} + x_{14} - x_{15} - x_{16} - x_{17} = 0$$

该等式称为侧约束，与等式（2）不兼容。

尽管问题的本质仍然可以用网络流模型来描述，但新的要求不能用 NFP 结构处理。侧约束的增加排除了特殊用途 NFP 算法的使用。但是，我们可以简单地向 LP 模型添加边约束，并使用通用 LP 进行求解。如图 5-41 所示，最优解要求减少奥斯汀的产量，这会消除奥斯汀至亚特兰大和亚特兰大至芝加哥之间的流，并且不会满足芝加哥的可选需求。相应的利润现在是 1500 美元，下降了 100 美元，因此强制两个工厂出货相同比例的产能是不可取的。

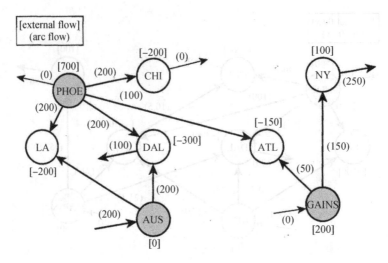

图 5-41　强制两个工厂出货相同比例的产能，$z^* = -\$1500$

5.4.5　节点限制和成本

同样是以上的分配问题，但是经理了解到通过亚特兰大的转运存在问题。机场已对转运的每个单位收取费用，并将转运限制为每周 100 个单位。此外，还有 10% 的损坏。

图 5-36 中的模型不包含此信息，因为无法在单个弧上识别代表转运量的流量。可以限制弧流量，但不限制通过节点的材料。我们通过将亚特兰大节点分成两个节点来实现这些可能性，如图 5-42 所示，并在它们之间添加一条弧线。实际通过亚特兰大的流现在在弧 18 上流动，与该流相关的任何信息都由该弧的参数来描述。

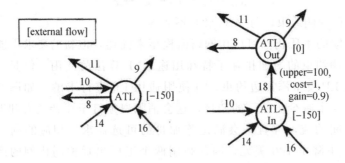

图 5-42　修改模型以包含节点限制

练　习

提供一个 NFP 模型，然后使用 Excel 插件或任何可用的软件包为以下每个问题找到最优解。

1. 解决表中给出的 4×4 分配问题。

	E	F	G	H
A	3	2	14	3
B	21	20	17	5
C	14	14	16	4
D	14	3	14	4

2. 为以下网络找到以节点 1 为根的最短路径树。

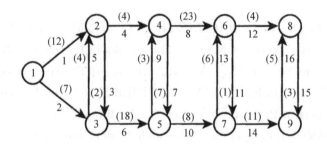

3. 给定以下有向网络。

（a）令弧上的数字代表距离，并找到以节点 1 为根的最短路径树。

（b）令数字表示流量，求从节点 1 到节点 9 的最大流量。

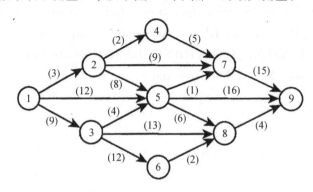

4. 画一条弧线，描述一种将木头变成椅子的植物。应该使用增益参数来反映这种转换。进入弧的流量以木材（磅）为单位。离开弧线的流量以椅子为

单位。每把椅子需要二十磅的木头。该工厂最多可加工 1000 把椅子，每把椅子的成本为 40 美元。

5. 下面的弧有一个非零的下界。写出具有零下限的等价弧。

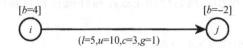

6. 一家公司为其产品提供批量折扣。前 20 个单位以每单位 5 美元的价格出售，接下来的 10 个单位以每单位 2 美元的价格出售，超过 30 个单位以每单位 1 美元的价格出售。写出描述最低成本 NFP 模型的收入函数的弧形结构。

7. 运输系统中的仓库设施有多个输入和输出路线。每单位时间必须至少有 100 个单位但不超过 1000 个单位必须通过该设施。前 500 个单位的费用为 15 美元，每增加一个单位的费用为 20 美元。为该设施构建一个网络模型。

参考文献

[1] BALL，M. O.，T. L. MAGNANTI，C. L. MONMA，G. L. NEMHAUS-ER（editors）. Network Models，Handbooks in Operations Research and Management Science［M］. Vol. 7. Amsterdam：Elsevier Science，1995.

[2] GLOVER，F.，D. KLINGMAN，N. PHILIPS. Network Models and Their Applications in Practice［M］. New York：Wiley，1992.

[3] P. A，BARD，J. F. Operations Research Models and Methods［M］. New York：John Wiley and Sons，2003.

[4] 罗纳德 . L 拉丁 . 运筹学［M］. 北京：机械工业出版社，2018.

[5] ARGIELLO，M. F，JF. BARD，G. YU（editor）. Models and Methods for Managing Airline Irregular Operations. Operations Research in the Airline Industry［M］. Boston：Kluwer Academic，1998：1—45

[6] PAULA，JENSEN，JONATHANF，BARD. Operations Research Models and Methods［M］. John Wiley and Sons，2003.

第 6 章　网络流算法

本章重点介绍 NFP 问题的算法。我们首先讨论特殊情况，包括运输问题、最短路径问题和最大流量问题及它们的变体形式，接着介绍纯最小成本流问题的原始单纯形算法。所有特殊情况均是最小成本流问题的变体，但各个求解算法都有针对性的解决方法，利于解决现实问题，因此了解这些算法很重要。

6.1　运输问题模型和算法

运输问题（Transportation Problem，TP）与寻找单个商品的最佳分配计划有关。已知条件包括商品的供给点及其可供给的商品数量、商品的需求点及其所需要的商品数量，并且还知道从各个供给点（货源）到需求点（目的地）的运输成本。假设单位运输成本恒定。从货源到目的地的最佳运输计划是达到总运输成本最低。

6.1.1　矩阵型

我们采用如图 6-1 所示的矩阵描述运输问题。矩阵左侧标识提供商品的 m 个货源名称，商品的运输目的地沿顶部排列。发源（供应）处定量显示为矩阵右侧数字，即 s_i 作为来源 i 的供应。目的地（需求）数量沿底部显示数字，即 d_j 是目的地 j 的需求。矩阵主体的数字是单位运输成本，C_{ij} 表示从来源 i 到目的地 j 的运输成本。若从给定来源无法运送到给定目的地，则在对应单元格输入 M。

第 5 章中观察的 TP 也可以表示为包括 m 个供应节点和 n 个目的节点的双向网络问题。当从来源 i 运送到目的地 j 时，两个节点之间的有向弧包含在成本系数 C_{ij} 中，"二分图"是指将节点分为两个不相交的集合。TP 之间只能在集合间而不在集合内运输。

目的地

发源地	D1	D2	...	Dn	供应
S2	c_{21}	c_{22}	...	c_{2n}	s_2
...	...			...	...
Sm	c_{m1}	c_{m2}		c_{mn}	s_m
需求	d_1	d_2		d_n	

图 6-1　运输问题的矩阵模型

大多数求解算法要求总供给等于总需求：

$$\sum_i s_i = \sum_j d_j$$

这被称为可行性性质，TP 问题的所有案例都可以该形式建模。当供求不平衡时，只需要通过添加第 $m+1$ 个虚拟货源（需求超过供应时）或者添加第 $n+1$ 个虚拟目的地（供应超过需求时），以满足平衡性要求。设 Δ 为供给或需求超出的部分，即在第一种情况下设定 $s_{m+1}=\Delta$，第二种情况下设定 $d_{n+1}=\Delta$。此外，相应的成本系数被设置为零，即对于所有 j，有 $c_{m+1,j}=0$，或者对于所有 i，有 $c_{i,n+1}=0$。

模型的解决方案是将流分配到矩阵单元格。一般情况下，若从货源 i 运输商品到目的地 j，则以单元格中的 x_{ij} 表示。对于可行解，矩阵内每行数字的总和必须等于该行右侧的供应数，矩阵内每列数字的总和必须等于该列下方的需求数。图 6-2a 给出一个数值例子，最优解决方案如图 6-2b 所示。

	D1	D2	D3	供应
S1	9	12	10	15
S2	8	15	12	15
S3	13	17	19	15
需求	10	20	15	

	D1	D2	D3	发货
S1	0	5	10	15
S2	10	0	5	15
S3	0	15	0	15
接收	10	20	15	

a. 运输模型　　　　　　　　　　b. 最优解

图 6-2　矩阵形式的运输问题实例

TP 问题还可以表示为线性规划（LP）问题，因此可以使用第 3 章中描述的单纯形法来求解，且问题的特殊结构可以大大简化标准的单纯形方法。接下来，我们假设可行性成立，即在总供给等于总需求情况下求解。

将图 6-3 所示的例子用矩阵（表格）形式表示。运输表与通常用于求解线性程序（LPs）的单纯形表格不同，本例有三个来源和五个目的地。来源处的供应显示在右侧，目的地的需求显示在底部。

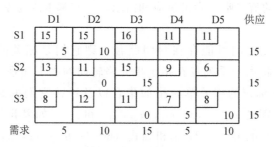

图 6 - 3　运输例子

单元和供需组合一一对应。运输的单位成本是该单元格左上角的框号，每个单元格中的数值是分配给该单元格的流。例如，$x_{12} = 10$ 表示从 S_1 到 D_2 有 10 个单位的流量。因为总供应等于总需求，每行的流加起来等于相应来源的供应，每列中的流加起来等于相应目的地的需求。图 6 - 3 显示的流是可行解，但不是最优解。本章目标是建立确定最佳流的算法，即找到总成本最小的流。

6.1.2　理论

为将运输问题转化为 LP 问题，我们将 x_{ij} 设为从来源 i 到目的地 j 的流量，目标为最小化总运输成本，即

$$\min \sum_{i=1}^{m} \sum_{j=1}^{n} d_{ij} x_{ij}$$

约束如下：

$$\sum_{j=1}^{n} x_{ij} = s_i, i = 1, \cdots, m \tag{6-1}$$

$$\sum_{i=1}^{m} x_{ij} = d_j, j = 1, \cdots, n \tag{6-2}$$

尽管以上对每个源和目标都有类似的限制，但可证明一个等式是冗余的（即线性相关）。这可以通过将 m 个供给约束和 n 个需求约束分别相加，并由于这两个和相等，可得其相关性。因此，以上 $m + n$ 个约束方程线性相关，$m + n - 1$ 个方程线性无关。

1. 基解

原始问题有 $n + m$ 个约束，其中一个是冗余的。基本的解决方案通过选择 $n + m - 1$ 个独立变量来确定此问题。基础的变量假定值满足供求方程，而非基变量为零。

例子中，$m = 3$，$n = 5$，基变量数量为 7。图 6 - 3 显示其中一个基解。七

个基本单元格中的流能唯一满足供应和需求，一些基本流为零表明该基解是退化的。

若表格的单元格间可能存在封闭路径，则它们是相关的且不会形成基解，这样的路径将由一系列仅在指定单元格转向的水平和垂直移动组成。图 6-4 描绘了用 x 标记的相关单元格的集合以及连接它们的封闭路径。关联的单元格变量分别是 x_{12}，x_{15}，x_{22}，x_{23}，x_{33} 和 x_{35}。如果我们写出相应的方程 [等式（6-1）的 $i=1$，2，3 和等式（6-2）的 $j=2$，3，5]，就会发现线性相关。

基解是不包含相关子集的 $n+m-1$ 个单元的任何集合，其将流分配给满足供应和需求约束的基本单元格。若所有流均为非负，则该解是可行的。基于线性规划理论，我们知道有一个最优解是基可行解（BPS）。

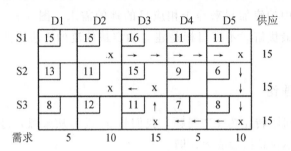

图 6-4　相关单元格

单元格的流必须非负

$$x_{ij} \geqslant 0,\ i=1,\ \cdots,\ m;\ j=1,\ \cdots,\ n$$

2. 对偶线性规划模型

为了制定运输 LP 模型的对偶公式，在原始公式中为每个约束引入变量。令 u_i 和 v_j 分别对应等式（6-1）和（6-2）的对偶变量。按照第 4.2 节中的过程，确定对偶问题是

$$\max \sum_{i=1}^{m} s_i u_i + \sum_{j=1}^{n} d_j v_j$$
$$u_i + v_j \leqslant c_{ij},\ i=1,\cdots,m;\ j=1,\cdots,n \qquad (6-3)$$

u_i 和 v_j 的值均不受所有 i 和 j 的符号限制。

3. 最优条件

基于对偶理论可知，原解和对偶可行解的互补对是各自问题的最优解。为了简化讨论，我们将一般对偶约束（6-3）的松弛变量定义为 w_u，其中

$$w_{ij} = c_{ij} - u_i - v_j \qquad (6-4)$$

128

实际上，w_{ij} 是与原始变量 x_{ij} 相关的降低的成本；因此，用 x_{ij} 的单位变化量来度量目标函数的变化，互补松弛性表明，对于每一个基本的原始变量，其对应的双重约束必须满足一个等式。即

$$\forall\, x_{ij}\,, w_{ij}=0 \text{ or } c_{ij}=u_i+v_j \tag{6-5}$$

由于有冗余的原始约束，对偶变量中的一个可以任意地为零。其他的可以用公式（6-5）来确定。如果对偶解满足所有的对偶约束，则原解和对偶解都是最优的。对偶可行性的条件是

$$\forall\, \text{非基单元格}, w_{ij}\geqslant 0 \text{ or } c_{ij}\geqslant u_i+v_j \tag{6-6}$$

这个结果是本节求解算法的基础。

在数值例子中，我们使用图 6-5 中的矩阵结构来描述对偶变量和对应的对偶松弛。变量 u_i 显示在右侧；变量 v_j 显示在底部。对偶松弛变量 w_{ij} 显示在非基本单元格的右上角。例如 $w_{14}=4$，基本单元格情中，这些值为零，从矩阵中省略。

对于任何 BFS，x 和 0 的值被任意分配给 u_i 或者 v_j 中的一个。手动计算时，我们将 0 值赋给具有最基本单元格的行或列，这简化了确定其他对偶值的过程。给定基本单元，计算剩余的 $n+m-1$ 对偶变量的值，这可以通过反代换法求解由式（6-5）给出的 $n+m-1$ 联立方程来实现。注意，不要求 u_i 或者 v_j 是非负的。一旦对偶变量被确定，采用式（6-4）计算可得到非基本单元 w_{ij} 的值。

图 6-5 显示了当前 BFS 的完整表格。对于基本单元，有一个满足供应和需求的流的唯一分配。一旦其中一个对偶变量被赋值为 0，其他变量唯一确定。w_{ij} 的值实际上是允许 x_{ij} 进入基底的边际效益。由于一些 w_{ij} 项为负，图 6-5 的基不是最优解。$w_{25}=-6$ 的值表明，x_{25} 每增加 1 个单位，目标函数减少 6 个单位。

	D1		D2		D3		D4		D5		供应	u_i
S1	15		15		16	−3	11	−4	11	−5		
		5		10							15	8
S2	13	2	11		15		9	−2	6	−6		
				0		15					15	4
S3	8	1	12	5	11		7		8			
						0		5		10	15	0
需求		5		10		15		5		10		
v_j		7		7		11		7		8		

图 6-5　矩阵中显示对偶变量

6.1.4 单纯形法

步骤 1：构建初始表格

建立初始表格，选择一些独立的初始问题可行解的基本单元格选择集。在此基础上保留基变量（单元流）的唯一值，并将它们放入单元格中。

步骤 2：计算当前基的对偶变量并检查其最优性

a. 在某行或列中为对偶变量赋值 0。确定其他对偶变量的值，如互补松弛条件（$w_{ij}=0$ 对于基本单元格）要满足，并把这些值放在表格的边界上。

b. 对于每个非基本单元，计算双重松弛变量 w_{ij}，并将其放在单元的右上角。

c. 若 w_{ij} 的所有值都是非负的（降低的成本都是非负的），则停止使用最优方案；否则，转到步骤 3。

步骤 3：改变基解

a.（查找要入基）选择输入单元格为 w_{ij} 值最负的单元格。

b.（查找单元格离开基准：比率测试）标识从输入单元格开始，仅通过基本单元格并返回到输入单元格的（唯一）循环。将表格中的循环显示为连接循环中成对的单元格的一系列垂直和水平线。用加号（＋）标记输入的单元格，用减号（－）标记循环中的第一个基本单元格。在循环中的每个基本单元格上交替使用加号或减号标记，直到路径返回到输入单元格为止。找到标有负号且流量值最小的基本单元格：这是要保留基础的单元格。如果有平局，任意选择任何一个已绑定的单元格。未选择的单元格将保持基本状态，但在透视操作期间将变为零，表明 BFS 退化。令 δ 为离开单元格基变量的值。

c.（改变基解：旋转）对于标记为加号的循环中的每个单元，将基变量增加 δ。对于标记为减号的循环中的每个单元，将基变量减少 δ。从基中移除离开的单元格，添加输入单元格到基中，且流等于 δ。

d. 回到步骤 2。

我们将从图 6-5 所示的基解决方案开始，通过 3x5 示例演示该算法的工作原理。算法的任何迭代都可以用类似图 6-6 所示的表格描述。基本单元格是具有黑体粗字流值的单元格。对偶松弛变量是计算非基本单元格并显示在右上角。一个 w_{ij} 为负的单元格，被选中输入基，用加号表示。最小的负值是 $w_{25}=-6$，所以选择 x_{25} 作为输入变量，我们发现由这个单元格和组成当前基的单元格子集形成的唯一循环。垂直和水平箭头表示循环中的单元格：$(2，5)\rightarrow$ $(3，5)-(3，3)\rightarrow(2，3)\rightarrow(2，5)$。箭头旁边的符号表示基流改变的方向，这些符号在循环中的单元格中交替出现。图 6-6 显示了算法第一次迭代的步骤。

	D1	D2	D3	D4	D5	供应	u_i
S1	15 / 5	15 / 10	16 −3	11 −4	11 −5	15	8
S2	13 2	11 / 0	15 → − 15	9 −2	6 −6 ↓ +	15	4
S3	8 1	12 5	11 ↑ + 0	7 / 5	8 ← − 10	15	0
需求	5	10	15	5	10		
v_j	7	7	11	7	8		

图 6 - 6　第一次迭代，x_{25} 进入基，x_{35} 离开基，$\delta = 10$

带有负号的单元格决定循环中的最大流量变化，因此也决定离开基的变量。本例中，单元格（2，3）和（3，5）的流量减少。这两个单元格的最小流量决定了流量的变化，$\delta = \min(15, 10) = 10$。基的变化将使单元格（2，5）进入基，单元格（3，5）离开。图 6 - 7 显示第二次迭代的表格。

	D1	D2	D3	D4	D5	供应	u_i
S1	15 / 5	15 → − 10	16 −3	11 −4 ↓ +	11 1	15	4
S2	13 2	11 ↑ + 0	15 ← − 5	9 −2	6 / 10	15	0
S3	8 1	12 5	11 ↑ + 10	7 ← − 5	8 6	15	−4
需求	5	10	15	5	10		
v_j	11	11	15	11	6		

图 6 - 7　第 2 次迭代，x_{14} 进入基，x_{23} 离开基，$\delta = 5$

第二次迭代选择单元格（1，4）来当输入基。形成的循环由箭头表示，流动方向的变化由相邻的正、负符号表示。单元格中含有负号的最小流量是流量变化的值 $\delta = \min(10, 5, 5) = 5$。两个单元格（2，3）和（3，4）都有 5 这个值，我们通常果断的选择（2，3）。由于离开变量的关系，在下一个表中 x_{34} 流也将为零，这表明它是一个退化解。

其余的迭代如图 6 - 8 到 6 - 10 所示。在迭代 3 结束时，流变化值是 $\delta = 0$，因此输入的变量是 $x_{31} = 0$。这相当于一个退化的枢轴，可能导致循环，但算法仍在继续，并在迭代 4 中取得进展。在最后的表格（如图 6 - 10 所示）中，w_{ij} 的所有值都是非负的，表示找到最优解。

	D1	D2	D3	D4	D5	供应	u_i
S1	15 15	15	16 −2	11	11 1	15	0
	→−5	5	↓+	5			
S2	13 2	11	15 1	9 2	6	15	−4
		5			10		
S3	8	12 4	11	7 3	8 5	15	−7
	↑+ 0		←−15				
需求	5	10	15	5	10		
v_j	15	15	18	11	10		

图 6-8 第 3 次迭代，x_{31} 进入基，x_{34} 离开基，$\delta = 0$

	D1	D2	D3	D4	D5	供应	u_i
S1	15 15	15	16 −2	11	11 1	15	0
	→−5	5	↓+	5			
S2	13 2	11	15 1	9 2	6	15	−4
		5			10		
S3	8	12 4	11	7 3	8 5	15	−7
	↑+ 0		←−15				
需求	5	10	15	5	10		
v_j	15	15	18	11	10		

图 6-9 第 4 次迭代，x_{13} 进入基，x_{11} 离开基，$\delta = 5$

	D1	D2	D3	D4	D5	供应	u_i
S1	15 2	15	16	11	11 1	15	0
		5	5	5			
S2	13 4	11	15 3	9 2	6	15	−4
		5			10		
S3	8	12 2	11	7 1	8 3	15	−5
	5		10				
需求	5	10	15	5	10		
v_j	13	15	16	11	10		

图 6-10 最优解

6.1.5 找到初始基可行解

单纯形算法需要一个基本的可行解来启动。提出一个通用的算法来找到解决方案和对应的三个实现方案，该算法的思想是划掉行和列，直到所有的供应都找到用完且满足所有需求；最后，假设可行性成立。

初始化步骤：构造一个显示所有问题参数的表格，此时没有划掉行或列。

迭代过程：根据一些标准，选择一个没有被划掉的单元格。让这个单元格作为基。为单元格的基变量分配一个值，该变量使用行中剩余的供应或列中剩余的需求（即选择两者中较小者）。根据分配的数量减少行的剩余供应和列的剩余需求。划掉供应或需求为 0 的行或列。若两个都是 0，只划掉一个，这种情况表明 BFS 是退化的。

停止规则是若只剩下一行或一列，则让所有尚未划掉的单元格成为基本单元，并将所有剩余的供应或需求分配给它们，使用选定单元格定义 BFS 停止。如果还剩下多于一行和多于一列，则进入迭代步骤。

在迭代步骤中有许多选择规则的可能性，它们在执行这些任务所需的工作量和产生的最初解决方案的质量方面有所不同。对于计算机实现来说，更简单的方法往往更有效，因为运输单纯形算法的迭代步骤非常有效，下面我们将介绍几种替代方法。

1. 西北角规则（Northwest Corner Rule）

表格的左上角即为西北角。根据西北角规则，选择最接近西北角的未交叉单元格。图 6 - 3 中的初始解是利用这条规则得到。注意，在第二次迭代中选择 cell (1, 2) 时，行 1 中的供应和列 2 中的需求均被耗尽，所以 $s_1 = 0$，$d_2 = 0$。行或列可以划掉，我们划掉了第 1 行，留下 (2, 2) 作为左上角未交叉的单元格，其在 $x_{22} = 0$ 时变为一个基，表明是一个退化解。那么第 2 列被划掉，算法继续。

2. 沃格尔法（Vogel's Method）

该过程提前一步并构造一个惩罚，不能将流分配给成本最小的行或列中的其余单元，而是必须选择成本第二小的单元格。其思想是确定与每个可能的任务相关的机会成本，然后选择机会成本最大的单元格。首先，对于每一个未交叉的行，计算行中最小成本与第二小成本之间的差异，并对所有未交叉的列执行相同的操作。选择差最大的行或列，规则是在选择的行或列中以最小的代价选择未交叉的单元格。当手算完成时，沃格尔法通常可以在表格上完成。在每次迭代中，基变量的选择都伴随着行或列的删除以及供应、需求和相应差的重新计算。然而表格会变得非常混乱，我们建议使用表 6 - 1 中所示的格式并加上运输矩阵。表中的每一行都列出了行和列的差异、分配的基变量、需求和供应的调整以及划掉的行或列。将沃格尔法应用于示例时，得到如图 6 - 10 所示的最优解决方案。

表 6-1　沃格尔计算的格式

迭代次数	行差			列差					基变量	处理
	1	2	3	1	2	3	4	5		
1	0	3	1	5	1	4	2	2	$x_{31}=5$	$d=0$，$s_3=10$ 划掉第 1 列
2	0	3	1	—	1	4	2	2	$x_{33}=10$	$d_3=5$，$s_3=0$ 划掉第 3 列
3	0	3	—	—	4	—	1	5	$x_{25}=10$	$d_5=0$，$s_2=5$ 划掉第 5 列
4	4	2	—	—	4	—	1	—	$x_{14}=5$	$d_4=0$，$s_1=10$ 划掉第 4 列
5	1	4	—	—	4	—	—	—	$x_{22}=5$	$d_2=5$，$s_2=0$ 划掉第 2 行
6	只剩下第 1 行								$x_{12}=5$	$d_2=0$，$s_1=5$
7	只剩下第 1 行								$x_{13}=5$	$d_3=0$，$s_1=0$

3. 罗素法（Russell's Method）

此方法近似计算尚未分配的每个单元的降低成本值，然后使用最速下降规则选择进入基单元。在每个未交叉的行和列的每次迭代中，发现以下内容

$$\bar{u}_i = \text{最大交叉成本 } c_{ij}，\text{在第 } i \text{ 行}$$

$$\bar{v}_j = \text{最大交叉成本 } c_{ij}，\text{在第 } j \text{ 列}$$

对于每个未交叉单元格我们可以计算

$$\Delta_{ij} = c_{ij} - \bar{u}_i - \bar{v}_j$$

规则是选择Δ_{ij}负值最大的未交叉单元格（最小值）。以罗素法为例，我们得到了表 6-2 中的结果。由此可见，得到的基可行解也是最优。

表 6-2　罗素法的计算

迭代次数	行 ($\bar{u}_i$)			列 ($\bar{v}_j$)					基变量	处理
	1	2	3	1	2	3	4	5		
1	16	15	12	15	15	16	11	11	$x_{25}=10$	$d_5=0$，$s_2=5$ 划掉第 5 列
2	16	15	12	15	15	16	11	—	$x_{22}=5$	$d_2=5$，$s_2=0$ 划掉第 2 行
3	16	—	12	15	15	16	11	—	$x_{31}=5$	$d=0$，$s_3=10$ 划掉第 1 列
4	16	—	12	—	15	16	11	—	$x_{33}=10$	$d_3=5$，$s_3=0$ 划掉第 3 行
5	只剩下第 1 行								$x_{12}=5$	$d_2=0$，$s_1=10$
6	只剩下第 1 行								$x_{13}=5$	$d_3=0$，$s_1=5$
7	只剩下第 1 行								$x_{14}=5$	$d_4=0$，$s_1=0$

6.1.6　退化和循环

对于网络型问题，通常在执行单纯形法时遇到退化的基可行解，在求解

TP 的过程中可能会出现一些退化点，存在循环的可能性。当这种现象发生时，算法通过一系列退化的基解进行循环，没有实际的流量变化且永不终止。虽然不影响实际应用，但这里将会介绍一种解决这个问题的扰动方法，该方法的理论基础由 Murty（1992）等人讨论。

参照公式（6-1）和（6-2），设 s_i 和 d_j 具有严格正和可行性。也就是 $\sum_i s_i = \sum_j d_j$。我们现在扰动 s_i 变为 $\hat{s}_i = s_i + \in$，其中 $i = 1, \cdots m$。我们让 $d_1, \cdots, d_n$ 没有变化，但扰动 d_n 变为 $\hat{d}_n = d_n + \in$。这里，$\in 0$ 是一个很小的数字。如果 s_i 和 d_j 是正整数，可以取任何小于 $1/2m$ 的正数。但不需要给 $\in$ 赋一个具体的值，它可以作为一个参数，当作一个计算过程中最小的正数。

通过上述替换，我们用运输单纯形算法解决了扰动问题。所有的基可行解都是非退化的，形式为 $\overline{x}_{ij} + \in \hat{x}_{ij}$，其中 $\overline{x}_{ij}$ 是原方程右边常数 s_i，d_j 的解，$\hat{x}_{ij}$ 是原方程右边常数的解，等于扰动问题中 $\in$ 的系数。求解方法是分别维持和更新 $\overline{x}_{ij}$ 和 $\hat{x}_{ij}$，解决方案中 x_{ij} 的值是 $\overline{x}_{ij} + \in \hat{x}_{ij}$。

6.1.7 分配问题（Assignment Problem）

当所有的来源都有一个供应单位且所有目的地都有一个需求单位时，TP 就会出现一个特殊情形。由此产生的模型被称为分配问题（AP），可以解释为从每个来源向每个目的地运输一个单位的商品以最小化总成本的平衡情况。要平衡模型，来源点的数量必须等于目的地的数量，这个数被称为 n。常见的案例包括给 n 个工人分配 n 个任务，或将 n 个工作分配给 n 台机器运行。

这个 LP 模型可描述如下：

$$\min \sum_{i=1}^n \sum_{j=1}^n c_{ij} x_{ij}$$

$$\text{s. t.} \sum_{j=1}^n x_{ij} = 1, i = 1, \cdots, n$$

$$\sum_{i=1}^n x_{ij} = 1, j = 1, \cdots, n$$

$$x_{ij} \geqslant 0, \ i=1, \cdots, n \, and \, j=1, \cdots, n$$

用于解决运输问题的程序也可用于解决分配问题。基于其特殊的结构，AP 设计了几种高效的算法。这些算法将在本章后面提及。在实际应用中，大规模的运输和分配问题一般用网络单纯形码来解决。

6.2 最短路径算法

本节研究的问题是寻找构成有向网络中 m 个节点和 n 个弧的最短路径的

弧集合，从一个指定的节点 s（称为源节点）到第二个指定节点 t（称为目标节点或接收节点）。图 6-11 显示一典型的网络，其中 $s=1$，$t=10$。圆括号内弧的参数是弧长，每个弧按顺序编号并定向。总可以将一个（部分）无向网络转换为一个有向网络，用两个有向弧 (i, j) 和 (j, i) 替换长度为 $L(i, j)$ 的每条无向边 $e(i, j)$。

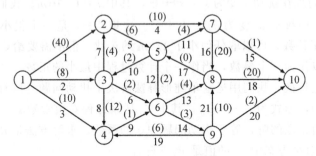

图 6-11 显示弧长网络

我们还考虑从源节点到网络中所有其他节点的最短路径集。图 6-12 显示了在节点 1 处带有源的最短路径树。图中的网络是一个生成树的例子，根据定义，生成树是连接所有节点但不包含循环的弧的子集。

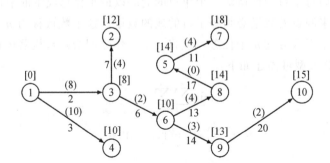

图 6-12 以节点 1 为根的最短路径树

下面我们提出两种求解最短路径问题的算法。第一种是 Dijkstra 算法，当所有的弧长都是非负时，得到最优解。若某些长度为负但不存在负循环，则可使用原始单纯形求解算法，即第二个算法。

6.2.1 Dijkstra 算法

如图 6-11 所示，当所有的弧长都是非负的，Dijkstra 算法可以解决最短路径（树）问题。从源节点开始，算法在每个后续迭代中找到从源节点到一个附加节点的最短路径。这个过程需要 $m-1$ 次迭代来找到最短路径树，其中 m 是网络中的节点数。

Dijkstra 算法使用一个集合 S，称为"求解节点集"。该集合包括在算法中当前点已经确定最短路径的节点。未解集 $\overline{S}$ 中的节点是不在 S 中的节点。迭代时，算法将对网络中的每个节点赋值 π_i，其中 π_i 为从源节点 s 经过 S 的成员到节点 i 的最短路径长度。注意，π 的值等价于对偶问题的 LP 公式相关的对偶变量。在算法的最后，π_i 是到节点 i 的最短路径的长度，在接下来的讨论中，A 是所有弧的集合，c_k 是弧的长度，$k \in A$。

1. 算法

初始，令 $S=s$，$\pi_s=0$。

重复下述步骤，直到 S 是所有节点的集合：

找到弧 $k(i, j)$ 从已解节点到未解节点使得：

$$k(i,j)=\operatorname{argmin}\{\pi_{i'}+c_{k'}:k'(i',j')\in A,i'\in S,j\in\overline{S}\}$$

添加节点 j 和弧 $k(i, j)$ 到树上，添加节点 j 到解集 S。令 $\pi_j=\pi_i+c_k$，其中 $k\equiv k(i, j)$。

在每次迭代中，算法通过已解节点计算每个未解节点的路径长度。将具有最短路径长度的未解节点添加到已解集 S 中。当获得一个生成树时，进程终止。由于每个步骤都要向树中添加一个节点，因此算法需要 $m-1$ 次迭代。该算法是基于非负弧长假设的。

这种算法适用于具有无向边的图，其中每条边的长度都是非负。在迭代步骤中，我们用弧集 A 替换为边集 E，将"弧"替换为"边"。该算法的结果是一个无向生成树，从中可以确定从节点 s 到其他每个节点的最短路径。

2. 例子

我们希望在图 6-11 中的网络中找到根节点 1 的最短路径树，该算法适用于求解该问题。图 6-13 显示分配给树的 5 个节点的中间情况，$S=\{1, 3, 4, 6, 2\}$ 和对应弧 $\{2，3，6，7\}$（注意，集合中项目的顺序显示了算法添加它们的顺序）。括号中的黑体数字表示与 S 中的节点相关联的 π 的值。例如，到节点 6 的最短路径长度是 10。$\overline{S}$ 中节点相邻方括号内的数字表示仅通过 S 中节点的未解节点的最短路径长度，如通过 S 到节点 8 的最短路径长度为 14。该算法现在选择与最小 π_i 相关的弧和节点，其中 $i\in S$。它的选择为 $\min\{18, 22, 14, 13\}=13$，则节点 9 和弧 14 加入树中。

3. 表格实现

算法的另一种形式是借助一个有七列的表来表示。

初始化：令 $h=1$ 和设 s 是初始节点。令 $S=\{s\}$，$\pi_s=0$。

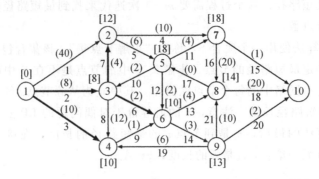

图 6-13　节点集 $S=\{1, 3, 4, 6, 2\}$ 的 Dijkstra 算法中的中间点

重复迭代步骤：直到所有节点都在集合 S 中。

a. 开发下列表格

第 1 列：h 的值，在任意步骤中，h 为 S 中的节点数。

第 2 列：在 S（已解集）的集合中找到所有至少有一条弧连接到未解节点的节点。

第 3 列：找到列 2 中列出的所有节点最近的未解节点并在第 3 列中列出。

第 4 列：设 i 为第 2 列所列节点的索引，设 j 为第 3 列所列对应节点的索引，设 k 为第 i 和第 i 列所列节点的索引，并计算 $\pi'_j = \pi_i + c_k$，最后在第 4 列中列出这些数字。

第 5 列：选择列 4 中最小的数字，任意打破均衡。计算出最小值的节点，令 i 和 j 分别为第 2 列和第三列中的节点，并在第 5 列显示节点 j。

第 6 列：计算到添加的节点的最短路径的长度，这是从第 4 列得到的最小值。

第 7 列：显示弧 $k(i.j)$。将节点 j 和弧 k 添加到最短路径树中。

b. 将节点 j 添加到 S 中，令 $\pi_j = \pi_{j'}$。

图 6-11 所示示例的算法步骤如表 6-3 所示。最优树如图 6-12 所示。

6.2.2　原始单纯形算法

原始单纯形算法也可用于求解最短路径树问题，不限于所有非负弧长的情况。但要求不存在总长度为负的有向循环。若存在这样的循环，则用所选的弧来确定循环，这意味着相关的 LP 有一个无界的解。

与所有基于单纯形的过程一样，最短路径问题的最优解是最基本的。最短路径问题的算法利用了一个关键的性质，即构成一个生成树的任何弧集合都是一个基解，这也是 6.4 节中讨论的纯最小成本流规划算法的变体。

表 6-3 计算如图 6-1 所示网络的最短路径

h	已解节点	最近的未解节点	到未解节点的路径长度	添加到解集的节点	最短路径的长度	添加到树的弧
1	1	3	8	3	8	2
2	1	4	10	4	10	3
	3	6	10			
3	1	2	40	6	10	6
	3	6	10			
	4	6	11			
4	1	2	40	2	12	7
	3	2	12			
	6	9	13			
5	2	5	18	9	13	14
	6	9	13			
6	2	5	18	8	14	13
	6	8	14			
	9	10	15			
7	2	5	18	5	14	17
	8	5	14			
	9	10	15			
8	2	7	22	10	15	20
	5	7	18			
	8	10	34			
	9	10	15			
9	2	7	22	7	18	11
	5	7	18			

1. 步骤

步骤 1：从一个由生成树的弧描述的基开始。赋对偶值 $\pi_s = 0$ 给源节点 s。

步骤 2：重复，直到所有降低的成本都是非负。

a. 计算除源节点 s 外的所有节点的对偶值，使弧 $k(i, j)$ 在基上，$\pi_j = \pi_i + c_k$。

b. 计算每个非基本 $k(i, j)$ 的降低成本 d_k，其中 $d_k = \pi_i + c_k - \pi_j$。

c. 选择 $d0$ 的非基本弧，称为进入弧。离开的弧是当前进入节点 j 的树中的弧。

d. 通过从树中移除离开的弧并添加进入的弧来改变基底。若这个操作形成一个循环，则停止，由于网络包含一个负循环。否则，重复步骤 2。

2. 例子

我们使用图 6-11 中的示例问题来演示计算，假设弧 4(2，7) 的长度是
—10，而不是 10。图 6-12 所示的弧形成了初始基，图中节点标签与算法步
骤 2a 中计算的 t 值相等。当 $c_4 = -10$ 时，计算弧 4。

$$d_4 = c_4 + \pi_2 - \pi_1 = -10 + 12 - 18 = -16$$

由于 d_4 是负的，则弧 4 作为输入基。根据步骤 2c，当前进入节点 7、弧
11 的弧离开基。我们改变基并得到新的生成树，如图 6-14 所示。对偶值与
括号中的节点无关。

在下一个迭代中，发现弧 15 是一个候选的基，所以图 6-14 中的解决方
案不是最优。如允许弧 15 进入基。弧 20 离开基，最后得到图 6-15 中的解决
方案，即为最优解。

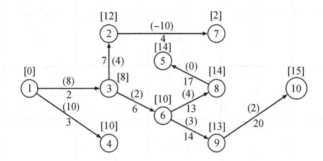

图 6-14 弧 4 进入且弧 11 离开基后的新基

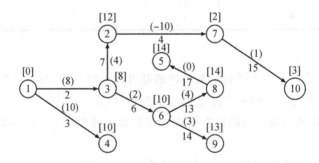

图 6-15 弧 15 进入且弧 20 离开基后的最优基解

6.3 最大流算法

在本节中，我们考虑一个有 m 个节点和 n 个弧的有向网络，其中唯一相

关的参数是弧流的上界，称为弧容量。问题是找出可以从指定节点 s（称为源）通过网络发送到第二个指定节点 t（称为汇集点）的最大流量。现实中的应用包括查找通过作业车间的最大订单流量、通过雨水管系统的最大流量以及通过分配系统的最大产品流量等。

源节点 $s=A$ 和汇聚节点 $t=F$ 的具体实例及其解如图 6-16 所示。注意解是将流分配给弧。在可行性上，除了源节点和汇集节点外，每个节点（流＝流出）都需要流量平衡或流量守恒，且每个弧流必须小于或等于其容量。图中的解表示从 A 到 F 的流量为 15，是最大值。

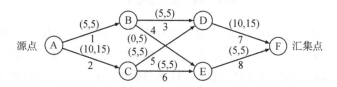

图 6-16　最大流量问题的解

一条割是一组弧，将其移除会中断从源节点到汇聚节点的所有路径。割的容量是集合的弧容量的和。最小割是具有最小容量的割。给定最大流量问题的解，总是可以找到至少一个最小割，如图 6-17 所示。最小割是限制最大流的弧的集合。这个例子表明，最小割的弧的总容量等于最大流量的值（最大流最小割定理）。这一小节描述的算法解决了最大流和最小割这两种问题。

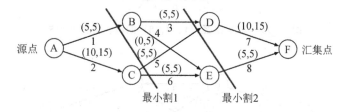

图 6-17　最大流决定的最小割

6.3.1　流增强算法（Flow Augmenting Algorithm）

传统的求解最大流量问题的方法是使用 Ford 和 Fulkerson（1962）开发的流量扩充算法。该算法从一组可行的弧流开始，得到了流出源节点和流入汇聚节点的 v_0 值。然后在网络中搜索一组从源到汇聚的连接弧，其剩余容量为正，称为流扩充路径。流量沿着这条路径增加，直到找不到这样的路径，算法终止。

在阐述这个过程之前，我们在图 6-16 中说明了网络的一般思想。在演示中，令 x_k 表示弧 k 上的流。对于初始解，令所有弧流量为 0，得到 $v_0=0$，如图 6-18 所示。

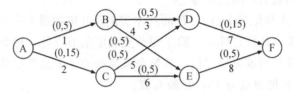

图 6-18　初始流量 $v_0=0$

当流量小于容量 ($x_k < u_k$) 时，弧中的流量可能会增加。当流量大于零 ($x_k > 0$) 时，弧中的流量可能会减少。当弧流增大时，流量增大路径在正向穿过弧；当弧流减小时，反向穿过弧。对于初始解，存在多条流量增大路径。如图 6-19 所示，选择路径 $P_1=(1,4,8)$，将该路径流增加 5 则得到解。

通过观察，我们发现在图 6-19 中有另一条增加流量的路径，即 $P_2=(2,5,7)$，将这条路径上的流量增加 5，得到的解如图 6-20 所示。

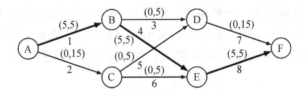

图 6-19　增加路径 (1, 4, 8) 的流，得到 $v_1=5$

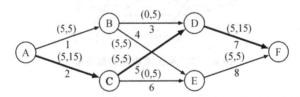

图 6-20　增加路径 (2, 5, 7) 的流，得到 $v_2=10$

在图 6-20 中，我们发现了一个不同于前面描述的从 A 中搜索的两个不同性质的流扩展路径，我们发现流可以在弧 2 和弧 6 中增加，但接下来的弧 8 不能增加，由于其流比 0 大，我们可以通过减少弧 4 中的流量来增加从节点 E 到节点 B 的流量。最后，由于这些弧中的流小于弧容量，弧 3 和弧 7 中的流可以增加。描述这一系列流动变化的路径是 $P_3=(2,6,-4,3,7)$，其中正数表示流动增加的弧，负数表示流动减少的弧。沿着这条路径，流可以增加5，得到如图 6-21 所示的结果。

对图 6-21 进行检查，没有发现额外的流量增加路径，因此获得了最大流量。为了找到最小割，我们确定了一组节点集，记为 S，使得从源节点到 S 中的节点存在一条或多条路径并且额外的流可以在这些路径上传递。源节点必然在 S 中，离开 S 的弧集包含最小割。例如，从节点 A 开始，我们只能通过一条拥有额外流量的弧到达节点 C。因此，额外的流推进到节点集 $S=\{A, C\}$。其余节点定义为 $\overline{S}=\{B, DB, E, F\}$。最小割包括从 S 到 $\overline{S}$ 的所有弧。在本例，这些弧在集合 $C=\{1, 5, 6\}$ 中。最小割上的弧内的流是各自的弧容量，因为割是总流的上限。从 $\overline{S}$ 到 S 的弧内的流为零是合乎逻辑的。

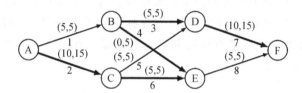

图 6-21 增加路径 (2, 6, -4, 3, 7) 的流，得到 $v_3=15$

1. 正式算法

我们首先将源节点定义为 s，将汇聚节点定义为 t。初始可行流解可以由算法得到，其中流入节点 t（和流出节点 s）的流量等于 v_0。

执行下列操作，直到找不到流扩展路径为止。

a. 找到弧序列 $P=(k_1, k_2, \cdots, k_p)$，其中 p 为路径上的弧的数量。（正方向通过的弧带正号，反方向通过的弧带负号。）

b. 确定沿路径增加的最大流量。

$$\delta=\min \begin{cases} \min(u_k-x_k:k>0, & k\in p) \\ \min(x_{-k}:k<0, & k\in p) \end{cases}$$

c. 改变路径上弧的流向。令 x_k' 表示新的流量。对于路径 P 上的每一个弧 k，有

$$x_k'=x_k+\delta, \text{ if } k>0 \text{ and } x_k'=x_k-\delta, \text{ if } k<0$$

该算法不是从单纯形法推导出来的，也没有基解，这是解决网络流问题的一大类非单纯形算法的代表。

2. 寻找流扩展路径

在实例问题中，通过观察发现流扩展路径。对于较大的网络和计算实施，需要一个更正式的算法，下面描述的算法是一个搜索过程。从 s 开始，标记所

有节点，从中可以找到来自 s 的流扩展路径。当节点 t 被标记并且找到了通往 t 的所需的流扩展路径时，我们就有了一个突破。算法开始时，除了 s 外，所有节点都没有被标记。在探索了从节点出发的所有途径之后，再"检查"被标记的节点。最开始时，所有节点都是未标记的。

3. 标记算法

执行下列操作，直到节点 t 被标记，或者不存在标记为未检查的节点：

a. 选择被标记但未被检查的节点 i。对于每个弧 $k(i, j)$，源自节点 i，节点 j 未被标记并且 $x_k < u_k$，用 k 标记节点 j。对于每个弧 $k(j, i)$，终止于节点 i，节点 j 未被标记且 $x_k > 0$，将节点 j 标记为 $-k$。

b. 检查节点 i。若该算法以 t 被标记而终止，则通过跟踪从 t 向后的路径并根据遇到的标记构造 P 来找到流扩展路径。若算法以 t 未标记结束，则不存在流扩展路径。以图 6-20 的为例，首先标记和检查节点 C，随后是节点 E、B、D 和 F。由此产生的节点标记和检查分别显示在图 6-22 所示的节点上，"x"表示选中某个节点。

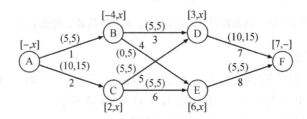

图 6-22　标记算法的说明

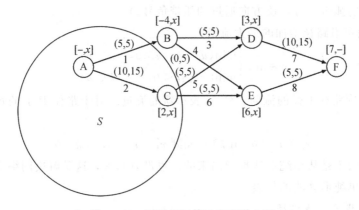

图 6-23　通过标记算法发现最小割

当节点 F 被标记时，表明找到流扩展路径。节点 F 上的标记表示路径上的最后一个弧是 7。节点 D 是这个弧段的起点，所以我们从节点 D 上的标记找到路径上的下一个弧，这个过程一直持续到发现路径 $P = (2, 6, -4, 3, 7)$ 终止。

当我们将算法应用于图 6-21 中的网络时，汇聚节点没有标记。这种情况下的标记和检查显示在图 6-23 中与节点相邻的位置。虽然没有找到增加流量的路径，但我们确定了最小割。设 S 为最后一次尝试中标记的节点集，最小割中的弧是那些离开 S 的弧。此时，割是 $C = \{1, 5, 6\}$。将这些弧的容量相加，我们得到 15，与 s 到 t 的最大流量值相同。

6.4　纯最小流算法

网络因其简单的非数学结构而便于建模，且易于用图形描述，这种简单性还带来了提高算法效率方面的好处。虽然单纯形法是主要的求解方法之一，但它可以更加简化在网络问题中的实现过程，更快地解决计算量非常大的问题。本节我们提供了有向图上纯最小费用流问题或等效纯 NFP 问题的求解算法。求解包含非均匀电弧增益的广义模型的过程与此类似，但更为复杂。

6.4.1　问题陈述

纯 NFP 问题由给定的弧集和给定的节点集定义，其中每个弧具有已知的容量和单位成本，每个节点具有固定的外部流。优化问题是确定通过网络运输流以满足供应和需求的要求的最低成本计划。弧流必须非负且不大于弧容量，并满足节点处的流量守恒。在本节中，假设流上所有的弧下界为 0，所有的弧增益为 1。这些条件不是必需的，但此时问题更为复杂，讨论将超出本书范围。

现在把这个问题表示成一个有向连通图的线性规划，它有 m 个节点和 n 个弧。假设至少有一个供应节点和一个需求节点。和 6.1 节运输问题表示一样，连接节点 i 和 j 的弧用 (i, j) 表示，与该弧相关的决策变量为 x_{ij}，用符号 $k(i, j)$ 或简单的 k 来表示节点 i 和 j 之间的弧。因此，决策变量为

$\quad x_k =$ 通过节点 i 和节点 j 的弧 $k(i, j)$ 的流

以及给定数据如下

$\quad c_k =$ 通过弧 k 的流的单位成本

$\quad b_i =$ 节点 i 的网络供应（流进一流入）

$\quad u_k =$ 弧 $k(i, j)$ 的容量

b_i 由节点 i 的性质决定。一般来说

$\quad b_i > 0$，当 i 为供应节点

$b_i < 0$，当 i 是需求节点

$b_i = 0$，当 i 是运输节点

同样，令

$K_{O(i)}$ = 离开节点 i 的弧的集合

$K_{T(i)}$ = 在节点 i 处终止的弧的集合

数学模型如下

$$\min \sum_{k=1}^{n} c_k x_k \tag{6-7}$$

$$\text{s. t.} \sum_{k \in K_{O(i)}} x_k - \sum_{k \in K_{T(i)}} x_k = b_i \quad i = 1, \cdots, m \tag{6-8}$$

$$0 \leqslant x_k \leqslant u_k, \quad k = 1, \cdots, n \tag{6-9}$$

目的函数［式（6-7）］对网络中所有弧的弧成本进行求和。式（6-8）定义了流量平衡或流量守恒约束。第一个总和表示节点 i 流出的流量，第二个总和表示流入节点 i 的流量，两者之差表示节点 i 提供的净流量，右侧为 b_i；若节点 i 提供流，则为正；若节点 i 消耗流，则为负；否则为零。在某些应用中，式（6-9）的下界不是零而是某个值。如同第 5 章，我们总是可以通过引入以下变量将下界转换为 0

$$\hat{x}_k = x_k - l_k$$

并且在整个模型中用 $\hat{x}_k + l_k$ 代替 x_k。同样，其上限也引入变量

$$\hat{u}_k = u_k - l_k$$

本章的模型中，所有的弧都要求有起点和终点节点。由于这对建模有一定的限制，我们现在只考虑与单个节点相关的弧，如图 6-24 所示。弧 6、弧 7 和弧 8 分别表示节点 3、节点 2 和节点 1 处的可变外部流。出于理论和算法的目的，我们在网络中引入了一个额外的节点，称为松弛节点。表示可变外部流的弧段起源于或终止于松弛节点，如图 6-25 所示。现在所有的弧都有起点和终点。m 通常表示松弛节点。

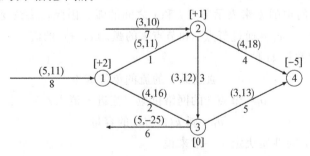

图 6-24 使用可变的外部流进行建模

对于纯 NFP 问题，弧上的增益为 1，因此对于可行解，节点处的外部流之和必须为 0。

可行性特性：纯 NFP 问题有一个可行解的必要条件是

$$\sum_{i=1}^{m} b_i = 0$$

换句话说，节点上提供的总流量必须等于网络中节点吸收的总流量。如果我们指定松弛节点的外部流如下所示时，可行性属性将保持不变

$$b_m = -\sum_{i=1}^{m-1} b_i$$

当 $m=5$ 时，如图 6-25 所示

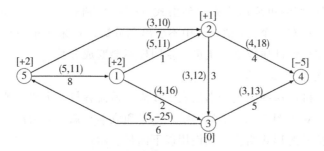

图 6-25 松弛节点模型（节点 5）

基于可行性性质，当我们在式（6-8）中加入 m 个流量守恒约束时，等号两边都等于 0。这意味着其中一个方程是多余的。事实上，正好有 $m-1$ 个线性无关方程，任意抛弃一个方程不改变解。

一个问题的可行性是必要不充分的。式（6-7）、式（6-9）表示的模型的特定实例是否具有可行解取决于网络结构、弧容量和供求值。

1. 完整性属性

在许多应用程序中，弧上的流必须取整数值，这是分配问题的隐式要求。例如，必须将一个工人匹配到一个工作。在本章前面的所有网络例子中，我们看到解总是整数的。这不是巧合，而是式（6-8）中矩阵 A 结构导致的直接结果。更一般地说，令可行域 $S=\{x \in \Re^n : Ax=b, \ 0 \leq x \leq u\}$，假设 A 和 b 为整数矩阵。如第 3 章所讨论，我们将 A 划分为 (B, N)，使 B 非奇异，并将 S 中的约束写成 $B_{X_B} + N_{X_N} = B$，则基解是 $X_B = B^{-1}b$，$X_N = 0$。因此，X_B 为整数值的充分条件是 B^{-1} 为整数矩阵。为了推导出可测试的条件，引入幺模性的概念。

定义 1：如果一个平方整数矩阵 B 的行列式的绝对值等于 1，则称其为幺

模矩阵，即 $|detB|=1$。若每个平方子矩阵有行列式为 $+1$，-1，0，那么认为整数 $m \times n$ 矩阵 A 是完全幺模的。

若 B 是非奇异的，那么 $B^{-1}=B^+/detB$，其中 B^+ 是 B 的半径，同样也是一个整数矩阵。于是，可以得到以下的定理。

定理1：如果一个 A 是完全幺模的，那么与可行域 S 相关的每个基解 $(X_B, X_N)=(B^{-1}b, 0)$ 都是整数值。

作为直接结果，有以下性质。

完整性性质：对于纯 NFP 问题 [式（6-7）到式（6-9）]，当所有的供给和需求值 b_i 和所有的上界弧流 u_k 是整数值，则所有的基解都是整数。

这个表述的代数含义是，每一个基的逆矩阵的分量的值分别是 0、1 或 -1。如果将标准的单纯形法应用到由式（6-7）到式（6-9）表示的问题，那么每个主元都有一个 ±1 值，表中不会出现分数。在采用单纯形法求解这个问题时，若完整性性质成立，决策变量同样不会变成分数。

2. 向量符号表示

x、u、c 和 b 这些向量分别是表示弧流、弧流容量或上界、弧单位成本和节点外部流。对于图 6-25 中的网络，上界和成本与弧一起给出，外部流在节点附近以方括号的形式给出。我们用以下向量表示：

弧流集合：$x=(x_1, x_2, x_3, x_4, x_5, x_6, x_7, x_8)$

上界集合：$u=(5, 4, 3, 4, 3, 5, 3, 5)$

单位成本集合：$c=(11, 16, 12, 18, 13, -25, 10, 11)$

外部流集合：$b=(2, 1, 0, -5, 2)$

6.4.2 基解

最优解必须在有限的基集合中，单纯形法在迭代时只检查基解。单纯形法能够有效维系所需的信息，因此其是解决 NFP 问题的主要方法。本节我们将会描述 NFP 问题的基解，并在给定基的情况下计算原始解和对偶解的过程。

1. 基树

我们知道，若 LP 和 NFP 问题的最优解存在，那么存在一个最优的基解。基底是由一组数量与线性无关约束数量相等的自变量定义。由于网络模型中包含 $m-1$ 个独立的流量守恒约束，且变量为弧流，因此选择 $m-1$ 个独立的弧为基。这些弧由基变量的弧指数来确定。纯 NFP 问题还具有一个常用性质，即每个基定义一个生成树子网络。为便于说明，设网络 $n_B=\{2, 4, 7, 8\}$，如图 6-25 所示。绘制选定的弧形成的子网，如图 6-26 所示。定义节点 5 为树的根节点。

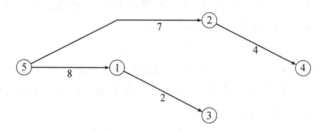

图 6-26 $n_B = \{2, 4, 7, 8\}$ 的基树

2. 非基弧

根据定义，没有被选为基弧的弧是非基弧。在一般 LP 的有界变量单纯形法中，每个非基变量在基解的定义中取值 0 或其上界值，解 NFP 问题时也是如此。

在基解中，每个非基弧 k 都有它的流，0 或 u_k，u_k 即上界。我们以 n_0 表示有流为 0 的非基弧集，令 n_1 表示有流为上界值的弧集。我们将 n_1 的元素以虚线的形式添加到基树中，以图形表示特定情况。为了说明这一点，图 6-27 给出了表示 $n_B = \{2, 4, 7, 8\}$，$n_1 = \{5\}$ 和 $n_0 = \{1, 3, 6\}$ 的基树。

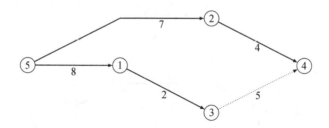

图 6-27 在边界处有流的非基弧的基树

3. 原始基解

给定基弧并将非基本弧赋给 n_0 或 n_1，满足流量守恒定律的节点对弧有唯一的流量分配。我们令 X_B 为基弧上的流向量，令 X_1 为 n_1 中弧上的流向量，n_0 上的流为 0。

为了求解基弧流量，首先要对网络中的外部流进行调整，使其在非基本弧的上界处占到一定的比例。一种方法是依次取 n_1 中的每个元素，假设弧 $k(i, j)$ 是它的上界。为了容纳弧 $k(i, j)$ 上的流量进行以下计算，我们通过 u_k 减少其原始节点 i 处的外部流，并通过 u_k 增加其终端节点 j 处的外部流。对于图 6-25 中的网络，外部流量为

$$b = (2, 1, 0, -5, 2)^T$$

弧段 5 在集合 n_1 中，因此我们在弧两端调整外部流：$b_3' = b_3 - u_5$，$b_4' = b_4 + u_5$。由于 $u_5 = 3$，调整后的外部流量为

$$b' = (2, 1, -3, -2, 2)^T$$

式（6-10）给出了节点 i 处调整后的外部流 b_i' 的一般表达式，即离开或进入节点的上界弧的流使原来的外部流减少或增加。同样，$K_{O(i)}$ 是离开节点 i 的弧集，$K_{T(i)}$ 是终止于节点 i 的弧集

$$b_i' = b_i - \sum_{k \in (K_{O(i)} \cap n_1)} u_k + \sum_{k \in (K_{T(i)} \cap n_1)} u_k \qquad (6-10)$$

给定调整后的外部流，对满足节点上流守恒的基本弧有唯一的流分配。图 6-27 中基底的解如图 6-28 所示。将弧流与基弧的上界和下界进行比较，将会发现流在这些范围内。这是一个基可行解（BFS）。

$$b = (2, 1, 0, -5, 2)^T$$
$$b' = (2, 1, -3, -2, 2)^T$$
$$n_B = \{2, 4, 7, 8\}$$
$$n_1 = \{5\}$$
$$n_0 = \{1, 3, 6\}$$
$$x_B = (3, 2, 1, 1)$$
$$x_1 = (3)$$
$$x_0 = (0, 0, 0)$$

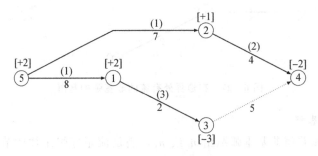

图 6-28　基本流的解

4. 对偶基解

在网络流问题的求解算法中明确使用了对偶变量，或对偶值。每个节点 i 有一个对偶变量，代表从松弛节点向节点 i 输送一个单位流的成本，用 π_i 表示。在给定基树的情况下，利用互补松弛性的必要条件对对偶值进行赋值。对于每一个基本的弧 $k(i, j)$

$$c_k + \pi_i - \pi_j = 0 \qquad (6-11)$$

由于 LP 模型中的一个流量守恒约束是冗余的，其中一个对偶变量可以有任意的值。我们选择将松弛变量（例子中的节点 5）的对偶值设置为零。其他对偶变量设置为满足互补松弛条件的值。这些值的计算顺序如下

$$\pi_5=0, \ \pi_1=\pi_5+11=11, \ \pi_3=\pi_1+16=27,$$
$$\pi_2=\pi_5+10=10, \ \pi_4=\pi_2+18=27$$

计算中可以遵循几个不同的顺序，但它们都必须从松弛节点开始向外计算。图 6-29 显示了之前在图 6-27 中考虑的基树，成本显示在弧上，对偶值显示在节点附近。非基本弧赋给 n_0 和 n_1 不影响 π 的值。

$$n_B=\{2,4,7,8\}$$
$$\pi=(\pi_1, \ \pi_2, \ \pi_3, \ \pi_4, \ \pi_5)$$
$$=(11, 10, 27, 28, 0)$$

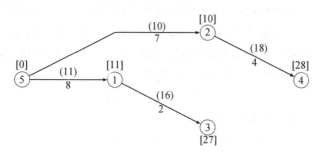

图 6-29 对偶变量的计算

5. 解的性质

每一个形成生成树的弧 n_B 的选择与 n_1 的规格一起决定网络流问题的原始和对偶基解。生成树确定满足互补松弛性的对偶变量（π）的唯一赋值。生成树和 n_1 确定唯一的原始解（x），其满足每个节点上的流量守恒，

$$\sum_{k\in K_{O(i)}} x_k - \sum_{k\in K_{T(i)}} x_k = b_i, i=1,\cdots,m$$

然而，分配弧流量的过程并不能确保遵循有界性。若 $0\leqslant x\leqslant u$ 的要求没有得到满足，那么基解不可行。某些基弧 $x_k=0$ 或 $x_k=u_k$ 的解称为原始退化解。图 6-28 中的解是可行的，因为所有的弧流量都是非负的且不大于弧容量。此外，所有的弧流量都严格介于其边界之间，解并非原始退化。

LP 中有一个降低的成本可用 d_k 表示，其可以将网络中的每个弧 $k(i, j)$ 用如下公式计算出来。

$$d_k=c_k+\pi_i-\pi_j$$

通过用降低的成本确定最优基解。

互补松弛的条件保证

$$d_k = 0, \forall k(i,j) \in n_B$$

对于满足 $d_k = 0$ 的某些非基弧的解被称为对偶退化解，如图 6-29 所示，非基弧为 1，3，4 和 6。计算那些弧对应的 d_k 值，我们得到 $d_1 = 12$，$d_3 = -5$，$d_5 = 12$ 以及 $d_6 = 2$，所以这个解是非对偶退化的。

6. 原始解的简化计算

基子网络的树形结构有利于简化寻找原始和对偶基解的过程。再次观察基于图 6-30 的例子，我们注意到有一条从节点 5 到树中的每个其他节点的定向路径。这叫作结点 5 的有向生成树。

通过按顺序将流分配给基弧，可以很容易地确定基流。在序列中的任何时候，都有足够的信息分配一个或多个基流。这个过程从树两端的节点开始（只有一个弧的节点称为树的叶子）。我们将流分配给与叶子相关联的弧，并向后通过树向根工作。弧流分配的顺序不是唯一的，但对于给定的基树和集合 n_1，基流量有唯一的解。对于我们的例子，在图 6-30 中找到了树的两个叶子——节点 3 和 4。把流分配给弧 2 和弧 4，使得

$$x_2 = -b_3' = 3, x_4 = -b_4' = 2$$

弧 7 和 8 的流赋予以下值

$$x_7 = -b_2' + x_4 = 1, x_8 = -b_1' + x_2 = 1$$

这样就确定了基流。

图 6-30 中基所选择的弧自然形成一个有向生成树，其他的选择可能不会。例如，在图 6-31 考虑由弧 2，3，5 和 6 组成的基，其中

$$n_B = \{2,3,5,6\}$$
$$n_1 = \{4,7\}$$
$$n_0 = \{1,8\}$$

子网络定义了一棵树，但并没有形成有向生成树。为了将网络转换成所需的形式，必须反转一些弧的方向，如图 6-32 所示。

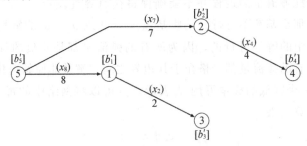

图 6-30 计算原始解的有向生成树

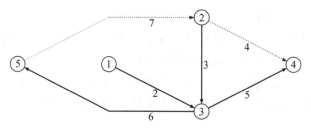

图 6-31　不是有向生成树的基

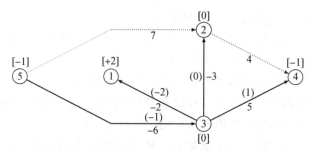

图 6-32　基流的解

反向弧又称为镜像弧，在最小成本流算法中起主要作用。我们称具有正指数（k）的弧为正向弧，具有负指数（$-k$）的弧为镜像弧。正向弧具有问题描述中给出的方向和参数。镜像弧的参数由正向弧的参数推导如下：

$$l_{-k} = -u_k, u_{-k} = -l_k c_{-k} = -c_k$$

对于流的值，我们同样设 $x_{-k} = -x_k$。

可以通过用镜像弧代替一些前向弧来构造一棵有向生成树，图 6-32 中树的基本流可以通过跟踪树的叶子来获得。通过反求镜像弧中的流，可以得到正向弧中的流。对于原始基 $n_B = \{2, 3, 5, 6\}$，有向树 $n_B = \{-2, -3, 5, -6\}$。现在，从叶节点往回计算，得到 $x_B = (-2, 0, 1, -1)$。我们对镜像弧中的流求反以找到前（原）弧中的等效流，得到 $x_B = (2, 0, 1, 1)$，它与 $x_1 = (4, 3)$ 一起满足图 6-31 中网络的流量守恒。图 6-32 中的解相关的数据如下

$$b = (2, 1, 0, -5, 2)^T$$
$$b' = (2, 0, 0, -1, -1)^T$$
$$n_B = \{-2, -3, 5, -8\}$$
$$n_1 = \{4, 7\}$$
$$n_0 = \{1, 8\}$$
$$x_B = (-2, 0, 1, -1)$$
$$x_1 = (4, 3)$$
$$x_0 = (0, 0)$$

7. 对偶解的简化计算

有向生成树也可以用来计算对偶变量，从根结点开始向外指向叶结点。我们使用图 6-33 中的基和参数来介绍该方法。

令 $\pi_5 = 0$。当已知基本弧一端节点的对偶变量时，利用式（6-11）定义的复合松弛条件可以计算出另一端节点的值。相应地，我们计算 π_1 和 π_2 的值，如下所示

$$\pi_1 = \pi_5 + c_8 = 0 + 11 = 11 , \quad \pi_2 = \pi_7 + c_8 = 0 + 10 = 10$$

现在 π_3 和 π_4 的值也能被计算出来。

$$\pi_3 = \pi_1 + c_2 = 11 + 16 = 27 , \quad \pi_4 = \pi_2 + c_4 = 10 + 18 = 28$$

所以，解为 $\pi = (11, 10, 27, 28, 0)$。

分配对偶变量的过程从树的根节点开始，并向分支发展。在每个步骤中，都会分配一个对偶变量。分配过程的方向与分配原始变量的过程相反，生成树的性质保证所有对偶变量的值都可以用这种方式计算。

当基弧不能自然地定义生成树时，使用镜像弧来构造生成树。对于 $n_B = \{2, 3, 5, 6\}$，我们用镜像弧替换弧 2，3，6。$c_{-k} = -c_k$ 表示镜像弧的单位成本，生成树和计算得到的对偶变量如图 6-34 所示。

$$n_B = \{-2, -3, 5, -6\}$$
$$\pi = (\pi_1, \pi_2, \pi_3, \pi_4, \pi_5)$$
$$= (9, 13, 25, 38, 0)$$

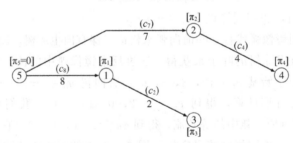

图 6-33　　有向生成树用于计算对偶解

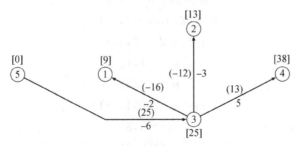

图 6-34　$n_B = \{-2, -3, 5, -6\}$ 的对偶变量的解

8. 最优性条件

最小成本流动问题的解决方法是分别找到满足以下最优性条件的原问题和对偶问题的 x 和 π 值。

(1) 原始可行性

a. 向量 x 是基且在除松弛节点以外所有节点上满足流量守恒（对于纯问题，松弛节点的流量守恒是自动成立的）；

b. $\forall$ 弧 k，$0 \leqslant x_k \leqslant u_k$

(2) 互补松弛性

给定每条弧 k 的 x_k 和相应的降低成本 $d_k = c_k + \pi_i - \pi_j$

a. 当 $0 < x_k < u_k$，$d_k = 0$

b. 当 $x_k = 0$，$d_k \geqslant 0$

c. 当 $x_k = u_k$，$d_k \leqslant 0$

当基本流 x_k 为 0 或在上界 u_k 时，原始解是退化的，这可能会影响求解算法向最优解方向移动的过程。

条件 2a 只适用于基变量；用来计算 π 值的方法确保它是满足的。当最后两个条件之一（2b 或 2c）适用于每一个非基弧时，原解和对偶解都是最优的，且能够找到满足最优条件的 π 和 X 的值。

8. 例子

图 6 – 28 和图 6 – 29 所示的原解和对偶解，我们看到 X 满足条件 1 的两个部分。对于基变量 $x_B = (x_2，x_4，x_7，x_8) = (3，2，1，1)$ 满足条件 2a，因此对于每个非基本弧满足条件 2b 或条件 2c，解是最优的。对于具有下界流的非基本弧，$n_0 = \{1，3，6\}$，对偶解 $\pi = [\pi_1，\pi_2，\pi_3，\pi_4，\pi_5] = (11，10，27，28，0)$，可以得到以下降低的成本。

$$d_1 = c_1 + \pi_1 - \pi_2 = 1：满足条件 2b$$

$$d_3 = c_3 + \pi_2 - \pi_3 = 5：违反条件 2b$$

$$d_6 = c_6 + \pi_3 - \pi_5 = 2：满足条件 2b$$

对于流量达到上界的非基弧，$n_1 = \{5\}$，其降低的成本为

$$d_5 = c_5 + \pi_3 - \pi_4 = 12：违反条件 2c$$

弧 3 和弧 5 违反了最优性条件，因此该解不是最优的。事实上，这两个弧是进入基的候选弧。

对于图 6 – 32 和图 6 – 34 所示的基解，我们有 $n_B = \{2，3，5，6\}$，$x_B = (x_2，x_3，x_5，x_6) = (2，0，1，1)$，以及 $\pi = [\pi_1，\pi_2，\pi_3，\pi_4，\pi_5] = (9，13，25，38，0)$。考察具有下界流的非基弧 $n_0 = \{1，8\}$ 的互补松弛性，我们有

$$d_1 = c_1 + \pi_1 - \pi_2 = 7 \text{：满足条件 } 2b$$

$$d_8 = c_8 + \pi_5 - \pi_1 = 2 \text{：满足条件 } 2b$$

对于流量达到上界的非基弧，$n_1 = \{4, 7\}$，我们有

$$d_4 = c_4 + \pi_2 - \pi_4 = -7 \text{：满足条件 } 2c$$

$$d_7 = c_7 + \pi_5 - \pi_2 = -3 \text{：满足条件 } 2c$$

满足原始可行性和互补松弛性，是最优解。

本节介绍了如何直接从与基生成树相关联的图形结构中计算原始和对偶基解。由于不需要像在一般 LP 中那样存储基逆矩阵，因此在时间和内存需求方面都有明显改善，这是网络流规划算法的主要优势。因此，所有的计算都可以用整数算法进行，从而提高了数值稳定性和计算效率。

练 习

练习 1 到 7 涉及一个拥有两个仓库和四个客户的公司。仓库与客户之间的运输成本见下表。在每个案例中，使用运输算法建立并解决问题。

		顾客			
		1	2	3	4
仓库	A	10	15	8	13
	B	3	5	7	10

1. 每个仓库有 30 个供应单元，每个客户有 15 个需求单元。我们的目标是使总运输成本最小化。需求必须得到满足。

2. 所有的需求是 15 个单位，所有的供应是 40 个单位。所有的需求都必须得到满足，但并不是所有的供给都必须运出去。目标是使总运输成本最小。

3. 所有需求为 20 件，所有供应为 30 件。不是所有的需求都能被满足，但是公司希望尽可能多的发货。目标是使总运输成本最小。

4. 所有的需求是 20 个单位，所有的供应是 30 个单位。不是所有的需求都需要被满足，而是每一个需求都需要被满足。顾客必须收到至少 5 个单位。公司想要发尽可能多的货。目标是使总运输成本最小化。

5. 每个客户最多发 15 台，每个仓库最多发 30 台；然而，没有必要满足这些最大数额。产品是在仓库生产；A 和 B 仓库的生产成本分别为每件 8 美元和 10 美元。客户 1、2、3 和 4 的收入分别为 14 美元、17 美元、20 美元和 23 美元。目标是使总利润最大化。

6. 公司需要建立一个未来 2 个月的发货时间表。每个客户第一个月的需求量是 15 台，第二个月是 20 台。这些要求必须得到满足。假设仓库也是生产产品的工厂。工厂 A 的生产能力是每月 30 台，而工厂 B 的生产能力是每月 50 台。第一个月，A 工厂的制造成本是每台 8 美元，B 工厂的制造成本是每台 10 美元。第二个月，两个工厂的制造成本都是每台 10 美元。从一个月到下一个月，产品可以存储在客户站点，每件产品的成本为 1 美元。产品不能存放在工厂。运输费用如上表所示，除了航运公司在第一个月内对所有航线的每件货物给予 1 美元的折扣外。目标是在两个月内将生产、运输和库存成本最小化。请注意，解决方案不会利用所有的生产能力。

7. 修改练习 6 中开发的模型，允许 pro-8 在第一个月弥补不足。

8. 有三个生产商（Ⅰ，Ⅱ，Ⅲ）给 A，B，C，D 四个厂家供应某种商品。假设生产的商品质量相同，四个厂商每月对该商品的最低需求量分别为 25，75，0，10；A，B，C 最高需求量分别为 40，70，40，D 厂家每月最高需求量不限，三个厂商的生产量分别 40，70，60. 不同生产商的运输成本如下表所示。求运输成本最小时的决策方案。

	A	B	C	D
Ⅰ	15	12	21	16
Ⅱ	14	12	18	14
Ⅲ	18	20	22	0

9. 按照合同要求，某汽车生产公司每个季度末分别需要提供 15，10，30，20 台汽车，该公司每季度生产能力和每台车的生产成本如下表所示：若生产出的汽车产生剩余，每台车辆一个季度的维护费用为 0.4 万元，在合同完成的情况下，求成本最小化的方案。

季度	生产能力	单位成本（万元）
第一季度	20	5.8
第二季度	30	6.2
第三季度	40	6
第四季度	10	6.5

10. 在第二个月。延期交货的成本是每件 2 美元。考虑矩阵中一个运输问题的数据。

来源	D1	D2	D3	D4	供应
S1	10	10	6	15	10
S2	5	15	10	12	15
S3	11	8	7	21	8
需求	5	3	8	17	

（上方标题：目的地）

（a）找到从来源到目的地的最佳分布。

（b）再增加一个来源，即供应五个单位和四个目的地的运费分别为 4 美元、9 美元、7 美元和 13 美元。找到新的最优解。并不是所有的物资都需要使用。

11. 赋值问题的数据显示在矩阵中。列表示工作，行表示工作者。这些数字是分配任务的成本。当 M 出现在单元格中时，这种分配是不可能的。用运输算法手算解决问题。

	J1	J2	J3	J4	J5
W1	M	8	6	12	1
W2	15	12	7	M	10
W3	10	M	5	14	M
W4	12	M	12	16	15
W5	18	17	14	M	13

12. 一家公司有三个工人。在特定的一天，有六项工作被安排完成。每个工人－工作组合的成本估计如下表所示。针对下列情况分别建立并求解运输模型。

工人	1	2	3	4	5	6
A	3	2	2	6	4	6
B	4	3	7	5	3	3
C	9	9	7	9	7	6

（上方标题：工作）

（a）找出每个工人可以做两份工作时的最低成本分配。

(b) 在每个工人只能从事一项工作的情况下，以最低成本完成尽可能多的工作。

(c) 当每个工人可以从事任意数量的工作时，寻找最低成本的分配。

13. 某城市有四个化肥厂 A_1，A_2，A_3，A_4，它们的化肥产量分别为 70 吨，180 吨，60 吨，150 吨。它们要供应五个地区 B_1，B_2，B_3，B_4，B_5 的化肥需求。这五个地区的化肥需要量分别为 40 吨，110 吨，120 吨，80 吨，110 吨。从各化肥厂到各地区单位化肥的运价如下表所示。试求一个使总的运费最少的运输方案。（运价单位为元）

	B_1	B_2	B_3	B_4	B_5	产量
A_1	140	150	60	130	140	70
A_2	160	90	220	130	160	180
A_3	80	50	110	40	50	60
A_4	120	40	180	90	100	150
需求量	40	110	120	80	110	

14. 已知有六台机床 x_1，x_2，x_3，x_4，x_5，x_6，六个零件 y_1，y_2，y_3，y_4，y_5，y_6。机床 x_1 可加工零件 y_1；x_2 可加工零件 y_1，y_2；x_3 可加工零件 y_1，y_2，y_3；x_4 可加工零件 y_2；x_5 可加工零件 y_2，y_3，y_4；x_6 可加工零件 y_2，y_5，y_6。现在要求制定一个加工方案，使一台机床只加工一个零件，一个零件只在一台机床上加工，要求尽可能多地安排零件的加工。试把这个问题化为求网络最大流的问题，求出满足上述条件的加工方案。

最短路径问题：在练习 15 到 20 中使用 Dijkstra 算法。手动解决。

15. 在下图所示的有向网络中，找出从根节点（节点 1）到所有其他节点的最短路径。

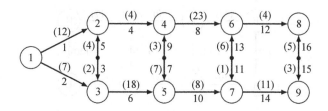

16. 下表中给出的矩阵表示网络中节点对之间的距离。单元中的 "X" 表示对应的节点对之间没有连接。手工查找根节点 1 的最短路径树。

出发点	到达点					
	1	2	3	4	5	6
1	X	10	3	1	X	X
2	X	X	0	1	2	X
3	X	X	X	0	2	4
4	0	X	X	X	2	9
5	1	6	X	X	X	6
6	2	3	4	X	X	X

17. 下表显示了六组点之间的距离。找出从点 D 到点 E 的最短路径。

出发点	到达点					
	A	B	C	D	E	F
A	—	13	12	15	22	10
B	2	—	9	8	26	13
C	14	8	—	12	7	9
D	7	4	22	—	30	12
E	17	8	14	10	—	3
F	13	8	10	15	15	—

18. 找出下图所示的网络的最短路径树，该网络的起始点为节点 L。所有的链路都是双向链路。

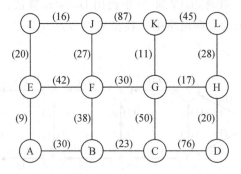

19. 下表显示了网络中节点对之间的弧长。找到连接节点 A 和所有其他节点的最短路径树。

出发点	到达点					
	A	B	C	D	E	F
A	—	27	43	16	30	26
B	7	—	16	1	30	25
C	20	13	—	35	5	0
D	21	16	25	—	18	18
E	12	46	27	48	—	5
F	23	5	5	9	5	—

20. 解决如下图所示的网络问题。所有的边可以沿任意方向移动。（括号中数字代表距离）

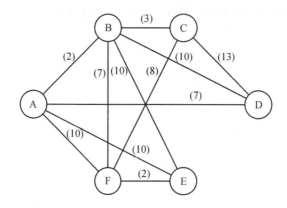

（a）在节点 a 处找到原点的最短路径树。

（b）在节点 c 处找到原点的最短路径树。

参考文献

[1] PAULA，JENSEN，JONATHANF，BARD. Operations Research Models and Methods.［M］. JohnWiley-Sons，2003

[2] Grigoriadis，M. D.，"An Efficient Implementation of the Network Simplex Method," Mathematical Programming Study，Vol. 26，pp. 83－111，1986. 1，Addison-Wesley，1997.

[3] P. A.，Bard，J. F.，Operations Research Models and Methods，John Wiley and Sons，New York，2003.

[4]《运筹学》教材编写组. 运筹学（第三版）［M］. 北京：清华大学出版社，2005.

[5] Ahuja，R. K.，TIL. Magnanti，and J. B. Orlin，"Some Recent Advances in Network Flows," SIAM Review，Vol. 33，pp. 175—219，1991.

[6] Ahuja，R. K.，TIL. Magnanti，and J. B. Orlin，Network Flows：Theory，Algorithms，and Applications，Prentice-Hall，Engelwood Cliffs，NJ，1993.

[7] Bazaraa，M. S.，J. Jarvis，and H. D. Sherali，Linear Programming and Nenwork Flows，Second Edition，Wiley，New York，1990.

[8] Bertsekas，D. P，Linear Nerwork Optimization，MIT Press，Cambridge，MA，1991.

[9] Evans，J. R. and E. Minieka，Optimization Algorithms for Nerworks and Graphs，Second Edition，Dekker，New York，1992.

[10] Glover，F.，D. Klingman，and N. Philips，Nerwork Models and Their Applications in Practice，Wiley，New York，1992.

第7章　整数线性规划

许多线性规划问题需要求得整数解，例如求解产品的生产计划、寻找从仓库到工厂、货物发送或通过的网络最短路径等。整数规划同样关心最优化问题，但与之前所学的线性规划有些不同。因此对于求解最优整数解的问题，需另行研究。对整数问题量化时，可使用假定值为0或者1的二元变量进行建模。当优化模型中所有变量都为整数时，称为纯整数线性规划；当优化模型同时包括整数和连续变量时，称为混合整数线性规划。一般情况下，只有包含较少整数变量的问题才能得到最优解。虽然我们有解决大型线性规划（LP）的能力，但是变量的离散可能会导致解的组合的爆炸式增长。因此，随着研究问题中整数变量的增加，需使用不能保证最优性的启发式方法来寻找解。

7.1　整数规划模型

整数规划（IP）模型的决策变量不能全部是连续值，需包含一些离散值。我们使用"整数"这个词是因为这些值通常是整数 0，1，2……，但任何特定的离散数值都是可以的。

下面是本章的基本模型：

$$\text{Maximize } z = \sum_{j=1}^{n} c_j x_j$$

$$\text{subject to } \sum_{j=1}^{p} a_{ij} x_j + \sum_{j=p+1}^{n} a_{ij} x_j \begin{Bmatrix} \geqslant \\ \leqslant \\ = \end{Bmatrix} b_i, i = 1, 2, \cdots, m$$

$j=1$，2，$\cdots$，p 时，x_j 为非负整数，$j=p+1$，$\cdots$，n 时，$x_j \geqslant 0$

前 p 个变量为整数，而其余的 $n-p$ 变量可以为任何非负实数。当 $p=n$ 时，为纯整数线性规划（ILP）。当 $p=0$ 时，为线性规划。当 $0<p<n$ 时，为混合线性规划（MILP）。

7.2　0－1 整数线性规划模型

当所有变量为 0 或 1 时，整数规划问题称为二进制或 0－1 规划问题。0－1 型整数规划是整数规划的特殊情形，它的变量仅取值为 0 或 1。这时 x_d 称为 0－1 变量，或二进制变量。

$$\text{Maximize } z = \sum_{d=1}^{n} c_d x_d$$

$$\text{subject to } \sum_{d=1}^{p} a_{id} x_d + \sum_{d=p+1}^{n} a_{id} x_d \left\{ \begin{matrix} \geqslant \\ \leqslant \\ = \end{matrix} \right\} b_i, i = 1, 2, \cdots, m$$

$d = 1, 2, \cdots, p$ 时，，x_d 为 0 或 1，$d = p+1, \cdots, n$ 时，$x_d \geqslant 0$

7.3　工厂选址问题

7.3.1　有容量限制性的设施选址问题

一家物流公司想在一个新地区建立一个配送中心。有 5 个可能的仓库位置（即潜在供给点），5 个使用这些仓库所提供商品的客户位置（即需求点）。表 7 -1 显示了相关数据，包括潜在仓库站点和客户之间的单位运输成本、构建仓库的固定和可变成本、客户需求和仓库容量。

关于仓库站点的数据显示在表 7－1 的最后三列中。最大容量是用每周发货的数量来表示的，与建造有关的固定和可变成本被作为设备使用寿命的摊销值。两者均以周等价物表示。如果设施建成会产生固定成本，且该成本与设施规模无关，可变成本是向设施增加一个单位规模的成本。成本函数的类型如图 7－1 所示。

表 7－1　工厂选址问题的数据

仓库	1	2	3	4	5	最大产能	固定成本	可变成本
1	8	21	42	12	37	80	1000	20
2	21	10	31	24	40	80	1500	17
3	42	31	4	14	32	80	1700	13
4	12	24	14	7	12	80	1400	25
5	37	40	32	12	10	80	1200	33
需求	30	40	50	35	40			

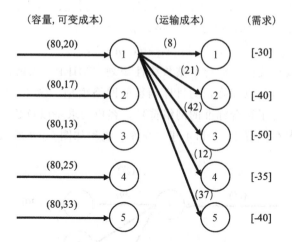

图 7 - 1 设施选址问题的网络模型

现在的目标是选择仓库地点和仓库大小，并使总运输成本以及建造时的摊销成本最小化。所有的需求都必须得到满足，不能超过每个设施的容量。

首先在已经确定了 m 个潜在的仓库地点，并且已知 n 个客户的位置和需求的情况下，我们先构建一个通用模型。令 d_j 为对客户 j 的需求。每个潜在仓库地点 i 和每个客户 j 之间的运输成本估计为 c_{ij}。在位置 i 建立仓库的成本包括固定成本 f_i 和每单位仓库容量的可变成本 v_i。各种成本必须有可比的单位。仓库站点 i 的最大容量为 u_i。

为了开发线性模型，我们定义以下变量：

$$Y_i = \begin{cases} 1, & \text{如果仓库位于地点 } i \\ 0, & \text{如果仓库不位于地点 } i \end{cases}$$

z_i：仓库在地点 i 的尺寸

x_{ij}：从仓库 i 运输产品数量到客户 j

目的是在满足所有需求且不超过仓库容量的前提下，将总成本降至最低。数学规划模型构建如下：

$$\text{Maximize } z = \sum_{i=1}^{m} f_i y_i + \sum_{i=1}^{m} v_i z_i + \sum_{i=1}^{m} \sum_{j=1}^{n} c_{ij} x_{ij}$$

所有的要求都必须得到满足：$\sum_{i=1}^{m} x_{ij} = d_j, j = 1, 2, \cdots, n$

供应商必须不能超过：$\sum_{j=1}^{n} x_{ij} \leqslant z_i, i = 1, 2, \cdots, m$

从一个位置发货意味着已经建立了仓库：$z_i \leqslant u_i x_i, \ i = 1, 2, \cdots, m$

非负的发货：$x_{ij} \geq 0$，$i=1$，2，$\cdots$，m；$j=1$，2，$\cdots$，n

非负的尺寸：$z_i \geq 0$，$i=1$，2，$\cdots$，m

不可缺少：$y_i = 0$ 或 1，$i=1$，2，$\cdots$，m

该公式可以直接作为混合型整数线性规划（MILP）求解，也可视为具有附加整数变量，边约束和修正的目标函数的网络模型。图 7-1 部分描述了网络模型。另外，为了符合标准的网络符号，客户需求是以负数形式给出的。最佳解决方案要求在位置 1、3 和 4 建立仓库，流程如图 7-2 所示。

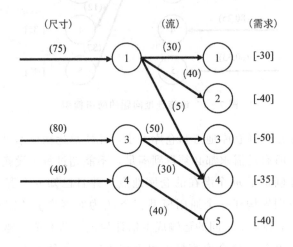

图 7-2　解决设施定点问题

7.3.2　无容量限制性的设施选址问题

当假定仓库的大小没有限制时，该问题被称为无容量限制性设施选址问题。尽管相同的数学规划模型适用于任意大值的 u_i。这需要对决策变量进行不同的定义。

$$y_i = \begin{cases} 1，\text{如果建设仓库 } i \\ 0，\text{不建仓库 } i \end{cases}$$

X_{ij}：仓库 i 满足需求 j 的比例

由于仓库容量是无限的，因此可以证明它是满足单个仓库中每个客户需求的最佳选择。这样，可以将单位运输成本和可变成本与需求结合起来，以获得与新变量 X_{ij} 相关联的成本系数。这就是从仓库 i 供应客户 j 的全部需求的成本。

新的模型如下：$\bar{c}_{ij} = (v_i + c_{ij})d_j$

最小化：$z = \sum_{i=1}^{m} f_i y_i + \sum_{i=1}^{m} \sum_{j=1}^{n} \bar{c}_{ij} x_{ij}$

所有需求必须满足：$\sum_{i=1}^{m} x_{ij} = 1, j = 1, \cdots, n$

从一个地点发货意味着已经建立了仓库：$\sum_{j=1}^{m} x_{ij} \leqslant n y_i, i = 1, \cdots, m$

简单界限：$0 \leqslant x_{ij} \leqslant 1$，$i = 1, 2, \cdots, m$，$j = 1, 2, \cdots, n$

不可缺少：$y_i = 0$ 或 1，$i = 1, 2, \cdots, m$

对于第二个约束，有必要将 RHS 上的 y_i 变量乘以 n，以允许所有客户都由仓库提供服务的极端情况。在另一种公式中，这些表示潜在仓库地点的 m 个隐含约束被 mn 个隐含约束所替代，每个隐含约束均代表单个运输环节与站点之间的关系。

$$x_{ij} \leqslant y_i, \ i = 1, 2, \cdots, m, \ j = 1, 2, \cdots, n$$

虽然从建模的角度来看这是低效的，因为我们已经将约束的数量增加了 n 倍，但是整数规划（IP）算法能够更快地找到解决方案。因为，如果我们放松了与扩展模型相关联的所有可行域的完整性要求，那么它比原来的模型要紧得多。当使用分支定界方法（如下一章所述）来解决原始 IP 模型时，这一点尤为重要。

7.4 覆盖和划分问题

在很多情况下，决策者需要从大量的备选方案中选出一种以满足一定的要求。举例来说，医院护士排班和城市清洁工清扫路线规划都是这样的决策问题。在护士排班问题中，如果每个护士每班工作 8 小时，那么我们需要决策每班开始的时间和每班护士的数量；在清洁工问题中，我们需要决策每人每天的路线与清洁点，能够满足要求的方案有很多。

接下来用数学语言来表述一般的情况，S 代表集合，其非空子集为 S_j。假设有 n 个子集，并且每个子集的成本为 c_j。覆盖问题是要找到有限的子集使得总成本最小并且这些子集的并等于 S。划分问题是类似的，只不过在所有选中的子集中，S 中的集合元素只能出现一次。清洁工问题是划分问题，但护士排班问题则不符合划分问题的标准，因为每一个排班可以安排多个护士，并不是单位需求。

在 $N = \{1, \cdots, n\}$ 和 $S = \{1, \cdots, m\}$，集合覆盖问题可以表示为：

$$\underset{T \subseteq N}{\text{Minimize}} \{ \sum_{j \in T} c_j : \bigcup_{j \in T} S_j = S \}$$

接下来我们将把这类问题转化为整数规划模型。

7.4.1 覆盖问题

目前有一个打算制造 6 种新产品的微电子公司。生产任何一种产品的初始设备投入很高，并且只生产一种产品的投资相对较高。同时，复合设备可以用来制造多个产品，特别的设备能够制造全部 6 种产品，但其技术不可靠。经过分析，公司选出了 14 种备选方案以供管理决策。前六种方案是用 6 种设备分别生产这 6 种产品。

$$A = \begin{bmatrix} 1 & 0 & 0 & 0 & 0 & 0 & 1 & 1 & 0 & 0 & 0 & 0 & 1 & 0 \\ 0 & 1 & 0 & 0 & 0 & 0 & 1 & 0 & 1 & 1 & 0 & 1 & 1 & 0 \\ 0 & 0 & 1 & 0 & 0 & 0 & 1 & 1 & 1 & 1 & 1 & 0 & 0 & 0 \\ 0 & 0 & 0 & 1 & 0 & 0 & 1 & 0 & 1 & 1 & 1 & 0 & 1 & 1 \\ 0 & 0 & 0 & 0 & 1 & 0 & 0 & 0 & 0 & 1 & 0 & 1 & 1 & 0 & 1 \\ 0 & 0 & 0 & 0 & 0 & 1 & 0 & 0 & 1 & 1 & 0 & 1 & 1 & 0 \end{bmatrix}$$

$$c = (12 \quad 17 \quad 13 \quad 10 \quad 13 \quad 17 \quad 24 \quad 24 \quad 60 \quad 38 \quad 27 \quad 45 \quad 25 \quad 35)$$

图 7 - 3 技术矩阵和成本向量

用数学符号表示，设 c_j 为投入成本，向量 A_j 表示设备包含的功能。比如 $A_{14} = (1, 0, 0, 1, 1, 0)$ 表示 14 号设备能用于生产产品 1，4 和 5。决策者需要以最小的成本来达到 6 种产品的全部生产要求。图 7 - 3 展示了技术矩阵 A 和成本向量 c。

在整数规划模型中，假设有 n 种备选方案，令 x_j 为 0—1 变量表示方案 j 是否被选中。对于 $x \in R^n$，模型是

$$\text{Minimize } cx$$
$$\text{subject to } Ax \geq e$$
$$x_j = 0 \text{ or } 1, \ j = 1, \cdots, n$$

其中 $e = (1, \cdots, 1)^T$。我们必须选择合适的方案组合来制造全部 6 种产品。A 的第 i 行表示第 i 个设备的能力。

这个问题的最优解是 $x_5 = x_7 = x_{13} = 1$，其他决策量是 0，总成本是 $z = 62$。在这种选择下，每一种产品的产能都能实现，且产品 2 的产能为两倍。

7.4.2 切分问题

如果我们在上面的描述中再添加一个条件：每一种产能必须只出现一次，那么这个问题就变成了划分问题。数学表达如下：

$$\text{Minimize } cx$$

$$\text{subject to } Ax = e$$
$$x_j = 0 \text{ or } 1, \quad j = 1, \cdots, n$$

在这个划分问题中，原来的最优解变得不可行，最优解变为 $x_1 = x_3 = x_5 = x_{13} = 1$，总成本为 $z = 63$。

7.5 距离问题

已知很多路径规划问题可以转化为整数规划模型。在这节中，我们考虑几个以距离最小化为目标的问题。比如有 6 个节点，标记从 1 到 6。图 7-4 中的矩阵给出了节点到节点的距离。从下图可以看出，这个距离是非对称的。

7.5.1 旅行商问题

从上述的约束矩阵可以得到以下的一个有向网络，其中有 6 个结点和 30 条弧。从任意一个节点出发，旅行商需要找到一条路线来访问所有的节点一次，然后回到出发点，并且每个节点只到达一次，且希望行程的总距离最短。

这是一个经典的非对称旅行商问题（TSP）。图 7-5 给出了一种可行的路线，总成本是 $z = 124$。

	1	2	3	4	5	6
1	—	27	43	16	30	26
2	7	—	16	1	30	25
3	20	13	—	35	5	0
4	21	16	25	—	18	18
5	12	46	27	48	—	5
6	23	5	5	9	5	—

图 7-4 距离矩阵

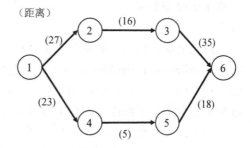

图 7-5 旅行商路线

旅行商问题是可以转化为整数规划模型来进行求解的。假设有 n 个节点，节点之间的距离用 c_{ij} 表示，当路线不可行时，可以将 c_{ij} 赋予一个较大的数字或者不考虑相应的变量。节点集合为 $N = \{1, \cdots, n\}$，子集为 $S \subseteq N$。一条路线访问了每个节点一次且最后回到出发点才是可行的。子路线是指仅访问了部分节点的路线。包含子路线的路线是不可行的。变量 x_{ij} 表示路线中包含了从节点 i 到节点 j 的路径。当 $i=j$ 时，路径不存在。TSP 的数学表达为：

表 7 - 2　TSP 问题的数学表达

总路程	Minimize $z = \sum\limits_{i=1}^{n}\sum\limits_{j=1}^{n} c_{ij}x_{ij}$
C1：每个结点有一个后继结点	$\sum\limits_{j=1}^{n} x_{ij} = 1$
C2：每个结点有一个前结点	$\sum\limits_{i=1}^{n} x_{ij} = 1$
C3：消除子路线	$\sum\limits_{i\in S}\sum\limits_{j\in S} x_{ij} \leqslant \|S\|-1, S\subset N, 2\leqslant\|S\|\leqslant n/2$
C4：整数约束	$x_{ij}\in\{0,1\}$

约束 1 保证了每个节点有一个后继节点，约束 2 保证了每个节点有一个前节点。进入和离开每个节点的路径必须等于 1。

约束 3 排除了子路线的出现。因为子路线的节点个数和路径的个数是相等的。对于 $\|S\|=2$ 的情况，可以得到 $\binom{n}{2}$ 个约束，如 $x_{12}+x_{21}\leqslant 1$，$x_{13}+x_{31}\leqslant 1$，$x_{14}+x_{41}\leqslant 1$，……

这里只考虑了 $2\leqslant\|S\|\leqslant n/2$ 的情况，这是因为一旦我们去掉了包含 k 个节点的子路线，$n-k$ 个节点的情况自然也就不会出现了。这里出现的大量约束是计算 TSP 问题的难点，其规模有 2^n-n-1，是指数形式的，所以这里要把他们全部列出来是不现实的。

TSP 问题的第二个难点是失去了整数解性质（网络流问题）。添加的约束不能保证模型的单模（unimodular）性质，因此用单纯形法一般不会产生整数解。

回到之前的模型，如果我们不考虑子路线的约束，那么就变成了一个指派问题（assignment problem，AP），这样给出一个整数解：{(1,4)，(4,2)，(2,1)，(3,5)，(5,6)，(6,3)}。最优值 $z=54$ 给出了旅行商问题的下界。这个解包含 2 个子路线，因此不是 TSP 问题的解。

为了消去节点 $S=\{1,2,4\}$ 产生的子路线，我们可以加上约束 $x_{12}+x_{21}+x_{14}+x_{41}+x_{24}+x_{42}\leqslant 2$，同时，$S=\{3,5,6\}$ 所形成的子路线也去掉了。求解新的模型，可以得到解 {(1,4)，(4,3)，(3,5)，(5,6)，(6,2)，(2,1)}，并且 $z=63$。这个解不包含子路线，因此就是最优解（见图 7 - 6）。

7.5.2　有向最小生成树问题

先给定一个有向图 $G=(N,A)$，N 是节点集合，A 是弧集合，树是子图

$G' = (N, A')$，其中节点是连通的并且不会形成圈（存在从根节点到其他任何节点的路径）。有向生成树问题（MST）要求找到有向图的树，使得总弧长最小。图 7 - 7 给出了一个可行的树，总弧长为 100。

除了根节点可以有多个后继节点以及非根节点可以没有后继外，这个问题的模型与 TSP 问题十分类似。数学表达为：

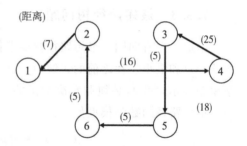

图 7 - 6　最优旅行商路线

表 7 - 3　有向最小生成树问题的数学表达

树的长度	Minimize $z = \sum\limits_{i=1}^{n}\sum\limits_{j=1}^{n} c_{ij}x_{ij}$
根结点至少有一个后继结点	$\sum\limits_{j=1}^{n} x_{1j} \geqslant 1$
非根结点有一个前结点	$\sum\limits_{j=1}^{n} x_{ij} = 1$
TSP 子路线约束	$\sum\limits_{i \in S}\sum\limits_{j \in S} x_{ij} \leqslant |S| - 1, S \subset N, 2 \leqslant |S| \leqslant n/2$
整数约束	$x_{ij} \in \{0, 1\}$

首先，通过放松约束方式来求解这个问题。解是 $\{(1, 4), (3, 5), (6, 2), (6, 3)\}$，$z = 31$。这个解包含一个循环 $\{(3, 6), (6, 3)\}$，所以可以加上约束 $x_{63} + x_{36} \leqslant 1$。经过两次迭代，分别加上约束 $x_{65} + x_{56} \leqslant 1$ 和 $x_{35} + x_{53} + x_{56} + x_{65} + x_{63} + x_{36} \leqslant 1$，可以得到最优解为 $\{(1, 6), (6, 2), (6, 3), (6, 5), (2, 4)\}$，$z = 42$（见图 7 - 8）。

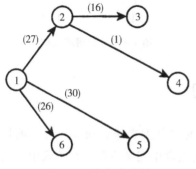

图 7 - 7　有向生成树

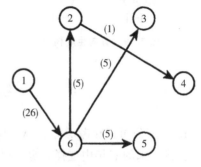

图 7 - 8　有向生成树

7.5.3 最短路径树问题

给定一个有向图，最短路径树要求找到一个树，使得从根节点到各个节点的路径总和最小。在之前的讲解中，这个问题被归类为网络流问题。为了用数学模型表示，我们必须调整决策量的定义：x_{ij} 为使用从 i 到 j 的弧的路径数量。最短路径的数学模型如下：

表 7 - 4　最短路径的数学模型

$n-1$ 条路径的长度	Minimize $z = \sum\limits_{i=1}^{n} \sum\limits_{j=1}^{n} c_{ij} x_{ij}$
在节点 1，供给为 $n-1$	$\sum\limits_{j=2}^{n} x_{1j} = n-1$
流守恒	$\sum\limits_{j=1}^{n} x_{ij} - \sum\limits_{j=1}^{n} x_{ji} = -1$
决策量非负	$x_{ij} \geqslant 0$

约束 1 要求 $n-1$ 个单位从节点 1 流出。约束 2 保证对于其他节点，流出的量比流入的量少 1。图 7 - 10 展示了最短路径树的最优解。从根节点到第 2 个节点的长度分别为 $P_2 = 27$，$P_3 = 31$，$P_4 = 16$，$P_5 = 30$ 和 $P_6 = 26$，总长度为 $z = 130$。最短路径树与最小生成树有显著的不同，最短路径树按照有向生成树的方法来计算为 104，而由图 7 - 8 可知最小生成树为 42。

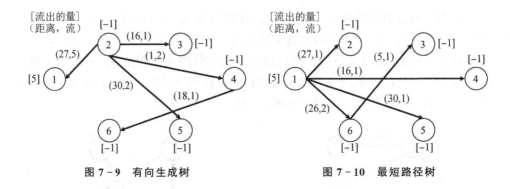

图 7 - 9　有向生成树　　　　　　图 7 - 10　最短路径树

练　习

1. 一家公司正在考虑标有 A，B 和 C 的三个主要研究项目。每个项目都可以在接下来的三年中选择，也可以从投资组合中完全省略。在下表中列出了每个项目基于选定年份的总回报。该回报涵盖了所有相关的现金流量，包括投资。它还包括货币时间价值的影响。每个项目所需的投资全部发生在选定的年份内。目标是使总收益最大化。该问题具有以下约束：每年最多只能选择两个项目，任何一年的总投资不能超过 9。必须在项目 A 之后选择项目 B，不能在同一年选择项目 A 和 B。一个项目最多可以选择一次。制定并解决作为 IP 的问题。定义所有符号。

项目的总共回报			
年	A	B	C
1	7	6	4
2	5	4	4
3	8	7	5
投资	5	3	5

2. 在下列整数规划问题中，用先解相应的线性规划然后凑整的办法能否求得最优整数解？

（1）$\text{Max } z = 3x_1 + 2x_2$

$$2x_1 + 3x_2 \leqslant 14.5$$
$$4x_1 + x_2 \leqslant 16.5$$
$$x_1, x_2 \geqslant 0$$
$$x_1, x_2 为整数$$

（2）$\text{Max } z = 3x_1 + 2x_2$

$$2x_1 + 3x_2 \leqslant 14$$
$$2x_1 + x_2 \leqslant 9$$
$$x_1, x_2 \geqslant 0$$
$$x_1, x_2 为整数$$

3. 一家公司必须确定在四个可能的地点中的哪一个建立仓库。每个地点的摊余每月成本分为两部分。第一部分是 1000 美元的建造成本，第二部分是每装运一个单位 5 美元的运营成本。如附表所示，共有五位客户每月的需求和运输费用（单位为美元）。

客户运输费用					
仓库	1	2	3	4	5
1	8	12	6	15	9
2	11	17	3	4	7
3	9	17	10	2	6
4	15	20	5	12	3
需求	20	30	40	50	20

a) 假设仓库容量限制为每月装运 70 台。建立相关的线性模型，并对线性规划（LP）和混合整数线性规划（MILP）求解。使用文本附带的软件。当然，必须忽略 LP 的完整性约束。对结果进行评论并指出 LP 方案的不足之处。

b) 假设仓库容量没有限制。使用第 7.3 节中的三种公式建立三个单独的模型。回想一下，在第一个公式中，x_{ij} 的定义是从 i 到 j 装运的单元数；在第二个和第三个中，x_{ij} 的定义是从 i 到 j 装运的单元的比例；在第三个公式中，引入了形式 $x_{ij} \leqslant y_i$ 的含义约束。将每一个公式同时作为线性规划（LP）和混合整数线性规划（MILP）求解。提供与（a）部分相同类型的注释。

4. 有 4 个工人，要指派他们分别完成 4 种工作，每人做各种工作所消耗的时间如下表所示，指派哪个人去完成哪种工作，可使总的消耗时间为最小？

工人	工种			
	A	B	C	D
甲	15	18	21	24
乙	19	23	22	18
丙	26	17	16	19
丁	19	21	23	17

5. 运筹学中著名的旅行商贩问题可以叙述如下：某旅行商贩从某一个城市出发，到其他几个城市去推销商品，规定每个城市均须到达而且只到达一次，然后回到原出发城市。已知城市 i 和城市 j 之间的距离为 d_{ij}，该商贩应选择一条什么样的路线顺序旅行，使总的旅程为最短？试对此问题建立整数规划模型。

6. 有整数规划模型

$$\text{Maximize } 2x_1 + 5x_2$$
$$\text{s. t. } x_1 + x_2 \leqslant 15$$
$$-x_1 + x_2 \leqslant 2$$
$$x_1 - x_2 \geqslant 2$$
$$x_1 + x_2 \leqslant 2$$

$x_1, x_2 \geqslant 0$，且为整数

请解决以下问题。需要注意的是以下问题是累积的，因为每一部分将前一部分的答案作为条件之一。

（a）使用二元变量重写该模型。

（b）将模型改写为最小化问题，并且将所有约束条件改为"小于等于"。

（c）将模型重写为所有目标函数的系数都为正的最小化问题。

7. 一家计算机服务公司需要在五个城市之间建立通信网络。设将 i 和 j 两

个城市用一条通信网络连接起来的月成本为 C_{ij}，如以下矩阵所示。这种连接方式允许在两个方向上建立通信网络。在每个城市建立通信网络设施的成本取决于与该城市相关的线路数量。注意，这些是节点成本，而不是弧成本。

城市	1	2	3	4	5
1	—	15	13	19	21
2	15	—	10	24	14
3	13	10	—	14	17
4	19	24	14	—	12
5	21	14	17	12	—

如果一条通信网络连接一个城市，其成本为 d_1；

与该城市相连的第二条通信网络将会增加成本 d_2；

与该城市相连的第三个通信网络将会增加成本 d_3；

这些费用的有关情况如下：$d_1 > d_2 > d_3$。

建立并求解包含以下信息的 0−1 ILP 模型。

目标是最小化每月的成本，保证每个城市必须至少有一个通信网络。

构建的通信网络必须形成一棵树，且一个城市不能构建超过三个通信网络。

$d_1 = 5$，$d_2 = 3$，$d_3 = 1$。

8.（对称 TSP）考虑一个有 m 条边和 n 个节点的无向图。尝试建立一个对称旅行社问题的 ILP 模型。在模型中，设 x_e 为二元变量，当使用边 e 时 $x_e = 1$，否则 $x_e = 0$。设 S 为节点集 N 的真子集，设 $E(S)$ 为两个节点都包含在 S 中的边的集合，设 $\delta(j)$ 为连接到节点 j 的边的集合。通过边 e 的成本是 c_e。

9.（奖品收集 TSP）推销员访问城市 $j(j \in N)$ 将会获得利润 f_j，且他的访问路线必须从城市 1 开始，并至少访问除城市 1 以外的另外两个城市。与传统的 TSP 不同的是，如果他穿过连接两个城市的边 e，就会产生 c_e 的成本。当然，销售人员并不需要访问所有的 n 个城市。本问题的目标是找到在上述限制条件下，使利润和访问成本之间的差值最大化的旅游路线。制定一个可以用来解决这个问题的 ILP。

10. 下表给出了一家公司在未来 12 个月里对产品的需求情况。

月份	1	2	3	4	5	6	7	8	9	10	11	12
需求	5	10	7	12	13	3	10	12	6	11	12	13

生产的固定费用是 50 美元。产品在仓库中存储 1 个月的成本是 2 美元/每

单位，且费用发生在月末。生产没有交货期，初始库存为零，在仓库中存储不超过一个月的产品不会产生存储成本。可以证明，当仓库存储了产品时，生产永远不会是最优的，同时，如果生产产量超过未来某几个月的产量时，生产同样不是最优的。

（a）定义变量 x_{ij}：

$$x_{ij} = \begin{cases} 1，如果产品在第 i 月生产，且满足未来 j 个月的需求， \\ \quad i=1，\cdots，12；j=1，\cdots，12-i+1 \\ 0，其他 \end{cases}$$

请构建一个最小成本生产计划并作为集合划分问题。

（b）定义下述变量：

$x_j = $ 周期 j 内的生产总量；

$y_j = 1$ （如果周期 j 内的生产总量为非零数，否则为 0）；

$z_j = $ 在周期 j 结束时剩余的库存。

给出这个问题的 MILP 公式。

（c）为这个问题建立一个网络模型，使通过网络的最短路径产生最优的生产计划。（提示：令节点对应月份，令弧成本是生产和存储相应月份的存货的成本。）

11. 电子系统有 n 个元件正进行串联工作。一个元件的可靠性是它在使用时不会失效的概率。元件 i 的可靠性表示为 r_i。系统的可靠性是所有元件都不失效的概率，即，各元件可靠性的乘积。为了提高系统的可靠性，可能会增加额外的元件作为备份元件。这些称为冗余组件，因为仅当原始元件发生故障时它们才会投入使用。因此，对有 x 个冗余元件的元件，其可靠性为：

$$R_i = 1-(1-r_i)^{(1+x)}$$

系统的可靠性 R 为所有元件可靠性的乘积：

$$R = \prod_{i=1}^{n} R_i$$

下表中数据描述的是元件个数不同下的可靠性、成本、重量数据。求出在总成本和总重量约束下，每种部件的最优冗余个数。对于冗余部件，最大总成本必须小于等于 1000 美元，最大总重量必须小于等于 80 磅。此外，每一种类型的冗余组件的安装不得超过 5 个。

元件	1	2	3	4
可靠性	0.9	0.8	0.95	0.75
成本	100	50	40	200
重量	8	12	7	5

12. （拼车问题）共 m 人填写了一份问卷，以供分析人员规划拼车方案。基于这一信息，分析人员确定了人员 i 与人员 j 之间的相容性指标，用 C_i 表示。该指标的值越小，意味着两人不兼容。设 U 和 L 分别表示拼车的最大人数和最小人数。同时，令

$$x_{ik} = \begin{cases} 1, & \text{如果 } i \text{ 被分配到 } k \text{ 拼车方案} \\ 0, & \text{否则为 } 0 \end{cases}$$

本问题的目标是设计一套拼车方案（包含 n 辆车），使总相容性指标最大化，并使每个人都能拼上车。

(a) 构建最大化的目标函数。

(b) 写下所有的约束（只使用线性函数）。

(c) 写一个线性约束，以确保人员 1 和人员 2 不被分配到同一辆车上。

(d) 写一个线性约束，确保人员 3 和人员 4 被分配到同一辆车上。

13. （车辆路线）一个卡车运输公司有一个由 m 辆相同的车组成的车队，每辆车的容量为 Q。公司每天必须从它的仓库出发去拜访 n 个客户。客户 i 要求装载 d_i 的货物；从客户 i 到客户 j 的运输成本为 C_{ij}。在完成一条路线的运输工作后，卡车必须返回装载货物的仓库，用指数 0 表示仓库。每辆卡车每天最多分配一条路线的运输工作，并从一个空仓库出发。考虑所有需求 $d_i = 1$ 的情况，请构建一个 IP 模型，可以用来找出拜访所有客户一次的最低成本。（这个问题是旅行推销员问题的延伸。在这里，n 个客户的任意子集形成一条不包含仓库的路线是不可行的。）

(a) 设 x_{ij} 是一个二元决策变量，如果客户 i 在任何路径上都位于客户 j 之前，则 x_{ij} 为 1，否则为 0。写出本问题的模型，并解释目标函数和所有约束的含义。

(b) 如果目标是尽量减少拜访所有客户的车辆数量，模型会如何改变？写出新的目标函数。

(c) 如果放松了对决策变量 x_{ij} 的整数要求，只要求对于所有的 i 和 j，有 $0 < x_{ij} < 1$，并且相应的 LP 问题存在解，那么 x_{ij} 的结果是 0 还是 1？请做出解释。

参考文献

[1] Andersson, E., E. Housos, N. Kohl, and D. Wedelin, "Crew Pairing Optimization," in G. Yu (editor), Operations Research in the Airline Industry, pp. 228—258, Kluwer Academic, Boston, 1998.

[2] Askin, R. G. and C. R. Standridge, Modeling and Analysis of Manufactur-

ing Systems, John Wiley & Sons, New York, 1993.

[3] Daskin, M. S. , Nerwork and Discrete Location, John Wiley & Sons, New York, 1995.

[4] Desrosiers, J. , Y. Dumas, M. M. Solomon, and F. Soumis, "Time Constrained Routing and Scheduling," in M. O. Ball, T. L. Magnanti, C. L. Monma, and G. L. Nemhauser (editors), Handbook in Operations Research and Management Science, Vol. 8: Network Routing, Elsevier Science Publishers, North-Holland, Amsterdam, pp. 35—139, 1995.

[5] Feo, T. A. and M. G. C. Resende, "Greedy Randomized Adaptive Search Procedures," Journal of Global Optimization, Vol. 6, pp. 109—133, 1995.

[6] Feo, T. A. , J. F. Bard, and K. Venkatraman, "A GRASP for a Difficult Single Machine Scheduling Problem," Computers & Operations Research, Vol. 18, No. 8, pp. 635—643, 1991.

[7] Fisher, M. , "Vehicle Routing," in M. O. Ball, TL. Magnanti, C. L. Monma, and G. L. Nemhauser (editors), Handbook in Operations Research and Management Science, Vol. 8: Network Routing, Elsevier Science Publishers, North-Holland, Amsterdam, pp. 1—33, 1995.

[8] Glover, F. "Tabu Search: A Tutorial," Interfaces, Vol. 20, No. 4, pp. 74—94, 1990.

[9] Glover, F. and M. Laguna, Tabu Search, Kluwer Academic, Boston, 1997.

[10] Glover, F. , D. Klingman, and N. Philips, Network Models and Their Applications in Practice, Wiley, New York, 1992.

[11] Jarrah, A. I. Z. , J. F. Bard, and A. H. deSilva, "Solving Large-Scale Tour Scheduling Problems," Management Science, Vol. 40, No. 9, pp. 1124—1144, 1994.

[12] Nanda, R. and J. Browne, Introduction to Employee Scheduling, Van Nostrand-Reinhold, New York, 1992.

[13] Papadimitrou, C. H. , Computational Complexity, Addison-Wesley, Reading, MA, 1994.

[14] G. Yu (editor), Industrial Applications of Combinatorial Optimization, Kluwer Academic, Boston, 1998.

[15] G. Yu (editor), Operations Research in the Airline Industry, Kluwer Academic, Boston, 1998.

[16] P. A. , Bard, J. F. , Operations Research Models and Methods, John Wi-

ley and Sons，New York，2003.

[17]《运筹学》教材编写组．运筹学（第三版）［M］．北京：清华大学出版社，2005.

[18] PAULA，JENSEN，JONATHANF，BARD. Operations Research Models and Methods.［M］. JohnWiley-Sons，2003

第 8 章　整数规划算法

整数规划问题根据通过求解问题所需的迭代步数来划分成简单问题和难问题。简单的整数规划问题，例如具有完全幺模性的整数规划问题就可以直接通过它所对应的线性规划问题得到最优解，而不具有完全幺模性的整数规划问题就需要选择合适的算法来进行求解。对于不同的整数规划问题，选择合适的算法能够大幅减少迭代次数。在本章，我们首先介绍完全幺模性的相关定义及性质，接着介绍求解一般整数规划问题的四个算法：贪婪算法、枚举法、分支定界法以及割平面法。

8.1　幺模及相关定义

幺模矩阵（unimodular matrix）：如果一个整数方阵的行列式值的绝对值为 1，即行列式为 1 或 −1，那么这个方阵称为幺模矩阵。

全幺模矩阵（totally unimodular matrix）：如果一个整数方阵的任意子矩阵的行列式值为 1，−1 或者 0，那么这个方阵就被称为全幺模矩阵，即完全幺模性。

性质 1：如果一个整数规划问题的系数矩阵是完全幺模性的，那么该整数规划问题的最优解可通过求解其线性规划松弛问题来得到。注意：这里的线性规划松弛问题指移除整数规划中一些或者全部整数变量约束得到的线性规划问题。

性质 2：整数规划对应的线性规划松弛问题的最优目标函数值给原整数规划问题的目标函数值提供了上界。这是因为将整数约束去掉后，对应的线性规划松弛问题的可行域包括了原整数规划的可行域，即可行域扩大。

下面几节我们将介绍经典的整数规划算法，包括贪婪算法、枚举法、分支定界法和两种割平面方法。

8.2 贪婪算法

贪婪算法求解优化问题的思路是通过迭代的方法不断地扩大目标函数的值。这个算法有两个特点：

在后续步骤中，之前每一步的选择不会被更改；

步骤的数量是问题大小的多项式函数。

贪婪算法在每一步的决策时没有考虑到其对后续的影响。因此，决策者通常会为早期的一些正确决策而付出高昂的机会成本，这反过来又限制了后期的选择，使之成为一组糟糕选择中的最佳选择。构造旅行商问题的最近邻算法就是这样的一个例子。在该算法中，最接近主基地的节点被选作旅行中访问的第一个节点，在迭代中，最接近刚刚选择的节点被放在第二的位置，这个过程一直持续到所有的节点都被排序完毕，循环中的最后一个节点连接到主基地。实际情况是，当知道最后一步整个行程都是最优的，但是对最后几个节点的排序可能导致循环长度的急剧增加。

在这一节，我们考虑了集中 IP 模型，其中使用贪婪算法确实能够得到最优解。在这些情况下确实是最优的选择。该算法是优化理论中最简单的算法之一，但其具有计算复杂性。最优解是在执行筛选步骤 $m-1$ 次后找到的，在每次迭代中必须检查最多 $m-1$ 条边。这说明离散优化问题有时候是最容易解决的，但是如果我们添加一个简单约束，例如要求每个节点的关联边不超过 4 条，那么这个问题就会变得与求解任何一般 IP 一样困难。

8.3 全枚举法

全枚举法是指，当变量离散时，将所有可行解列举出来并比较每个可行解对应目标函数的值，这广泛运用于整数规划的求解中。假设我们有一混合整数规划问题，三个变量是 0—1 变量，其他的变量是实数。可将 0—1 变量赋值，得到八种组合，分别求解八种情况下的线性规划问题，并比较每种组合情况下的目标函数值，其中目标函数值最大的组合为最优解。考虑以下的整数规划问题：

$$\min z = -2x_1 + x_2$$
$$\text{s. t. } 9x_1 - 3x_2 \geqslant 11$$
$$x_1 + 2x_2 \leqslant 10$$
$$2x_1 - x_2 \leqslant 7$$

x_1，$x_2 \geqslant 0$，且为整数

该线性规划问题的可行域在下图中展示出来，平行的虚线表示目标函数 z 的等值线，黑色点表示可行点。从图中我们可以看到该线性规划有十个可行解，且最优解为 $x_1 = 2$，$x_2 = 2$。最优目标函数值为 $z = -2$。

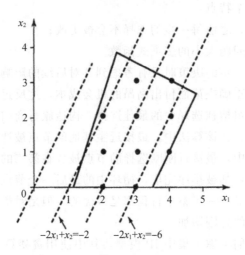

图 8-1　示例的可行域和等值线

在没有将可行域画出来的前提下，我们还是可以得到可行解的个数的上界。从非负约束以及第二个约束可以知道 $0 \leqslant x_1 \leqslant 10$，$0 \leqslant x_2 \leqslant 5$。当 $x_2 = 0$ 时，第一个约束告诉我们 $x_1 \geqslant 2$。当 $x_2 = 5$ 时，第三个约束意味着 $x_1 \leqslant 6$。因此，约束 $2 \leqslant x_1 \leqslant 6$，$0 \leqslant x_2 \leqslant 5$ 以及非负约束导致可行解不超过三十个。对于这样的问题，三十个解是可以被完全枚举出来的，且其中十个是可行的，最优解为 x_1 和 x_2 都等于 2.

如果将第二个约束以及第三个约束相加，得到约束 $3x_1 + x_2 \leqslant 17$。当 $x_2 = 0$，$3x_1 \leqslant 17$，意味着 $x_1 \leqslant 5$，此约束减少了可行解的上界从 30 到 24。同时，将第一个约束乘以 -1，将第二个约束乘以 4，将运算后的这两个约束相加得到 $9x_2 \leqslant 35$ 或者 $x_2 \leqslant 3$。这个约束进一步将可行解的上界减少到了 16 个。

接下来，我们可以选取一个可行解，然后计算目标函数的值。比如当 $x_1 = 2$，$x_2 = 0$ 时，$z = -4$。因此，例中的每一个可行解又多了一个约束 $-2x_1 + x_2 \geqslant -4$。又因为，$x_2 \leqslant 3$ 意味着 $2x_1 \leqslant 7$ 或者 $x_1 \leqslant 3$，这意味着候选解的集合被缩减至 $\{(x_1, x_2): x_1 = 2, 3; x_2 = 0, 1, 2, 3\}$。而这个集合的八个解中，$(3, 1)$ 和 $(3, 0)$ 所对应的目标函数值小于 -4。我们以上这些分析的目的是要说明怎样用枚举的方法减少可行域的大小，尽量接近最优解。在上述的分析

过程中，使用了变量的边界、凑整、线性约束的组合以及目标函数的边界。但枚举法只适用于含有少数离散变量的线性规划问题。

8.4 分支定界搜索

对于一些规模较小的整数规划问题，我们可以通过枚举的办法得到最优解，但是对于规模稍大的问题，枚举法显然不那么可行。分支定界法的中心思想是将一些不必要测试的解剔除，从而减少求解的迭代次数。分支定界法有两条较好的性质：其一，分支定界法对于混合整数规划以及纯整数规划的处理方式相同；其二，通过分支定界法能够保留求解路径，不断提升目标函数值，如果现实中求解时间受到限制，可以取当前最优的可行解。

下面我们介绍分支定界法的具体步骤。设有最大化的整数规划问题 A，与它相对的线性规划问题为 B，从求解问题 B 开始，若其最优值不符合 A 的整数条件，那么 B 的最优目标函数值必是 A 整数规划目标函数最优值（记为 z^*）的上界，我们记为 $\bar{z}$；而 A 的任意可行解的目标函数的值将是 z^* 的一个下界，记为 $\underline{z}$。分支定界法就是将 B 的可行域分成子区域（称为分支）的方法，逐步减少上界 $\bar{z}$ 和增大下界 $\underline{z}$，最终得到最优值。考虑如下的整数规划问题：

$$\max z = 40x_1 + 90x_2$$
$$s.t.\ 9x_1 + 7x_2 \leqslant 56$$
$$7x_1 + 20x_2 \leqslant 70$$
$$x_1,\ x_2 \geqslant 0\ 且为整数$$

先不考虑整数约束，求解其相对应的线性规划松弛问题得到 $x_1 = 4.81$，$x_2 = 1.82$。其对应的目标函数值为 $Z_0 = 356$。显然，这个解不可行，因为 x_1 和 x_2 不是整数，但是这为原整数规划问题提供了一个上界，即

$$\bar{Z} = Z_0 = 356$$

同时，我们观察原整数规划问题的一个可行解 $\{x_1,\ x_2\} = \{0,\ 0\}$。其对应的目标函数的值为原整数规划问题的下界，即

$$\underline{Z} = 0$$

于是有

$$\bar{Z} > Z^* > \underline{Z} \Leftrightarrow 356 > Z^* > 0$$

如果我们对 $x_1 = 4.81$ 分支，基于 x_1，对原问题添加两个约束条件 $x_1 \leqslant 4$，$x_1 \geqslant 5$，可将原问题分为两个子问题 B1 和 B2（即两支），给每一支增加一个约束条件，得到 B1 问题为：

$$\max z = 40x_1 + 90x_2$$
$$\text{s. t. } 9x_1 + 7x_2 \leqslant 56$$
$$7x_1 + 20x_2 \leqslant 70$$
$$x_1 \leqslant 4$$
$$x_1, x_2 \geqslant 0 \text{ 且为整数}$$

B2 问题为：

$$\max z = 40x_1 + 90x_2$$
$$\text{s. t. } 9x_1 + 7x_2 \leqslant 56$$
$$7x_1 + 20x_2 \leqslant 70$$
$$x_1 \geqslant 5$$
$$x_1, x_2 \geqslant 0 \text{ 且为整数}$$

求解 B1 和 B2 所对应的线性规划松弛问题得到 B1 的最优解以及其对应的目标函数值为 $Z_1 = 349$，$x_1 = 4$，$x_2 = 2.1$。

得到 B2 所对应的线性规划松弛问题的最优解以及其对应的目标函数值为 $Z_2 = 341$，$x_1 = 5$，$x_2 = 1.57$。

显然没有全部变量是整数的解。由于 $Z_1 > Z_2$，于是我们更新上界为 349，即 $\overline{Z} = Z_1 = 349$。原整数规划的最后目标函数值必然满足 $0 \leqslant Z^* < 349$，继续对 B1 和 B2 进行分解，由于 $Z_1 > Z_2$，我们先对 B1 进行分解，B1 中 $x_2 = 2.1$ 不是整数，将 B1 分解成为两支，不妨记添加 $x_2 \leqslant 2$ 的为问题 B3，记添加 $x_2 \geqslant 3$ 的为问题 B4，舍去 $2 < x_2 < 3$ 之间不含有整数的可行域，再进行第二次迭代。B3 问题如下：

$$\max z = 40x_1 + 90x_2$$
$$\text{s. t. } 9x_1 + 7x_2 \leqslant 56$$
$$7x_1 + 20x_2 \leqslant 70$$
$$x_1 \leqslant 4$$
$$x_2 \leqslant 2$$
$$x_1, x_2 \geqslant 0 \text{ 且为整数}$$

求解 B3 所对应的线性规划松弛问题得到整数解 $Z_3 = 340$，$x_1 = 4$，$x_2 = 2$。

由于 $Z_3 > \overline{Z}$，于是我们得到了新的下界 $\overline{Z} = Z_3 = 340$。求解 B4 所对应的线性规划松弛问题得到 $Z_4 = 327$，$x_1 = 1.42$，$x_2 = 3$。

显然 Z_4 小于当前的下界，所以没有必要对 B4 进一步分支。现在我们回过头来考虑 B2，求解 B2 所对应的线性规划问题松弛问题得到如下解 $Z_2 = 341$，$x_1 = 5$，$x_2 = 1.57$。

由于 $Z_2 < \overline{Z} = 356$，所以我们更新上界为 $\overline{Z} = Z_2 = 341$。由于没有得到整数解，且 Z_4 大于我们当前的下界，所以我们还需要对 B2 进一步分支，x_2 不是整数，所以我们需要将 x_2 分解为 $x_2 \leq 1$ 以及 $x_2 \geq 2$ 两部分。不妨把添加约束 $x_2 \leq 1$ 的称作 B5 问题，把添加约束 $x_2 \geq 2$ 的称为 B6 问题。B5 问题为：

$$\max z = 40x_1 + 90x_2$$
$$\text{s. t. } 9x_1 + 7x_2 \leq 56$$
$$7x_1 + 20x_2 \leq 70$$
$$x_1 \geq 5$$
$$x_2 \leq 1$$
$$x_1 , x_2 \geq 0 \text{ 且为整数}$$

求解 B5 所对应的线性规划松弛问题得到最优解为 $Z_5 = 308$，$x_1 = 5.44$，$x_2 = 1$。

由于 Z_5 小于当前的下界，所以没有必要继续对 B5 分支，而 B6 所对应的线性规划松弛无可行解，算法到这里结束。原问题的最优目标函数值满足：

$$341 = \overline{Z} > Z^* > \underline{Z} = 340$$

显然 Z^* 只可能是 340 和 341 之间的一个，由于 340 的目标函数值所对应的解为整数解，而目标函数值为 341 时所对应的解不是整数解，所以原问题的最优目标函数值为 340，对应的 x_1 和 x_2 为 B3 问题的解。

8.5 割平面理论

割平面与分支定界法的相似之处在于其也是将整数规划的问题化为一系列普通的线性规划问题来求解。割平面解法的思路是：首先不考虑变量 x_i 是整数这一条件，仍然求解其相对应的线性规划问题，若得到非整数的最优解，则可以通过添加一些约束的方式把原可行域中非整数的部分割掉一部分，所添加的约束就是我们选择的割平面。下面我们主要介绍 Dantzig 割平面法和 Gomory 割平面法。

8.5.1 Dantzig 割平面法

考虑一个整数线性规划

$$\text{Maximize } cx$$
$$\text{s. t. } Ax = b$$
$$x \geq 0, \text{ 且为整数}$$

假定 $m \times (n+1)$ 的矩阵（A，b）的所有元素都是整数（否则本节程序无效）。如前所述，本问题的 LP 松弛只会降低对变量的完整性要求。

最简单的一种切割叫作 Dantzig 切割。根据 LP 理论，我们知道基变量是问题参数和非基变量值的函数，即：

$$x_B = B^{-1}b - B^{-1}Nx_N$$

其中，$A = (B, N)$，$x = (x_B, x_N)^T$。一个基解使 x_N 等于 0，但是 LP 的其他所有可行解，包括整数解，都可以通过设置 x_N 的某些元素为正值来得到。特别地，考虑由给出的 LP 松弛的最优解：

$$x_B = B^{-1}b$$

当这个向量是整数时，它对于 IP 问题必定是最优的。当它不是整数时，最优整数解必须有一些大于零的非基变量。设 Q 为非基变量的集合。因为最小的正整数是 1，下面的约束对每个整数解都必须成立。

$$\sum_{j \in Q} x_j \geqslant 1 \tag{8-1}$$

显然，目前的 LP 解不满足上述约束（8-1），但每个整数解（包括最优解）都满足，因此可以在松弛中加入这个切。

例子

考虑下述纯 IP 问题：

$$\text{Maximize } z = x_1 + x_2$$
$$C1: \text{s. t. } 5x_1 - 3x_2 + x_{s1} = 5$$
$$C2: -3x_1 + 5x_2 + x_{s2} = 5$$
$$x_1, x_2 \geqslant 0, \text{且为整数}$$
$$x_{s1}, x_{s2} \geqslant 0$$

松弛变量 x_{s1}，x_{s2} 在最优解中自动为整数，因为所有的问题参数都是整数，因此不需要在公式中包含这个限制。(x_1, x_2) 平面上可行域如图 8-2a 所示。叉号表示整数点。从图中可以看出五个可行的点。最优解为 $x = (2, 2)$。阴影区域描述了通过去除完整性要求而得到的 LP 的可行域。

求解 LP 松弛，可得分数阶解：

$$(x_1, x_2) = (2.5, 2.5), \text{且 } z = 5$$

非基变量是约束 C1 和 C2 的松弛，所以 Dantzig 切是：

$$x_{s1} + x_{s2} \geqslant 1$$

为了在图中显示这一点，我们注意到松弛可以用原始方程表示为结构变量的线性函数：

$$x_{s1} = 5 - 5x_1 + 3x_2 \text{ and } x_{s2} = 5 + 3x_1 - 5x_2$$

将这些值代入 Dantzig 割平面得到等价的不等式：

$$C3: 2x_1 + 2x_2 \leqslant 9$$

让 x_3 作为此约束的松弛变量。将约束 C3 添加到 LP 中并重新求解，得到的解 $(x_1, x_2) = (37/16, 35/16)$，$z = 9/2$，如图 8-2b 所示。图 8-2c 和 8-2d 描述了另外两个迭代。如我们所见，切割继续收紧可行区域并降低目标函数值。

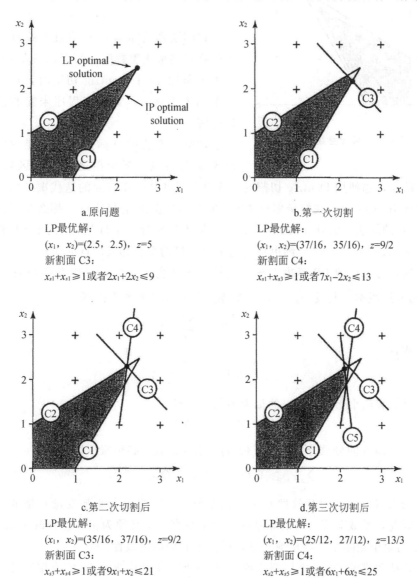

a.原问题
LP最优解：
$(x_1, x_2) = (2.5, 2.5)$，$z = 5$
新割面 C3：
$x_{s1} + x_{s1} \geqslant 1$ 或者 $2x_1 + 2x_2 \leqslant 9$

b.第一次切割
LP最优解：
$(x_1, x_2) = (37/16, 35/16)$，$z = 9/2$
新割面 C4：
$x_{s1} + x_{s3} \geqslant 1$ 或者 $7x_1 - 2x_2 \leqslant 13$

c.第二次切割后
LP最优解：
$(x_1, x_2) = (35/16, 37/16)$，$z = 9/2$
新割面 C3：
$x_{s3} + x_{s4} \geqslant 1$ 或者 $9x_1 + x_2 \leqslant 21$

d.第三次切割后
LP最优解：
$(x_1, x_2) = (25/12, 27/12)$，$z = 13/3$
新割面 C4：
$x_{s2} + x_{s5} \geqslant 1$ 或者 $6x_1 + 6x_2 \leqslant 25$

图 8-2 应用于例 3 的 Dantzig 切割

该例表明，随着切割次数的增加，我们可以更好地估计可行整数点的凸

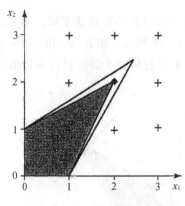

图 8-3　可行整数点的凸壳

包。图 8-3 中的阴影区域表示 conv（S），包括原始 IP 可行的所有整数点。本例中定义凸包的约束是非负性条件和

$$2x_1 - x_2 \leqslant 2$$
$$-x_1 + 2x_2 \leqslant 3$$

将问题作为带有这些约束的线性规划求解将得到最优整数解。然而，当在 LP 松弛中再添加 20 个 Dantzig 切割时，这两个约束均未生成。因此，该程序未能收敛到最优解。

切割平面法的目标是用尽可能少的切割来逼近凸包，至少在最优解的区域内。不幸的是，当使用 Dantzig 切割时，无法保证 LP 解在有限的迭代次数内收敛到最优 Integer 解。我们最多只能说，如果 x^* 是 IP 的最优解，那么基于约束（8-1）的算法收敛到 x^* 的一个必要（但不是充分）条件是 x^* 位于 LP 松弛 $\overline{S} = \{x: AX = b, x \geqslant 0\}$ 约束集的边上（连接两个相邻极值点的线）。

通过考虑松弛 LP 解决方案中的第 i 个基变量 $x_{B(i)}$，可以获得约束（8-1）的改进版本。假设 $x_{B(i)} = \overline{b}_i \neq$ 整数，写出第 i 个方程得到

$$x_{B(i)} = \overline{b}_i - \sum_{j \in Q} \overline{a}_{ij} x_j$$

或者

$$x_{B(i)} = [\overline{b}_i] + f_i - \sum_{j \in Q} \overline{a}_{ij} x_j$$

$[b]$ 表示小于或等于 b 的最大整数，并且

$$f_i = \overline{b}_i - [\overline{b}_i]$$

——即 $\overline{b}_i$ 的分数分量。为了使 $x_{B(i)}$ 成为整数，必须服从以下约束。

$$\sum_{j \in Q} x_j \geqslant 1, Q_i = \{j: j \in Q, \overline{a}_{ij} \neq 0\} \tag{8-2}$$

约束（8-2）的有效性基于当前基解（0 处的所有非基变量）是非整数的。因此，系数非零的当前非基变量中至少有一个必须为正。这种改进从 Dantzig 约束中删除了一些松弛变量，提高了它们的有效性。

这些改进的 Dantzig 切割［约束（8-2）］将产生求解 IP 的有限算法。然而，细节并不重要，因为基于约束（8-2）的算法不太可能比基于下一步导出的切割的算法做得更好。

8.5.2　Gomory 割平面法

Gomory 割平面法由 R，E Gomory 提出，与 Dantzig 割平面相比，Gomory 法使用了更多的信息，添加的割平面能够移除更多的非整数可行域。下面我们通过具体的例子来阐述 Gomory 割平面法的具体步骤。考虑如下的纯整数规划问题：

$$\max z = x_1 + x_2$$
$$\text{s. t. } -x_1 + x_2 \leqslant 1$$
$$3x_1 + x_2 \leqslant 4$$
$$x_1, x_2, \geqslant 0, \text{且为整数}$$

先不考虑整数条件，容易求得其对应的线性规划问题的最优解为 $x_1 = 3/4$，$x_2 = 7/4$，对应的最优目标函数值为 $z = 10/4$。

在原问题的前两个不等式中增加非负松弛变量 x_3 以及 x_4，使得两式变成等式约束。

$$-x_1 + x_2 + x_3 = 1$$
$$3x_1 + x_2 + x_4 = 4$$

用单纯形表解题得到最终的计算表如下：

表 8-1　计算表

x_1	1	0	$-1/4$	1/4	3/4
x_2	0	1	3/4	1/4	7/4

从最终的计算表中可知该整数规划所对应的线性规划松弛问题的最优解不满足整数约束。考虑其中的非整数变量，可以得到最终计算表中相应的关系式：

$$x_1 - x_3/4 + x_4/4 = 3/4$$
$$x_2 + 3x_3/4 + x_4/4 = 7/4$$

将系数和常数项分解成为整数和非负真分数两部分之和：

$$(1+0)x_1 + \left(-1 + \frac{3}{4}\right)x_3 + \left(\frac{1}{4}\right)x_4 = 0 + 3/4$$

$$x_2 + \frac{3}{4}x_3 + \frac{1}{4}x_4 = 1 + 3/4$$

然后将整数部分与分数部分分开，移到等式左右两边，得到：

$$x_1 - x_3 = \frac{3}{4} - \left(\frac{3}{4}x_3 + \frac{1}{4}x_4\right)$$

$$x_2 - 1 = \frac{3}{4} - \left(\frac{3}{4}x_3 + \frac{1}{4}x_4\right)$$

现在考虑整数约束条件，由于 x_1，x_2，x_3 都是整数，所以 x_1-x_3 和 x_2-1 一定也是整数，此外，由于 $\frac{3}{4}<1$，$\frac{3}{4}x_3+\frac{1}{4}x_4>0$，故有：

$$\frac{3}{4}-\left(\frac{3}{4}x_3+\frac{1}{4}x_4\right)\leqslant0$$

上式，就是我们使用 Gomory 法得到的割平面。

练 习

1. 找出图中网络的最小生成树，先从节点 1 开始，再从节点 5 开始。这两个答案是否相同？

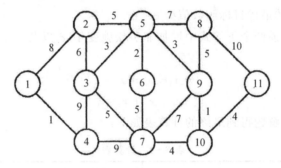

2. 解决下表中工作的线性排序问题。

工作	1	2	3	4	5	6	7	8	9	10
工作时间	10	12	2	8	3	15	9	2	19	6
惩罚	5	10	12	2	5	4	14	9	10	2

3. 找出平均完成时间最短的作业序列的问题也可以用贪婪算法解决。请注意，惩罚在标准中没有作用。用贪婪算法来解决这个问题，并使用练习 2 中的数据来说明计算。

4. 重新定义练习 2 中的表格以表示背包问题的数据。让术语"工作"变成"项目"，让"工作时间"变成"福利"，让"惩罚"变成"重量"。使用贪婪算法为重量为 40 个单位的背包选择物品。也用 LP 算法和 0-1 的 IP 算法来解决这个问题。评价这几个不同的解决方案。

5. 说明在练习 4 中开发的贪婪算法找到背包问题最佳解决方案的条件。对于给定的数据，指出算法提供的最佳解决方案的背包尺寸。

6. 下表显示了在阿拉斯加偏远地区的每对城镇之间修建公路的成本。道路可以双向行驶。目标是选择要建造的道路，以使总成本最小化。最终网络中的每对城镇之间必须有一条路径。将问题建模为 IP，并求解。也可以当作 MST 问题来解决。

城镇对	A−B	A−C	A−D	A−E	B−C	B−D	B−E	C−D	C−E	D−E
成本	100	150	250	90	140	230	40	110	130	70

7. 使用枚举法来解决 0−1 IP。绘制相应的搜索树并提供一个类似于表 8−5 的表格，列出每次迭代获得的结果。

$$\text{Minimize } 3x_1 + 7x_2 + 4x_3 + 5x_4$$
$$\text{Subject to } 2x_1 + x_2 + 3x_3 + 4x_4 \geqslant 6$$
$$x_1 + 2x_2 + 4x_3 + 2x_4 \geqslant 6$$
$$3x_1 + 4x_2 + x_3 + x_4 \geqslant 6$$
$$x_j = 0 \text{ or } 1, \ j = 1, 2, 3, 4$$

8. 下表给出了从三个拟建仓库中的每一个向六个客户中的每一个运输商品的单位成本。还列出了六个客户对该商品的需求。

仓库	顾客					
	1	2	3	4	5	6
1	9	13	2	12	3	3
2	7	2	13	4	12	10
3	1	12	14	6	7	13
需求	50	60	70	20	30	40

我们现在要决定在哪个地点建仓库。如果建成，每个仓库的容量是 200，位置 1、2 和 3 的建造成本分别是 500、600 和 700。使用枚举法找到仓库的最佳位置。对于选定的位置，使用软件附带的程序解决从枚举法中获得的每个完整解决方案的文本。并显示程序生成的搜索树。

9. 以下路径向量由深度优先搜索、分支定界算法生成，用于包含 10 个决策变量的 0−1 整数程序。

$$p_k = (-6, +5, +9, -4, +3)$$

（a）将每个问题变量确定为固定为 1、固定为 0 或自由。

（b）在搜索树中画出当前路径，显示哪些替代分支已经被探索，哪些还没有被探索。

（c）从 p_k 开始，沿 $x_8 = 0$ 方向在 x_8 上分开。显示下一个路径向量 p_{k+1}。

(d) 再次从 p_k 开始，回溯并显示新的 p_{k+1}。

10. 考虑问题

$$\text{Maximize } z = 3x_1 + 5x_2 + 8x_3 + x_4 + 3x_5 + 10x_6$$

$$\text{Subject to } 2x_1 + 2x_2 + 5x_3 + 3x_4 + x_5 + 8x_6 \leqslant 12$$

$$x_j = 0 \text{ or } 1, \ j = 1, \cdots, 6$$

一个可行的解是 $x_B = (1, 1, 0, 0, 0, 1)$，其中 $z_B = 18$。确定以下每种情况的松弛解。尽可能应用第 8.3 节中描述的测深规则。手动求解 LP 松弛解。

(a) 所有变量都是自由变量。

(b) $S^- = \{2\}$，$S^+ = \{5\}$

(c) $S^- = \{1, 6\}$，$S^+ = \varnothing$

(d) $S^- = \varnothing$，$S^+ = \{3, 6\}$

(e) $S^- = \{4, 6\}$，$S^+ = \{3\}$

11. 使用分支定界和 LP 松弛解决练习 10 中的背包问题。在每次迭代中，在松弛解中的分数变量上进行分支，并使用舍入技术找到可行的解，在表格中显示结果并绘制相应的搜索树。

12. 用分支定界法求解下面的 0−1 IP。绘制搜索树并在每个节点提供宽松的 LP 解决方案和任何其他相关信息。

$$\text{Maximize } z = 10x_1 + 30x_2 + 20x_3 + 20x_4 + 10x_5$$

$$\text{Subject to } 8x_1 + 12x_2 + x_3 + 8x_4 + 2x_5 \leqslant 15$$

$$x_1 + 7x_2 + 4x_3 + 10x_4 + 5x_5 \leqslant 20$$

$$x_1 + x_2 + 8x_3 + 3x_4 + 7x_5 \leqslant 11$$

$$x_j = 0 \text{ or } 1, \ j = 1, \cdots, 5$$

13. 用切割平面技术解决下面的 IP。

$$\text{Maximize } 4x_1 + 2x_2 + x_3$$

$$\text{Subject to } 14x_1 + 10x_2 + 11x_3 \leqslant 32$$

$$-10x_1 + 8x_2 + 9x_3 \geqslant 0$$

$$x_1, \ x_2, \ x_3 \geqslant 0 \text{ and integer}$$

放宽完整性要求并求解所得 LP 后，获得表中给出的目标值为 7.849 的解。

变量数	变量名	值	状态
1	x_1	1.208	BASIC−1
2	x_2	1.509	BASIC−2
3	x_3	0	ZERO
4	SLK−1 (x_4)	0	ZERO
5	SLK−1 (x_5)	0	ZERO

该解的基和基逆是

$$B=\begin{bmatrix} 14 & 10 \\ -10 & 8 \end{bmatrix} \text{和} B^{-1}=\frac{1}{212}\begin{bmatrix} 8 & -10 \\ 10 & 14 \end{bmatrix}$$

（a）从目前的信息可以推导出哪些 Gomory 切割？根据表中给出的解决方案中的非基变量来表达切割。

（b）根据原始结构变量写出在（a）部分中找到的切割。

（c）应该添加什么 Dantzig 切割来继续切割平面？

（d）根据原始结构变量写出 Dantzig 割。

（e）将 RHS 值最大的 Gomory cut 添加到原始 LP 并使用 LP 代码求出解。找出最优解中变量的值。随着削减的增加，目标值如何变化？

14. 找到下面 IP 的松弛 LP 解。

$$\text{Maximize } 2x_1+5x_2$$
$$\text{Subject to } x_1+x_2\leqslant 5$$
$$-x_1+x_2\leqslant 2$$
$$x_1-x_2\leqslant 2$$
$$x_1+x_2\geqslant 3$$
$$x_1,\ x_2\geqslant 0 \text{ and integer}$$

现在确定以下哪些切割可用于切割平面算法。约束不是累积的，因此应分别分析每个部分。在每种情况下证明你的结论。

（a）$x_1\leqslant 3$

（b）$x_2\leqslant 4$

（c）$x_1+3x_2\leqslant 10$

（d）$1.75x_3-0.75x_4\geqslant 0.25$（注意 x_3 和 x_4 分别是前两个约束的松弛变量）

15. 一家石油生产公司有 8 口井发生故障并且没有生产石油。工程师们估计了每口井"修完"所需的时间，以便恢复生产。还估计了每口井每天的产量损失量。一个"修井队"负责修理所有的井。

（a）编写一个数学规划模型，该模型可用于找到使油损失总量最小的修井计划。

（b）将下表中的数据与贪婪算法结合使用，确定最大限度减少总石油损失的修井计划。

井数量	修井时间（天）	产量损失（桶/天）
1	10	30
2	5	10

续表

井数量	修井时间（天）	产量损失（桶/天）
3	20	15
4	8	12
5	4	14
6	15	40
7	2	5
8	10	18

对解决方案不重要的一个说明：即使所有石油最终都是从一口井中生产出来的，但在油井停机时未生产的油量会延迟到油井寿命结束时。由于货币的时间价值，石油的收益在价值上可能会大幅减少，所以我们假设这个问题是损失的。

16. 在解决有向旅行商问题（TSP）时，可以使用分配问题（AP）作为放松。该方法将 TSP 的城际距离矩阵作为 AP 的成本矩阵。为这个矩阵求解 AP 会产生一组单元格，这样从每一行和每一列中选择的单元格不超过一个。

（a）解释为什么这种方法被认为是对 TSP 的放松。

（b）根据 TSP 解释 AP。

17. （分支和切割）如何将切割平面技术结合到隐式枚举技术中来解决纯 IP 问题？

（a）写出步骤。

（b）在什么情况下可以在搜索树的每个节点使用切割？

参考文献

[1] P. A. ，BARD，J. F. Operations Research Models and Methods ［M］. New York：John Wiley and Sons，2003.

[2]《运筹学》教材编写组 . 运筹学（第三版）［M］. 北京：清华大学出版社，2005.

[3] AHUJA，R. K. ，T. L. MAGNANTI，and J. B. ORLIN. Network Flows：Theory，Algorithms，and Applications ［M］. Englewood Cliffs，NJ：Prentice-Hall，1993.

[4] BALAS，E. ，S. CERIA，G. CORNUEJOLS，and N. NATRAJ. "Gomory Cuts Revisited"［J］. Operations Research Letters Vol. 19，1996：1—9.

[5] BARD，J. F. ，G. KONTORAVDIS，and G. YU. "A Branch-and-Cut Proce-

dure for the Vehicle Routing Problem with Time Windows" [J]. Transportation Science Vol. 36, No. 2, 2002: 250—269.

[6] BARNHART, C., E. L. JOHNSON, G. L. NENHAUSER, M. W. P. SAVELSBERGH, and P. H. VANCE. "Branch and Price: Column Generation for Solving Huge Integer Programs" [J]. Operations Research Vol. 46, No. 3, 1998: 316—329.

[7] MURTY, K. G. Network Programming [M]. Englewood Cliffs, NJ: Prentice-Hall, 1992.

[8] PINEDO, M. Scheduling: Theory, Algorithms, and Systems [M]. Englewood Cliffs, NJ: Prentice-Hall, 1995.

[9] SAVELSBERGH, M. W. P. "Preprocessing and Probing Techniques for Mixed Integer Programming Problems" [J]. ORSA Journal on Computing, Vol. 6, No. 4, 1994: 445—454.

[10] SUHL, U. H. and R. SZYMANSKI. "Supernode Processing of Mixed-Integer Models" Working paper [D]. Institut filr Wirtschaftsinfomatik und Operations Research, Free University of Berlin, Berlin, 1994.

[11] WOLSEY, L. A. Integer Programming [M]. New York: Wiley, 1998.

第9章 动态规划

9.1 动态规划概述

规划问题的最终目的是确定各决策变量的取值，进而使目标函数达到极值。在线性规划和非线性规划中，决策变量均以集合形式对待；然而，也会需要面临决策变量分期、分批处理的多阶段决策情况。多阶段决策问题是指：问题可分解为若干个相互联系的阶段，每一阶段分别对应一组决策集合，即构成过程的每个阶段均进行一次决策。将各阶段决策综合起来构成一个决策序列，称为策略。由于各个阶段的决策不同，对应整个过程可以有一系列不同的策略。其中，某个过程采取某个具体策略时，相应可以得到一个确定的效果；不同阶段采取不同的策略，会得到不同的效果。多阶段的决策问题，是要在所有可采取的策略中选取一个最优的策略，以便得到最佳的效果。动态规划（dynamic programming）同前面的各种优化方法不同，它不是一种算法，而是一种考察问题的途径。动态规划是一种求解多阶段决策问题的系统技术，它横跨整个规划领域（线性规划和非线性规划）。当然，由于动态规划不是一种特定的算法，它不像线性规划有标准的数学表达式和明确的定义，动态规划针对具体问题进行具体分析处理。

多阶段决策问题中，有些问题对阶段的划分具有明显的时序性，动态规划的"动态"由此而得名。20世纪40年代末到50年代初，在兰德公司（Rand Corporation）从事研究工作的贝尔曼（Bellman）首先提出动态规划的概念。1957年贝尔曼发表了数篇研究论文，并出版了他的第一部著作《动态规划》。《动态规划》成为当时仅有的研究和应用动态规划的理论源泉。1961年贝尔曼出版了第二部著作，并于1962年同杜瑞佛思（Dreyfus）合作出版了第三部著作。在贝尔曼及其助手们致力发展和推广这一技术的同时，其他一些学者也对动态规划发展做出了重大贡献，其中值得一提的是爱尔思（Aris）和梅特顿（Mitten）。爱尔思先后于1961年和1964年出版了两部关于动态规划的著作，并于1964年与尼姆霍思尔（Nemhauser）、威尔德（Wild）创建了处理分枝、循环性多阶段决策系统的一般性理论。梅特顿提出了许多对动态规划后来发展具有重要意义的基础观点，并对明晰动态规划路径的数学性质做出了巨大贡献。

动态规划在工程技术、经济管理等社会各个领域都有着广泛的应用，并且都起到了显著的推动发展作用。在经济管理方面，动态规划可用来解决最优路径、资源分配、生产调度、库存管理以及生产过程最优控制等问题，是经济管理的重要决策技术。许多规划问题用动态规划的方法来处理，常比线性规划或非线性规划更有效。特别是对于离散的问题而言，由于解析数学无法发挥作用，动态规划成为一种非常有用的工具。

动态规划按决策过程和决策变量可分为不同种类。按照决策过程演变是否确定可分为确定性动态规划和随机性动态规划；按照决策变量取值是否连续可分为连续性动态规划和离散性动态规划。本章主要介绍动态规划的基本概念、理论和方法，并通过多个典型的案例讲解这些理论和方法的应用。

许多计划和控制问题涉及如何随时间变化做一系列决策。第一个决定之后是第二个决定，第二个决定之后是第三个决定，依次类推。这一进程也许会无限继续下去。因为"动态"这个词描述的是随时间变化，而规划是计划的同义词，所以动态规划的最初定义是"随时间变化的计划"。在有限的意义上，重要的是与时间有关的现象和影响这些现象的决定。这与其他形式的数学规划形成对比，其他的数学规划常（但不总是）描述静态决策问题。和许多领域一样，动态规划定义范畴越来越广，包含涉及决策问题的分析方法，而这些决策不一定是连续的，但可视为连续过程的。从扩展的意义上说，动态规划（DP）除了包含规划问题外，还包含了解决方法。当决策集有界离散，目标函数非线性的时候，该方法为最优方法。

本章主要讨论确定性离散系统建模。建模需要状态和决策的定义，以及有效性的度量。为了方便计算，需要从实际问题中抽象或减少复杂性，以正确使用动态规划对问题进行建模。

动态规划被描述为最一般的优化方法，因为它具有较大的普适性。但许多情况下，由于部分计算条件无法满足，有时并不能使用动态规划。在涉及不连续函数或离散变量的情况，动态规划可能是唯一实用的解决方法。下面我们所举的例子为典型的问题。

9.1.1　多阶段决策过程描述

有这样一类活动过程，其整个过程可分为若干相互联系的阶段，每一阶段都要做出相应的决策，以呈现最佳的活动效果。任何一个阶段（stage，即决策点）都是由输入（input）、决策（decision）、状态转移律（transformation function）和输出（output）构成的，如图 9 - 1（a）所示。其中输入和输出也称为状态（state），输入称为输入状态，输出称为输出状态。

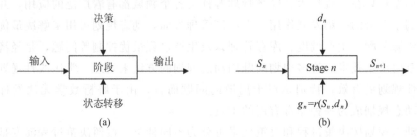

图 9 - 1　多阶段过程

由于每一阶段都有一个决策，所以每一阶段都应存在一个衡量决策效益大小的指标函数，这一指标函数称为阶段指标函数，用 g_n 表示。显然 g_n 是状态变量 S_n 和决策变量 d_n 的函数，即 $g_n = r(S_n, d_n)$，如图 9 - 1（b）所示。显然，输出是输入和决策的函数，即：

$$S_{n+1} = f(S_n, d_n) \#$$ (9 - 1)

式（9 - 1）即为状态转移律。在由 N 个阶段构成的过程里，前一个阶段的输出即为后一个阶段的输入。

9.1.2　动态规划术语

动态规划的数学描述离不开它的一些基本概念与符号，因此有必要在介绍多阶段决策过程的数学描述的基础上，系统地介绍动态规划的一些基本概念。

阶段（stage）：阶段是过程中需要做出决策的决策点。描述阶段的变量称为阶段变量，常用 k 来表示。阶段的划分一般是根据时间和空间的自然特征来进行的，但要便于将问题的过程转化为多阶段决策的过程。对于具有 N 个阶段的决策过程，其阶段变量 $k = 1, 2, \cdots, N$。

状态（state）：状态表示每个阶段开始所处的自然状况或客观条件，它描述了研究问题过程的状况。状态既反映前面各阶段系列决策的结局，又是本阶段决策的一个出发点和依据；它是各阶段信息的传递点和结合点。各阶段的状态通常用状态变量 S_k 来加以描述。作为状态应具有这样的性质：如果某阶段状态给定后，则该阶段以后过程的发展不受此阶段以前各阶段状态的影响。换句话说，过程的历史只能通过当前的状态来影响未来，当前的状态是以往历史的一个总结。这个性质称为无后效性（the future is independent of the past）或健忘性（the process is forgetful）。

决策（decision）：决策是指决策者在所面临的若干个方案中做出的选择。决策变量 d_k 表示第 k 阶段的决策。决策变量 d_k 的取值会受到状态 S_k 的某种限制，用 $d_k(S_k)$ 表示第 k 阶段状态为 S_k 时决策变量允许的取值范围，称为允许决策集合，因而有 $d_k(S_k) \in D_k(S_k)$。

状态转移律（transformation function）：状态转移律是确定由一个状态到另一状态演变过程的方程，这种演变的对应关系记为 $S_{k+1} = T_k(S_k, d_k)$。

策略（policy）与子策略（sub-policy）：由所有阶段决策所组成的一个决策序列称为一个策略，具有 N 个阶段的动态规划问题的策略可表示为：

$$\{d_1(S_1), d_2(S_2), \cdots, d_N(S_N)\}$$

从某一阶段开始到过程终点为止的一个决策子序列，称为过程子策略或子策略。从第 k 个阶段起的一个子策略可表示为：

$$\{d_k(S_k), d_{k+1}(S_{k+1}), \cdots, d_N(S_N)\}$$

指标函数：指标函数有阶段指标函数和过程指标函数之分。阶段指标函数是对应某一阶段决策的效率度量，用 $g_k = r(S_k, d_k)$ 来表示；过程指标函数是用来衡量所实现过程优劣的数量指标，是定义在全过程（策略）或后续子过程（子策略）上的一个数量函数，从第 k 个阶段起的一个子策略所对应的过程指标函数常用 $G_{k,N}$ 来表示，即：

$$G_{k,N} = R(S_k, d_k, S_{k+1}, d_{k+1}, \cdots, S_N, d_N)$$

构成动态规划的过程指标函数，应具有可分性并满足递推关系，即：

$$G_{k,N} = g_k \oplus G_{k+1,N}$$

这里的 $\oplus$ 表示某种运算，最常见的运算关系有如下两种：

①过程指标函数是其所包含的各阶段指标函数的"和"，即：

$$G_{k,N} = \sum_{j=k}^{N} g_j$$

于是

$$G_{k,N} = g_k + G_{k+1,N}$$

②过程指标函数是其所包含的各阶段指标函数的"积"，即：

$$G_{k,N} = \prod_{j=k}^{N} g_j$$

于是

$$G_{k,N} = g_k \times G_{k+1,N}$$

最优指标函数：从第 k 个阶段起的最优子策略所对应的过程指标函数称为最优指标函数，可以用式（9-2）表示：

$$f_k(S_k) = \operatorname*{opt}_{d_{k \sim N}} \{g_k \oplus g_{k+1} \oplus \cdots \oplus g_N\} \qquad (9-2)$$

其中"opt"是最优化"optimization"的缩写，可根据题意取最大"max"或最小"min"。在不同的问题中，指标函数的含义可能是不同的，它可能是距离、利润、成本、产量或资源量等。

9.1.3　动态规划模型

动态规划的数学模型除包括式（9-2）外，还包括阶段的划分、各阶段的状态变量和决策变量的选取、允许决策集合和状态转移律的确定，等等。

如何获得最优指标函数呢？一个 N 阶段的决策过程，具有如下一些特性：

①刚好有 N 个决策点；

②对阶段 k 而言，除了其所处的状态 S_k 和所选择的决策 d_k 外，再没有任何其他因素影响决策的最优性了；

③阶段 k 仅影响阶段 $k+1$ 的决策，这一影响是通过 S_{k+1} 来实现的；

④贝尔曼（Bellman）最优化原理：在最优策略的任意一阶段上，无论过去的状态和决策如何，对过去决策所形成的当前状态而言，余下的诸决策必须构成最优子策略。

根据贝尔曼（Bellman）最优化原理，可以将式（9-2）表示为递推最优指标函数关系式（9-3）或式（9-4）：

$$f_k(S_k) = \mathop{\mathrm{opt}}\limits_{d_{k \sim N}} \{g_k \oplus g_{k+1} \oplus \cdots \oplus g_N\} = \mathop{\mathrm{opt}}\limits_{d_k} \{g_k + f_{k+1}(S_{k+1})\} \qquad (9-3)$$

$$f_k(S_k) = \mathop{\mathrm{opt}}\limits_{d_{k \sim N}} \{g_k \oplus g_{k+1} \oplus \cdots \oplus g_N\} = \mathop{\mathrm{opt}}\limits_{d_k} \{g_k \times f_{k+1}(S_{k+1})\} \qquad (9-4)$$

利用式（9-3）和式（9-4）可表示出最后一个阶段（第 N 个阶段，即 $k = N$）的最优指标函数：

$$f_N(S_N) = \mathrm{opt}_{d_N} \{g_N + f_{N+1}(S_{N+1})\} \qquad (9-5)$$

$$f_N(S_N) = \mathrm{opt}_{d_N} \{g_N \times f_{N+1}(S_{N+1})\} \qquad (9-6)$$

其中 $f_{N+1}(S_{N+1})$ 称为边界条件。一般情况下，第 N 阶段的输出状态 S_{N+1} 已经不再影响本过程的策略，即式（9-5）中的边界条件 $f_{N+1}(S_{N+1}) = 0$，式（9-6）中的边界条件 $f_{N+1}(S_{N+1}) = 1$；但当问题第 N 阶段的输出状态 S_{N+1} 对本过程的策略产生某种影响时，边界条件 $f_{N+1}(S_{N+1})$ 就要根据问题的具体情况取适当的值，这一情况我们将在后续例题中加以反映。

已知边界条件 $f_{N+1}(S_{N+1})$，利用式（9-3）或式（9-4）即可求得最后一个阶段的最优指标函数 $f_N(S_N)$；有了 $f_N(S_N)$，继续利用式（9-3）或式（9-4）即可求得最后两个阶段的最优指标函数 $f_{N-1}(S_{N-1})$；有了 $f_{N-1}(S_{N-1})$，进一步又可以求得最后三个阶段的最优指标函数 $f_{N-2}(S_{N-2})$；反复递推下去，最终即可求得全过程 N 个阶段的最优指标函数 $f_1(S_1)$，从而使问题得到解决。由于上述最优指标函数的构建是按阶段的逆序从后向前进行的，所以也称为动态规划的逆序算法。

通过上述分析可以看出，任何一个多阶段决策过程的最优化问题，都可以用非线性规划（特殊的可以用线性规划）模型来描述。因此，一般也可以用非线性规划（或线性规划）的方法来求解。那么利用动态规划求解多阶段决策过程有什么优越性，又有什么局限性呢？

动态规划的优点：第一，求解更容易、效率更高。动态规划方法是一种逐步改善法，它把原问题化成一系列结构相似的最优化子问题，而每个子问题的变量个数比原问题少得多，约束集合也简单得多，故较易于确定最优解；第二，解的信息更丰富。非线性规划（或线性规划）的方法是对问题的整体进行一次性求解的，因此只能得到全过程的解；而动态规划方法是将过程分解成多个阶段进行求解的，因此不仅可以得到全过程的解，同时还可以得到所有子过程的解。

动态规划的缺点：第一，没有一个统一的标准模型。由于实际问题不同，其动态规划模型也就有所差异，模型构建存在一定困难；第二，应用条件苛刻。由于构造动态规划模型状态变量必须满足“无后效性”条件，这一条件不仅依赖于状态转移律，还依赖于允许决策集合和指标函数的结构，不少实际问题在取其自然特征作为状态变量时并不满足这一条件，这就降低了动态规划的通用性；第三，状态变量存在“维数障碍”。最优指标函数 $f_k(S_k)$ 是状态变量的函数，当状态变量的维数增加时，最优指标函数的计算量将成指数倍增长。因此，无论是手工计算还是电算“维数障碍”都是无法完全克服的。

9.2 最优化原理

动态规划多阶段决策过程的特点是每个阶段都要进行决策，具有 n 个阶段的决策过程的策略是由 n 个相继进行的阶段决策构成的决策序列。由于前阶段的终止状态又是后一阶段的初始状态，因此确定阶段最优决策不能只从本阶段的效应出发，必须通盘考虑，整体规划。也就是说，阶段 k 的最优决策不应只是本阶段的最优，还必须是本阶段及其所有后续阶段的总体最优，即关于整个后部子过程的最优决策。

针对具有无后效性的多阶段决策过程的特点，我们可以得到多阶段决策的最优性原理。整个过程的最优策略具有这样的性质，即无论过程过去的状态和决策如何，对前面的决策所形成的状态而言，余下的诸决策必须构成最优策略。

简而言之，最优性原理的含意就是：最优策略的任何一部分子策略也必须是最优的。

假设动态规划中，需要做出的决策依次为 D_1，D_2，…，D_n，如若这个决策序列是最优的，对于任何一个整数 $1<k<n$，不论前面 k 个决策是怎样的，以后的最优决策只取决于由前面决策所确定的当前状态，即以后的决策 D_{k+1}，D_{k+2}，…，D_n 也是最优的。

最优化原理是动态规划的基础。任何一个问题，如果失去了这个最优化原理的支持，就不可能用动态规划方法计算。能采用动态规划求解的问题都需要满足以下条件：

①问题中的状态必须满足最优化原理；

②问题中的状态必须满足无后效性。

所谓的无后效性是指：下一时刻的状态只与当前状态有关，而和当前状态之前的状态无关，当前的状态是对以往决策的总结。

9.3 投资组合例子

假设存在以下投资情形：共有 10 个投资单位，有 8 个可能的投资机会；最后，每单位未使用的投资可获得 0.5 单位的利润。表 9-1 是每单元投资在不同机会轮数中可能获得的机会回报情况。

表 9-1 每单元投资在不同机会轮数中可能获得的机会回报情况

投资单元	投资机会回报（r_{ij}）									
（j）	机会（i）									
	1	2	3	4	5	6	7	8	1	2
0	0	0	0	0	0	0	0	0	0	0
1	4.1	1.8	1.5	2.2	1.3	4.2	2.2	1.0	4.1	1.8
2	5.8	3.0	2.5	3.8	2.4	5.9	3.5	1.7	5.8	3.0
3	6.5	3.9	3.3	4.8	3.2	6.6	4.2	2.3	6.5	3.9
4	6.8	4.5	3.8	5.5	3.9	6.8	4.6	2.8	6.8	4.5

9.3.1 整数模型

决策变量：

x_{ij}：二元变量，$x_{ij}=1$ 表示我们将 j 个投资单位分配给机会 i。

y：未使用的投资额。

$$\max \sum_{i=1}^{8} \sum_{j=0}^{4} r_{ij} X_{ij} + 0.5y$$

$$\text{subject to} \sum_{i=1}^{8} \sum_{j=0}^{4} j X_{ij} + y = 10$$

$$\sum_{j=0}^{4} X_{ij} = 1, \text{for } i = 1, \cdots, 8$$

$$X_{ij} \in \{0,1\}, y \geqslant 0$$

9.3.2 动态规划模型

①向后分析

②假设我们已经为前 7 个机会制定了决策，并且有 8 个机会的投资单位。

问题：如何在机会 8 上投资？

投资 $d=0$ 单位：利润 = 0.5s；

投资 $d=1$ 单位：仅当 $s \geqslant 1$ 时获利 = $r_{81} + 0.5 \, (s-1)$；

投资 $d=2$ 单位：仅当 $s \geqslant 2$ 时获利 = $r_{82} + 0.5 \, (s-2)$；

投资 $d=3$ 单位：仅当 $s \geqslant 3$ 时获利 = $r_{83} + 0.5 \, (s-3)$；

投资 $d=4$ 单位：仅当 $s \geqslant 4$ 时获利 = $r_{84} + 0.5 \, (s-4)$；

最好的选择是 $\max_d \{r_{8d} + 0.5 s_d \mid 0 \leqslant d \leqslant 4, \, d \leqslant s\}$ 给定 s 的可用金钱，这是机会 8 的最大利润。我们将其表示为 $f(8, s)$。

9.3.3 动态规划迭代

阶段：按顺序解决问题。在每个阶段，都考虑一个投资机会。

状态：每个阶段可使用的资金。

决策：当前阶段要使用的金额，取决于当前阶段和状态。

最优值函数：从当前阶段到决策过程结束的总利润。

$f(8, s) = \max_d \{r_{8d} + 0.5 s_d \mid 0 \leqslant d \leqslant 4, \, d \leqslant s\}$。在阶段 $i=8$，对于状态 s，最大利润为 $f(8, s)$。

第 8 阶段的计算详细过程如下：

$f(8,0) = 0$

$f(8,1) = \max_d \{r_{8,0} + 0.5(1), r_{8,1}\} = 1.0$

$f(8,2) = \max_d \{r_{8,0} + 0.5(2), r_{8,1} + 0.5(1), r_{8,2}\} = 1.7$

$f(8,3) = \max_d \{r_{8,0} + 0.5(3), r_{8,1} + 0.5(2), r_{8,2} + 0.5(1), r_{8,3}\} = 2.3$

$f(8,4) = \max_d \{r_{8,0} + 0.5(4), r_{8,1} + 0.5(3), r_{8,2} + 0.5(3), r_{8,3}$
$\qquad + 0.5(3), r_{8,4}\} = 2.8$

$$f(8,5)=\max_d\{r_{8,0}+0.5(5),r_{8,1}+0.5(4),r_{8,2}+0.5(4),r_{8,3}$$
$$+0.5(3),r_{8,4}+0.5(1)\}=3.3$$

$$f(8,6)=\max_d\{r_{8,0}+0.5(6),r_{8,1}+0.5(5),r_{8,2}+0.5(4),r_{8,3}$$
$$+0.5(3),r_{8,4}+0.5(2)\}=3.8$$

$f(8,7)$, $f(8,8)$, $f(8,9)$, $f(8,10)$.

1. 后退一个阶段

考虑阶段 $i=7$ 和状态 s 不同的决定：

投资 $d=0$，则所有可用资金进入阶段 8，因此总利润为 $f(8,s)$。

投资 $d=1$，我们得到利润 r_{71}。然后在阶段 8，可用资金将为 $s-1$。

两个阶段的总利润为 $r_{71}+f(8,s-1)$，投资 $d=2$，我们得到利润 r_{72}。然后在阶段 8，可用资金将为 $s-2$。总利润是 $r_{72}+f(8,s-2)$。

投资 $d=3$ 和 $d=4$ 等过程同理。

为了获得最佳选择，我们需要 $f(7,s)=\max_d\{r_{7d}+f(8,s_d)\mid 0\leqslant d\leqslant 4,$ $d\leqslant s\}$。

2. 递归

令 $f(i,s)$ 是从阶段 i，$i+1$，…，到阶段 8 的最大总利润，给定 s 的状态，我们有一个动态规划（DP）递归

$$f(i,s)=\max_d\{r_{id}+f(i+1,s_d)\mid 0\leqslant d\leqslant 4,d\leqslant s\}$$

状态转换：(i,s) 到 $(i+1,s_d)$ 具有最佳决策 d。得到后，就可以获得问题的最优解。

$f(1,10)$：从第 1 阶段到第 8 阶段的最大利润，最初有 10 个货币单位。

3. 回溯

回溯用于确定每个阶段的最佳解决方案。

$f(1,10)$：给出关于总利润的最优解决方案，而不是每个阶段的最优决策。

对于每个 (i,s)，记录如何从 $f(i+1,s')$ 获得 $f(i,s)$：

例如，决策 d_{1*} 对于 $f(1,10)$ 是最佳的：

$$f(1,10)=r_{i,d1*}+f(2,10-d_{1*})=\max_d\{r_{1d}+f(2,10-d)\}$$

我们知道我们应该为机会 1 投资 d_1，然后我们看一下如何获得 $f(2,10-d_1)$，并知道如何在第 2 阶段进行投资。

4. 实际操作

初始化：对于 $s=0$，1，…，10，计算 $f(8,s)$。对于将 $i=7$ 后退到 $i=1$ 的情况，请执行以下操作：对于 $s=0$，1，…，10：根据 DP 递归计算 $f(i,s)$，记录每个 (i,s) 的最佳决策，输出 $f(1,10)$ 和每个阶段的相应决策。

5. 动态规划公式

识别阶段，状态，决策和最优值功能：阶段可以超过"实际"时间，也可以简单地认为是一个决策序列。

递归方程：将两个连续阶段的状态与最佳决策联系起来。

最终条件：计算 DP 的起点，也称为终止条件或初始条件。

6. DP 的优点

高效计算：我们必须计算的状态数：$8 * 11$。通常，$I * S$，其中 I 是阶段数，S 是每个阶段的状态数。要计算每个状态，我们需要进行 5 次比较。通常，假设我们需要考虑 D 选项，总体计算：$I * S * D$。

同时，使用动态规划可以获得更多过程信息：如果我们只有 7 个单位的货币会怎样？那我们只需要看 $f(1, 7)$ 的值。

7. 最优原则

在给定当前阶段和状态的情况下，其余每个阶段的最佳决策都不受先前的状态和决策影响。在投资示例中：机会 i，$i+1$，…，8 的最佳决策仅取决于可用的钱数（或等价地由机会 1，…，$i-1$ 使用了多少），而不取决于钱如何分配给机会 1，…，$i-1$。

初期　　　中级阶段　　　最后阶段

图 9 - 2　动态规划迭代阶段

8. 当动态规划失败时

假设利润还取决于不同机会之间的相关性，如果同时选择了机会 s 和 t，则获利折扣 u_{st}。此时，先前的 DP 无效；仅知道机会 3 有 3 个单位的货币还不足以对机会 8 做出最佳决策，我们还需要知道 1 到 7 的每个机会是否都有任何投资。

9.4　最短路线问题

考虑以下情况：美国黑金石油公司（The Black Gold Petroleum Company）在阿拉斯加（Alaska）的北斯洛波（North Slope）发现了大的石油储量。为了大规模开发这一油田，首先必须建立相应的运输网络，使北斯洛波生产的原油能运至美国的 3 个装运港之一。在油田的集输站（结点 C）与装运港（结点

P_1、P_2、P_3）之间需要若干个中间站。试确定一条最佳的输运线路，使原油的输送距离最短。

解：最短路线有一个重要性质，即如果由起点 A 经过 B 点和 C 点到达终点 D 是一条最短路线，则由 B 点经 C 点到达终点 D 一定是 B 到 D 的最短路线（贝尔曼最优化原理）。此性质用反证法很容易证明，因为若不是最短路线的话，那么从 B 点到 D 点有另一条距离更短的路线存在，不妨假设为 B—P—D；从而可知路线 A—B—P—D 比原路线 A—B—C—D 距离短，这与原路线 A—B—C—D 是最短路线相矛盾，性质得证。

根据最短路线的这一性质，寻找最短路线的方法就是从最后阶段开始，由后向前逐步递推求出各点到终点的最短路线，最后求得由始点到终点的最短路；即动态规划的方法是从终点逐段向始点方向寻找最短路线的一种方法。按照动态规划的方法，将此过程划分为 4 个阶段，即阶段变量 $k = 1$，2，3，4；取过程在各阶段所处的位置为状态变量 S_k，按逆序算法求解。

当 $k = 4$ 时：

由节点 M_{31} 到达目的地有两条路线可以选择，即选择 P_1 或 P_2。故：

$$f_4(S_4 = M_{31}) = \min \begin{Bmatrix} 8 \\ 6 \end{Bmatrix} = 6 \quad 选择 \ P_2$$

由节点 M_{32} 到达目的地有三条路线可以选择，即选择 P_1、P_2 或 P_3。故：

$$f_4(S_4 = M_{32}) = \min \begin{Bmatrix} 4 \\ 3 \\ 7 \end{Bmatrix} = 3 \quad 选择 \ P_2$$

由节点 M_{33} 到达目的地也有三条路线可以选择，即选择 P_1、P_2 或 P_3。故：

$$f_4(S_4 = M_{33}) = \min \begin{Bmatrix} 7 \\ 6 \\ 5 \end{Bmatrix} = 5 \quad 选择 \ P_3$$

由节点 M_{34} 到达目的地有两条路线可以选择，即选择 P_2 或 P_3。故：

$$f_4(S_4 = M_{34}) = \min \begin{Bmatrix} 3 \\ 4 \end{Bmatrix} = 3 \quad 选择 \ P_2$$

当 $k = 3$ 时：

由节点 M_{21} 到达下一阶段有三条路线可以选择，即选择 M_{31}、M_{32} 或 M_{33}。故：

$$f_3(S_3 = M_{21}) = \min \begin{Bmatrix} 10+6 \\ 7+3 \\ 6+5 \end{Bmatrix} = 10 \quad 选择 \ M_{32}$$

由节点 M_{22} 到达下一阶段也有三条路线可以选择，即选择 M_{31}、M_{32} 或 M_{33}。故：

$$f_3(S_3=M_{22})=\min\begin{Bmatrix}9+6\\7+3\\5+5\end{Bmatrix}=10 \quad 选择\ M_{32}\ 或\ M_{33}$$

由节点 M_{23} 到达下一阶段也有三条路线可以选择，即选择 M_{32}、M_{33} 或 M_{34}。故：

$$f_3(S_3=M_{23})=\min\begin{Bmatrix}11+3\\4+5\\6+3\end{Bmatrix}=9 \quad 选择\ M_{33}\ 或\ M_{34}$$

当 $k=2$ 时：

由节点 M_{11} 到达下一阶段有两条路线可以选择，即选择 M_{21} 或 M_{22}。故：

$$f_2(S_2=M_{11})=\min\begin{Bmatrix}8+10\\6+10\end{Bmatrix}=16 \quad 选择\ M_{22}$$

由节点 M_{12} 到达下一阶段也有两条路线可以选择，即选择 M_{22} 或 M_{23}。故：

$$f_2(S_2=M_{12})=\min\begin{Bmatrix}9+10\\11+9\end{Bmatrix}=19 \quad 选择\ M_{22}$$

当 $k=1$ 时：

由节点 C 到达下一阶段有两条路线可以选择，即选择 M_{11} 或 M_{12}。故：

$$f_1(S_1=C)=\min\begin{Bmatrix}12+16\\10+19\end{Bmatrix}=28 \quad 选择\ M_{11}$$

从而通过顺序（计算的反顺序）追踪（黑体标示）可以得到两条最佳的输运线路：$C—M_{11}—M_{22}—M_{32}—P_2$；$C—M_{11}—M_{22}—M_{33}—P_3$。最短的输送距离是 280 千米。

9.5 资源分配问题

所谓资源分配问题，就是将一定数量的一种或若干种资源（如原材料、机器设备、资金、劳动力等）恰当地分配给若干个使用者，以使资源得到最有效地利用。设有 m 种资源，总量分别为 b_i（$i=1,2,\cdots,m$），用于生产 n 种产品，若用 x_{ij} 代表用于生产第 j 种产品的第 i 种资源的数量（$j=1,2,\cdots,n$），则生产第 j 种产品的收益是其所获得的各种资源数量的函数，即 $g_j=f(x_{1j}, x_{2j},\cdots,x_{mj})$。由于总收益是 n 种产品收益的和，此问题可用如下静态模型加以描述：

$$\begin{cases} \max z = \sum_{j=1}^{n} g_j \\ \sum_{j=1}^{n} x_{ij} = b_i \quad (i=1,2,\cdots,m) \\ x_{ij} \geqslant 0 \quad (i=1,2,\cdots,m; j=1,2,\cdots,n) \end{cases}$$

若 x_{ij} 是连续变量，当 $g_j = f(x_{1j}, x_{2j}, \cdots, x_{mj})$ 是线性函数时，该模型是线性规划模型；当 $g_j = f(x_{1j}, x_{2j}, \cdots, x_{mj})$ 是非线性函数时，该模型是非线性规划模型。若 x_{ij} 是离散变量或（和）$g_j = f(x_{1j}, x_{2j}, \cdots, x_{mj})$ 是离散函数时，此模型用线性规划或非线性规划来求解都将是非常麻烦的。然而，由于这类问题的特殊结构，可以将它看成为一个多阶段决策问题，并利用动态规划的递推关系来求解。

本书只考虑一维资源的分配问题，设状态变量 S_k 表示分配于从第 k 个阶段至过程最终（第 N 个阶段）的资源数量，即第 k 个阶段初资源的拥有量；决策变量 x_k 表示第 k 个阶段资源的分配量。于是有状态转移律：

$$S_{k+1} = S_k - x_k$$

允许决策集合：

$$D_k(S_k) = \{x_k \mid 0 \leqslant x_k \leqslant S_k\}$$

最优指标函数（动态规划的逆序递推关系式）：

$$\begin{cases} f_k(S_k) = \max_{0 \leqslant x_k \leqslant S_k} \{g_k(x_k) + f_{k+1}(S_{k+1})\} \quad (k=N,N-1,N-2,\cdots,1) \\ f_{N+1}(S_{N+1}) = 0 \end{cases}$$

利用这一递推关系式，最后求得的 $f_1(S_1)$ 即为所求问题的最大总收益，下面来看一个具体的例子。

某公司拟将 500 万元的资本投入所属的甲、乙、丙三个工厂进行技术改造，各工厂获得投资后年利润将有相应的增长，增长额如下表所示。试确定 500 万元资本的分配方案，以使公司总的年利润增长额最大。

表 9 - 2　改造后的年利润增长额

投资额	100 万元	200 万元	300 万元	400 万元	500 万元
甲	30	70	90	120	130
乙	50	100	110	110	110
丙	40	60	110	120	120

解：将问题按工厂分为三个阶段 $k=1，2，3$，设状态变量 $S_k(k=1，2，3)$ 代表从第 k 个工厂到第 3 个工厂的投资额，决策变量 x_k 代表第 k 个工厂的投资额。于是有状态转移率 $S_{k+1}=S_k-x_k$、允许决策集合 $D_k(S_k)=\{x_k \mid 0 \leqslant x_k \leqslant S_k\}$ 和递推关系式：

$$\begin{cases} f_k(S_k)=\max_{0\leqslant x_k\leqslant S_k}\{g_k(x_k)+f_{k+1}(S_k-x_k)\} & (k=3,2,1) \\ f_4(S_4)=0 \end{cases}$$

当 $k=3$ 时：

$$f_3(S_3)=\max_{0\leqslant x_3\leqslant S_3}\{g_3(x_3)+0\}=\max^{0\leqslant x_3\leqslant S_3}\{g_3(x_3)\}$$

于是有如下数据结果，表中 x_3^* 表示第三个阶段的最优决策。

表 9-3　第三阶段决策情况（单位：百万元）

S_3	0	1	2	3	4	5
x_3^*	0	1	2	3	4	5
$f_3(S_3)$	0	0.4	0.6	1.1	1.2	1.2

当 $k=2$ 时：

$$f_2(S_2)=\max_{0\leqslant x_2\leqslant S_2}\{g_2(x_2)+f_3(S_2-x_2)\}$$

于是有如下结果：

表 9-4　第二阶段决策情况（单位：百万元）

S_2 \ x_2	\multicolumn{6}{c}{$g_2(x_2)+f_3(s_2-x_2)$}	$f_2(S_2)$	x_2^*
	0	1	2	3	4	5		
0	0+0						0	0
1	0+0.4	0.5+0					0.5	1
2	0+0.6	0.5+0.4	1.0+0				1.0	2
3	0+1.1	0.5+0.6	1.0+0.4	1.1+0			1.4	2
4	0+1.2	0.5+1.1	1.0+0.6	1.1+0.4	1.1+0		1.6	1，2
5	0+1.2	0.5+1.2	1.0+1.1	1.1+0.6	1.1+0.4	1.1+0	2.1	2

当 $k=1$ 时：

$$f_1(S_1)=\max_{0\leqslant x_1\leqslant S_1}\{g_1(x_1)+f_2(S_1-x_1)\}$$

于是有下表：

表 9-5　第一阶段决策情况（单位：百万元）

S_1 \ x_1	$g_1(x_1)+f_2(s_1-x_1)$						$f_1(S_1)$	x_1^*
	0	1	2	3	4	5		
5	0+2.1	0.3+1.6	0.7+1.4	0.9+1.0	1.2+0.5	1.3+0	2.1	0, 2

然后按计算表格的顺序反推算，可知最优分配方案有两个：①甲工厂投资 200 万元，乙工厂投资 200 万元，丙工厂投资 100 万元；②甲工厂没有投资，乙工厂投资 200 万元，丙工厂投资 300 万元。按最优分配方案分配投资（资源），年利润将增长 210 万元。

9.6　存贮控制问题

由于供给与需求在时间上存在差异，需要在供给与需求之间构建存贮环节以平衡这种差异。存贮物资需要付出资本占用费和保管费等，过多的物资储备意味着浪费；而过少的储备又会影响需求造成缺货损失。存贮控制问题就是要在平衡双方的矛盾中，寻找最佳的采购批量和存贮量，以期达到最佳的经济效果。

假设某鞋店销售一种雪地防潮鞋，以往的销售经历表明，此种鞋的销售季节是从 10 月 1 日至 3 月 31 日。下个销售季节各月的需求预测值如下表所示：

表 9-6　各月的需求预测值（单位：双）

月份	10	11	12	1	2	3
需求	40	20	30	40	30	20

该鞋店的此种鞋完全从外部生产商进货，进货价每双 4 美元。进货批量的基本单位是箱，每箱 10 双。由于存贮空间的限制，每次进货不超过 5 箱。对应不同的订货批量，进价享受一定的数量折扣，具体数值如下表所示：

表 9-7　不同订货批量下的数量折扣

进货批量	1箱	2箱	3箱	4箱	5箱
数量折扣	4%	5%	10%	20%	25%

假设需求是按一定速度均匀发生的，订货不需时间，但订货只能在月初办理一次，每次订货的采购费（与采购数量无关）为 10 美元。月存贮费按每月

月底鞋的存量计，每双 0.2 美元。由于订货不需时间，所以销售季节外的其他月份的存贮量为"0"。试确定最佳的进货方案，以使总的销售费用最小。

解：阶段：将销售季节 6 个月中的每一个月作为一个阶段，即 $k=1$，2，…，6；

状态变量：第 k 阶段的状态变量 S_k 代表第 k 个月初鞋的存量；

决策变量：决策变量 x_k 代表第 k 个月的采购批量；

状态转移律：$S_{k+1}=S_k+x_k-d_k$（d_k 是第 k 个月的需求量）；

边界条件：$S_1=S_7=0$，$f_7(S_7)=0$；

阶段指标函数：$r_k(S_k，x_k)$ 代表第 k 个月所发生的全部费用，即与采购数量无关的采购费 C_k、与采购数量成正比的购置费 G_k 和存贮费 Z_k。其中：

$$C_k\begin{cases}0，x_k=0\\10，x_k>0\end{cases}；G_k=p_x\times x_k；Z_k=0.2(S_k+x_k-d_k)$$

最优指标函数：最优指标函数具有如下递推形式：

$$f_k(S_k)=\min_{x_k}\{C_k+G_k+Z_k+f_{k+1}(S_{k+1})$$
$$=\min_{x_k}\{C_k+G_k+0.2(S_k+x_k=d_k)+f_{k+1}(S_k+x_k-d_k)\}$$

当 $k=6$ 时（3月）：

S_6	0	10	20
x_6	20	10	0
$f_6(S_6)$	86	48	0

当 $k=5$ 时（2月）：

S_5 \ x_5	0	10	20	30	40	50	x_5^*	$f_5(S_5)$
0				204	188	164	50	164
10			172	168	142		40	142
20		134	136	122			30	122
30	86	98	90				0	86
40	50	52					0	50
50	4						0	4

当 $k=4$ 时（1月）：

S_4 \ x_4	0	10	20	30	40	50	x_4^*	$f_4(S_4)$
0					302	304	40	302
10				282	282	286	30、40	282
20			250	262	264	252	20	250
30		212	230	244	230	218	10	212
40	164	192	212	210	196	170	0	164
50	144	174	178	176	152		0	144
60	126	140	144	132			0	126

当 $k=3$ 时（12月）：

S_3 \ x_3	0	10	20	30	40	50	x_3^*	$f_3(S_3)$
0				420	422	414	50	414
10			388	402	392	384	50	384
20		350	370	372	362	332	50	332
30	302	332	340	342	310	314	0	302
40	284	302	310	290	292	298	0	284

当 $k=2$ 时（11月）：

S_2 \ x_2	0	10	20	30	40	50	x_2^*	$f_2(S_2)$
0			500	504	474	468	50	468
10		462	472	454	446	452	40	446

当 $k=1$ 时（10月）：

S_1 \ x_1	0	10	20	30	40	50	x_1^*	$f_1(S_1)$
0					606	608	40	606

利用状态转移律，按上述计算的逆序可推算出最优策略：10月份采购4箱（40双），11月份采购5箱（50双），12月份不采购，1月份采购4箱（40双），2月份采购5箱（50双），3月份不采购；最小的销售费用为606美元。

练 习

1. 某公司有资金 10 万元，若投资于项目 $i(i=1，2，3)$ 的投资额为 x_i，其收益分别为 $g(x_i)=4x_i$，$g(x_2)=9x_2$，$g(x_3)=2x_3^2$，应如何分配投资数额才能使总收益最大？请建立动态规划模型进行求解。

2. 某公司拟将 5 台设备分配给所属的甲、乙、丙三个工厂，各工厂可以为公司获得的利润如下表所示。请你为公司计算应该如何分配这 5 台设备到 3 个工厂，才能使得公司获得的总利润最大，并求出最大利润。

设备数/工厂	甲	乙	丙
0	0	0	0
1	3	5	4
2	7	10	6
3	9	11	11
4	12	11	12
5	13	11	12

参考文献

[1] 清华大学教材编写组．运筹学（第三版）［M］．北京：清华大学出版社，2005.

第 10 章　动态规划算法

10.1　Wagner 和 Whitin 算法

考虑以下情形：制定 T 期生产计划，每个周期的需求称为 d_t；定义 t 期间的产量为 x_t；时期 t 的库存水平为 y_t；每个期间 t 的生产成本为 $f_t(x_t)$；每个期间 t 的库存成本为 $h_t(y_t)$；目标：将总成本降至最低。

假设：

x_t 和 d_t 均为整数；

①阶段：不同时期。

②状态：当前库存水平 y_{t-1}。

③决策：生产数量 x_t。

④值函数：$F(t, y)$：假设当前库存水平为 y，则从 t 到 T 的最小成本。

最后时期假设要求 $y_T = 0$

⑤$F(t, y)$：期间 T 的最低成本

* 对于 $y < d_T$，$F(T, y) = f_T(d_T - y)$

* 对于 $y > d_T$，$F(T, y) = +\infty$

* 对于其他任何时间 t，$F(t, y) = \min\limits_{x} \{ f_t(x) + h_t(y + x - d_t) + F(t+1, y + x - d_t) \}$

最佳解决方案：

假设初始库存为 0，则可通过逆向推导至 $F(1, 0)$ 来得到最优解。

Wagner-Whitin 方法（WW）被用于在一个限定的范围内为变质库存管理中离散的订单问题寻找一个最佳的解决方案。其在 1958 年被提出，用来解决单产品、无条件约束的多阶段批量生产问题。本章将通过以下例子来更具体地介绍 WW 方法。

现求解一个五周期动态批量生产模型的最优生产计划，其中 $K = \$250$，$c = \$2$，$h = \$1$，$d_1 = \$220$，$d_2 = \$280$，$d_3 = \$360$，$d_4 = \$140$ 以及 $d_5 = \$270$，假设初始库存水平为零。

考虑上述最优生产策略，我们将考虑在第 1 段期间生产 0 到 $d_1+d_2+d_3+d_4+d_5=1270$ 单元之间的任何数量的可能性。因此，第 2 期状态（第 2 期进入库存）可能为 0，1，$\cdots$，$1270-d_1=1050$，我们需确定 $f_2(0)$、$f_2(1)$、$\cdots$、$f_2(1050)$。因此，使用第 10.1 节的动态规划方法来找到最佳生产计划需要大量的计算工作。然而 WW 方法，极大简化了动态批量模型的最优生产计划的计算。引理 1 和 2 是 Wagner-Whitin 算法发展所必需用到的，因此这里先列出。

引理 1：假设在一个时期 t 内产生一个正量是最优的。然后，对于一些 $j=0$，1，$\cdots$，$T-t$，期间 t 产生的数量必须是这样的，在 t 期生产之后，数量 $d_t+d_{t+1}+\cdots+d_{t+j}$ 将库存。换句话说，如果生产发生在 t 期，我们必须（对于某些 j）产生一个完全满足 t，$t+1$，$\cdots$，$t+j$ 期的需求的量。

引理 2：如果在 t 期内生产任何东西是最优的，那么 $d_{t-1}<d_t$。换句话说，生产不能在 t 期内发生，除非没有足够的库存来满足 t 期的需求。

假设：如果 $x_t>0$ 生产成本 $f_t(x_t)=K+cx_t$ 且 $f_t(0)=0$，库存成本 $h_t(y_t)=hy_t$，该假设可以推广到任何凹函数，且不允许回溯（也可以放宽）。通过分析问题可以得到高效的动态规划程序。

属性 1：存在一个最优解，如果我们想要在 t 时段进行生产，那么必须使用 x_t 来满足 d_t，d_{t+1}，$\cdots$，$d_{t+j}(j\geqslant0)$，即生产必须是后续期间的需求总和。

属性 2：如果在 t 时期生产是最优的，那么 $d_{t-1}<d_t$。并且如果有足够的库存，就无法开始生产，只有当库存为 0 时才能开始生产。

所以问题就变成了，如果我们想要在 t 时期生产，我们需要确定未来的周期。就类似于机器更换问题，定义 $F(t)$ 为从 t 期到 $t+j$ 期的最小成本，假设生产发生在 t 期，进货库存为 0。

$$F(t)=\min_j\{C_{tj}+F(t+j+1)|j=0,1,\cdots,T-t\}$$
$$C_{tj}=K+c(d_t,d_{t+1},\cdots,d_{t+j})+h(\cdots)$$

其中，C_{tj} 是 $[t,t+j]$ 内的成本，$c(d_t,d_{t+1},\cdots,d_{t+j})$ 是 $[t,t+j]$ 内的生产成本。

可通过逆向推导至 $F(1)$ 得到最优解。

分析：只有当生产成本函数是固定时，计算时可以忽略可变生产成本（cx_t），我们才能完成这个步骤。为了得到 DP 的形式，需要对问题性质进行分析，特别是最优解的形式。

允许回溯

在最优解中，如果在 t 时段有产量，则 t 期不可能有正的进货库存，必须有一个时期 $t+j$，$j\geqslant0$，使得 $y_{t+j}=0$。

最优解的形式：整个规划范围 $[1，T]$ 被划分为若干子范围，因此：①每个子范围内没有库存或积压；②每个子范围内只有一个产品；③每个子范围的决策是独立的。

对于每个时期 t，假设它是子范围的起始周期，我们要确定子范围的长度。将 $F(t)$ 定义为从 t 期到 $t+j$ 期的最小总成本，则：

$$F(t)=\min_j\{G(t,t+j)+F(t+j+1)|j=0,1,\cdots,T-t\}$$

其中 $G(t，t+j)$ 是子范围 $[t，t+j]$ 的最小成本。

计算 $G(t，t+j)$：总需求为 D_t，则 $D_{t+j}=d_t+d_{t+1}+\cdots+d_{t+j}$，其中 D_t，D_{t+j} 必须满足一个单一的生产，假设生产发生在 s 期，则总成本可以用 $g(t，t+j，s)$ 表示。$G(t，t+j)$ 是通过列举所有的 $s(t\leqslant s\leqslant t+j)$ 情况下的成本得到的，公式如下：

$$G(t,t+j)=\min_s\{g(t,t+j,s)|s=t,t+1,\cdots,t+j\}$$

最终条件：$F(T+1)=0$

最优解：$F(1)$

10.2　单机规划算法

假设我们有 n 个作业要在一台机器上处理，每个作业都有对应的处理时间 p_j 和到期日 d_j，如果作业 j 的完成时间大于 d_j，则表示作业 j 需要延期完成，如果作业 j 延期完成，将蒙受损失 w_j。

①目标：最小化总损失。

②最优调度形式：最优计划包括准时工作和后期工作两部分，其中所有准时上班的工作，均按工作日期的非递减次序排列，后期作业的顺序是任意的。

③假设：$d_1\leqslant d_2\leqslant\cdots\leqslant d_n$。

④阶段变量：从作业 1 开始的每项工作。

⑤j 阶段的决定：是否把作业 j 作为一个延期工作。

⑥状态：只考虑准时的子计划，已知长度的第一个 j 作业的子调度，其中第一批工作有些是准时的，有些是后期的。

令 $F(j，t)$ 为第 j 个作业的准时子调度的最小损失，假设调度长度为 t，考虑子计划中的最后一项工作，如果最后一个作业是作业 j，那么我们有 $F(j，t)=F(j-1，t-p)$（只有当 $t\leqslant d_j$ 时才可行）；如果最后一个作业不是作业 j，那么 $F(j，t)=F(j-1，t)+w_j$，并且作业 j 一定是延期作业。

$$F(j,t)=\begin{cases}F(j-1,t)+w_j & if\ t>d_j\\ \min\{F(j-1,t)+w_j,F(j-1,t-p_j)\} & if\ t\leqslant d_j\end{cases}$$

⑦动态规划的提出。

初始条件：$F(1, 0) = w_1$；如果 $p_1 \leqslant d_1$，则 $F(1, p_1) = 0$；否则，$F(1, t) = +\infty$。

⑧最优解：$\min\limits_{t} \{F(n, t)\}$ 为长度为 t 的作业的最优准时子范围。

10.3 多机规划算法

假设我们有 n 个作业，有两台相同的机器可用，作业处理时间为 p_j，令 $P_j = p_1 + \cdots + p_j$。将作业分配给两台机器，尽量缩短最后一项工作的完成时间，即最大完工时间。

考虑第一个 j 工作的子计划，如果机器 1 的总处理时间为 x，则机器 2 的总处理时间为 $P_j - x$，最大完工时间 $M(j, x) = \max\{x, p_j - x\}$。

我们需要找到：①最小的 $M(n, x)$；②确实存在这样的子进度表。

令 $G(j, x) = 1$，如果第一个 j 作业有一个子调度，其中机器 1 上的处理时间总和为 x，否则 $G(j, x) = 0$（其中，$G(j, x) = \max\{G(j-1, x), G(j-1, x-p_j)\}$）。

初始条件：$G(1, 0) = 1$；$G(1, p_1) = 1$；对于其他 x，$G(1, x) = 0$。

最优解：$\mathrm{Min}\{M(n, x), \text{for } G(j, x) = 1\}$。

10.4 背包问题算法求解

对于一组 n 个物品，每一个都有一个重量 w_j，价值为 v_j，我们有一个容量为 B 的背包，相对于总重量。

问题：将物品以最大价值打包到背包。

①假设：所有的权值都是整数 w_j。

②阶段：在每个阶段对一个项目做出决策。

③正向动态规划：设 $F(j, b)$ 为背包容量为 b 的第 j 个物品的最大值
$$F(j, b) = \max\{F(j-1, b), F(j-1, b-w_j) + v_j\}$$

如果 $b < w_1$，$F(1, b) = 0$；如果 $b \geqslant w_1$，$F(1, b) = v_1$。

④后向动态规划：设 $G(j, b)$ 为 $j, j+1, \cdots, n$ 所能得到的最大值，其背包容量为 b，则我们有
$$G(j, b) = \max\{G(j+1, b), G(j+1, b-w_j) + v_j\}$$

我们用下列案例对背包问题与求解算法进行展开。

有一个人带一个背包上山，其可携带物品重量的限度为 a 公斤。设有 n 种

物品可供他选择装入背包，这 n 种物品编号为 1，2，$\cdots$，n。已知第 i 种物品每件重量为 w_i 公斤，在上山过程中的作用（价值）是携带数量 x_i 的函数 $c_i(x_i)$。问此人应如何选择携带物品（各几件），使所起作用（总价值）最大？这就是经典的背包问题，类似的应用场景还有工厂中的下料、运输中的货物装载和人造卫星中的物品装载等。

设 x_i 为第 i 种物品的装入件数，则该问题可以建立以下数学模型进行表达和求解：

$$\max f = \sum_{i=1}^{n} c_i(x_i)$$

$$\begin{cases} \sum_{i=1}^{n} w_i x_i \leqslant a \\ x_i \geqslant 0 \text{ 且为整数}(i = 1, 2, \cdots, n) \end{cases}$$

它可以看作是整数规划问题，如果 x_i 只取 0 或 1，则又称其为 $0-1$ 背包问题。下面我们将用动态规划的方法来求解。

设按可装入物品的 n 种类划分为 n 个阶段。

状态变量 w_i 表示用于装第 1 种物品至第 k 种物品的总重量。

决策变量 x_k 表示装入第 k 种物品的件数。则状态转移方程为：

$$\widetilde{w} = w - x_k w_k$$

允许决策集合为：

$$D_k(w) = \left\{ x_k \,\middle|\, 0 \leqslant x_k \leqslant \left[\frac{w}{w_k}\right] \right\}$$

最优值函数 $f_k(w)$ 是当总重量不超过 w 公斤，背包中可以装入第 1 种到第 k 种物品的最大使用价值。

即 $f_k(w) = \max\limits_{\substack{\sum_{i=1}^{n} w_i x_i \leqslant w \\ x_i \geqslant 0, \text{且为整数}(i=1,2,\cdots,k)}} \sum_{i=1}^{k} c_i(x_i)$

因而可写出动态规划的顺序递推关系为：

$$f_1(w) = \max_{x_1 = 0, 1, \cdots, [w/w_1]} c_1(x_1)$$

$$f_k(w) = \max_{x_k = 0, 1, \cdots, [w/w_k]} \{c_k(x_k) + f_{k-1}(w - w_k x_k)\} \quad 2 \leqslant k \leqslant n$$

然后，逐步计算出 $f_1(w)$，$f_2(w)$，$\cdots$，$f_k(w)$ 及相应的决策函数 $x_1(w)$，$x_2(w)$，$\cdots$，$x_n(w)$，最后得出的 $f_n(a)$ 就是所求的最佳值，其相应的最优策略由反推运算即可得出。

接下来，我们将使用实例展示如何使用动态规划求解背包问题。

若有如下情形需求解 x_1，x_2，x_3。

$$\max f = 4x_1 + 5x_2 + 6x_3$$

$$\begin{cases} 3x_1 + 4x_2 + 5x_3 \leqslant 10 \\ x_i \geqslant 0 \text{ 且为整数，} i = 1, 2, 3 \end{cases}$$

用动态规划方法来求解，那么该问题可以变为求解 $f_3(10)$。

而

$$f_3(10) = \max_{\substack{3x_1 + 4x_2 + 5x_3 \leqslant 10 \\ x_i \geqslant 0, \text{且为整数}, i=1,2,3}} \{4x_1 + 5x_2 + 6x_3\}$$

$$= \max_{\substack{3x_1 + 4x_2 \leqslant 10 - 5x_3 \\ x_i \geqslant 0, \text{且为整数}, i=1,2,3}} \{4x_1 + 5x_2 + (6x_3)\}$$

$$= \max_{\substack{10 - 5x_3 \geqslant 0 \\ x_3 \geqslant 0, \text{且为整数} 3}} \{6x_3 + \max_{\substack{3x_1 + 4x_2 \leqslant 10 - 5x_3 \\ x_1 \geqslant 0, x_2 \geqslant 0, \text{且为整数}}} [4x_1 + 5x_2]\}$$

$$= \max_{x_3 = 0,1,2} \{6x_3 + f_2(10 - 5x_3)\}$$

$$= \max\{0 + f_2(10), 6 + f_2(5), 12 + f_2(0)\}$$

由此可以看出，要计算 $f_3(10)$ 的值必须先得到 $f_2(10)$，$f_2(5)$，$f_2(0)$。而

$$f_2(10) = \max_{\substack{3x_1 + 4x_2 \leqslant 10 \\ x_1 \geqslant 0, x_2 \geqslant 0, \text{且为整数}}} \{4x_1 + 5x_2\}$$

$$= \max_{\substack{3x_1 \leqslant 10 - 4x_2 \\ x_1 \geqslant 0, x_2 \geqslant 0, \text{且为整数}}} \{4x_1 + (5x_2)\}$$

$$= \max_{\substack{10 - 4x_2 \geqslant 0 \\ x_2 \geqslant 0, \text{且为整数}}} \{5x_2 + \max_{\substack{3x_1 \leqslant 10 - 4x_2 \\ x_1 \geqslant 0, \text{且为整数}}} (4x_1)\}$$

$$= \max_{x_2 = 0,1,2} \{5x_2 + f_1(10 - 4x_2)\}$$

$$= \max\{f_1(10), 5 + f_1(6), 10 + f_1(2)\}$$

以此类推，可以推导出 $f_2(5)$，$f_2(0)$ 为以下表示形式：

$$f_2(5) = \max_{\substack{3x_1 + 4x_2 \leqslant 5 \\ x_1 \geqslant 0, x_2 \geqslant 0, \text{且为整数}}} \{4x_1 + 5x_2\} = \max_{x_2 = 0} \{5x_2 + f_1(5 - 4x_2)\}$$

$$= \max\{f_1(5), 5 + f_1(1)\}$$

$$f_2(0) = \max_{\substack{3x_1 + 4x_2 \leqslant 0 \\ x_1 \geqslant 0, x_2 \geqslant 0, \text{且为整数}}} \{4x_1 + 5x_2\} = \max_{x_2 = 0} \{5x_2 + f_1(0 - 4x_2)\} = f_1(0)$$

为了计算出 $f_2(10)$，$f_2(5)$，$f_2(0)$，必须先计算出 $f_1(10)$，$f_1(6)$，

$f_1(5)$，$f_1(2)$，$f_1(1)$，$f_1(0)$，一般有

$$f_1(w) = \max_{\substack{3x_1 \leqslant w \\ x_1 \geqslant 0, \text{且为整数}}} (4x_1) = 4 \times (\text{不超过 } w/3 \text{ 的最大整数}) = 4 \times [w/3]$$

相应的最优决策为 $x_1 = [w/3]$，于是可以得到：

表 10-1　$f_1(w)$ 及相应的决策变量 x_1

$f_1(10) = 4 \times 3 = 12$	$(x_1 = 3)$
$f_1(6) = 4 \times 2 = 8$	$(x_1 = 2)$
$f_1(5) = 4 \times 1 = 4$	$(x_1 = 1)$
$f_1(2) = 4 \times 0 = 0$	$(x_1 = 0)$
$f_1(1) = 4 \times 0 = 0$	$(x_1 = 0)$
$f_1(0) = 4 \times 0 = 0$	$(x_1 = 0)$

从而

$$f_2(10) = \max\{f_1(10), 5 + f_1(6), 10 + f_2(0)\}$$
$$= \max\{12, \ 5+8, \ 10+0\} = 13$$

此时 $x_1 = 2$，$x_2 = 1$；

$$f_2(5) = \{f_1(5), 5 + f_1(1)\}$$
$$= \max\{4, \ 5+0\} = 5$$

此时 $x_1 = 0$，$x_2 = 1$；

$$f_2(0) = f_1(0) = 0$$

此时 $x_1 = 0$，$x_2 = 0$。

因此最后可求得 $f_3(10)$ 为

$$f_3(10) = \max\{0 + f_2(10), 6 + f_2(5), 12 + f_2(0)\}$$
$$= \max\{13, \ 6+5, \ 12+0\} = 13$$

此时 $x_1 = 2$，$x_2 = 1$，$x_3 = 0$。所以，最优装入方案为 $x_1^* = 2$，$x_2^* = 1$，$x_3^* = 0$，最大使用价值为 13。

需要注意以下几点：

①若使用计算机进行计算时，对 $f_1(w)$ 和 $f_2(w)$（$w = 0, 1, \cdots, 10$）的值都应算出并存储起来备用。

②在实际问题中，当 a 不大时，为了计算的简便，可以将单位重量 w_i 排序成递减序列，然后逐个分析 x_i 能取值的可能性，并适当加以比较调整，删掉某些可能性，此时可以节省计算量。

③当 n 很大时，就会产生存储量过大的问题。如果 $c_i(x_i)$ 都是线性函数

$c_i x_i$的情况，可以按照单位重量的佳值$\rho_i = c_i / w_i (i = 1, 2, \cdots, n)$由小到大进行排列。设有$\rho_1 \leqslant \rho_2 \leqslant \cdots \leqslant \rho_{n-1} \leqslant \rho_n$，则对于给定的可供装入重量$w$，如果$w < w_n$，背包内当然无法容纳第$n$种物品，即最优解中$x_n^* = 0$；如果$w = k w_n$（$k$为正整数），背包内必然仅含有第$n$种物品，即最优解为$x_n^* = k$，$x_i^* = 0 (i \neq n)$；如果$w > w_n$且不是$w_n$的整数倍，这时背包容纳了第$n$种物品，甚至可能不是最优解。但可以找到一个粗略的估算公式：当$w \geqslant \dfrac{\rho_n}{\rho_n - \rho_{n-1}} w_n$成立时，最优解中$x_n^*$一定大于或等于1，即一定要装入第$n$种物品；该过程可以作为验证的必要条件对所求结果进行验算。

上面例子中只考虑了背包重量的限制，其也可称为"一维背包问题"。如果还增加背包体积限制为b，并假设第i种物品每件的体积为v_i立方米，问应如何装使得总价值最大，那此时即为"二维背包问题"，其数学模型为

$$\max f = \sum_{i=1}^{n} c_i(x_i)$$

$$\begin{cases} \displaystyle\sum_{i=1}^{n} w_i x_i \leqslant a \\ \displaystyle\sum_{i=1}^{n} v_i x_i \leqslant a \\ x_i \geqslant 0 \text{ 且为整数}(i = 1, 2, \cdots, n) \end{cases}$$

用动态规划方法求解，此时其思想方法与一维背包问题相似，只是此时的状态变量共有2个，决策变量仍是1个（物品的件数）。设最优值函数$f_k(w, v)$表示当总重量不超过w公斤，总体积不超过v立方米时，背包中装入第1种到第k种物品的最大使用价值。因此：

$$f_k(w, v) = \max_{\substack{\sum_{i=1}^{n} w_i x_i \leqslant w \\ \sum_{i=1}^{n} v_i x_i \leqslant v \\ x_i \geqslant 0, \text{且为整数}(i=1,2,\cdots,k)}} \sum_{i=1}^{k} c_i(x_i)$$

因而可写出顺序递推关系式为

$$f_k(w, v) = \max_{0 \leqslant x_k \leqslant \min\left\{\left[\frac{w}{w_k}\right], \left[\frac{v}{v_k}\right]\right\}} \{c_k(x_k) + f_{k-1}(w - w_k x_k, v - v_k x_k)\} \quad 1 \leqslant k \leqslant n$$

$$f_0(w, v) = 0$$

最后算出$f_n(a, b)$，即为所求的最大价值。

练　习

1. 请使用动态规划的方法解决如下题目：

有一书店引进了一套书，共有 3 卷，每卷书定价是 60 元。书店为了搞促销，推出如下活动：

如果单独购买其中一卷，那么可以打 9.5 折。

如果同时购买两卷不同的，那么可以打 9 折。

如果同时购买三卷不同的，那么可以打 8.5 折。

如果小明希望购买第 1 卷 x 本，第 2 卷 y 本，第 3 卷 z 本，那么至少需要多少钱呢？（x、y、z 为三个已知整数）。

2. n 个作业 $\{1, 2, \cdots, n\}$ 要在由 2 台机器 $M1$ 和 $M2$ 组成的流水线上完成加工。每个作业加工的顺序都是先在 $M1$ 上加工，然后在 $M2$ 上加工。$M1$ 和 $M2$ 加工作业 i 所需的时间分别为 ai 和 bi。求确定这 n 个作业的最优加工顺序，使得从第一个作业在机器 $M1$ 上开始加工，到最后一个作业在机器 $M2$ 上加工完成所需的时间最少。

3. 用两台处理机 A 和 B 处理 n 个作业。设第 i 个作业交给 A 处理要时间 $a[i]$，B 处理要时间 $b[i]$。由于机器和作业问题，可能对于某些 i，有 $a[i] >= b[i]$，而对于某些 $j(j!=i)$，可能有 $a[j] < b[j]$。不能把一个作业分给两台机器处理，也不能一个机器同时处理两个作业。设计一个动态规划算法使这两台机器处理完这 n 个作业时间最短（从任何一台机器开始工作到最后一台机器停工的总时间），研究一个实例 $a[6] = \{2, 5, 7, 10, 5, 2\}$，$b[6] = \{3, 8, 4, 11, 3, 4\}$。

参考文献

[1] HEADY R B, ZHU Z. AN IMPROVED IMPLEMENTATION OF THE WAGNER-WHITIN ALGORITHM [J]. Production and Operations Management，1994，3（1）：55—63.

[2] 《运筹学》教材编写组. 运筹学（第三版）[M]. 北京：清华大学出版社，2005.

第 11 章　非线性规划

我们知道线性规划（LP）模型的所有函数都是线性的。基于此，求解时能够借助模型本身的三个结论辅助分析。首先，模型所有的局部最优都是全局最优；其次，目标函数的最优解个数有限时，可行解集中至少存在一个极值点为最优解；最后，从可行区域的任意极值点出发，向一个改进方向移动到相邻的极值点可在有限步长内找到最优极值点。单纯形法运用了以上结论和思路来求解线性规划问题，通过有限步迭代，从线性规划可行域/集的一个顶点出发沿使目标函数值下降的方向不断寻求可行解，最后一个即为最优解，并多次证明其应用有效。

然而，实际生活中较多问题为非线性规划问题，仅仅构建解决线性规划问题的模型是远远不够的。因此，许多学者都试图构建非线性模型以达到同样解决问题的效率。为简化问题求解，大部分情况下，线性模型的参数和自变量实际上是复杂问题的近似和简化。例如，在平常的舱口设计中，剪切应力、弯曲应力和挠度常用翼缘厚度和梁高作为参数的多项式函数来进行表达进而构建等式求解，这就是一种近似求解；类似的参数设计情况在组学特别是工程设计中比比皆是。

非线性规划（NLP，nonlinear programming）能够在目标函数或约束条件出现未知量且不便于进行线性处理的非线性函数时解决问题，许多学者致力于研究并构建非线性规划的方法。本章我们将会研究多种非线性规划在不同问题背景下的应用，并讨论解决问题过程中所遇到的困难。虽然学者们提出非线性规划来解决现实问题，但非线性规划求解研究尚达不到线性规划模型的研究水平，非线性规划的模型求解性能仍弱于线性规划。此外，除了结构化问题之外，非线性规划的解可能只是局部最优点而非全局最优点，此时需要我们在求解后进行判断并再次确认。为更好地解决问题，在对问题使用模型进行求解前，我们应该对问题及其约束条件进行详细分析，以了解研究问题的线性或非线性后再选择合适的模型求解。

11.1 产品制造例子Ⅱ

为体会非线性规划模型能更贴近真实情况，有更高的模拟准确率和有效性，本章我们将使用非线性规划模型对本书第 2 章提到的生产计算实例进行求解，通过和线性规划模型求解的求解结果对比说明非线性规划的优点。此外，本小节我们也将借助这个实例的求解来介绍线性编程的原理和概念。

线性规划和非线性规划模型的唯一区别在于变量的设置，这关系到了变量表达式如何表达以及所求结果的含义。表 11-1 至表 11-3 提供了收入和成本数据，此外还提供了产量、机器容量、原始物料和材料用量等参数有关的信息。接下来，先使用线性规划模型对问题求解，在对其所得结论进行研究和分析后，再使用几种非线性规划模型对其求解，对比计算所得的结论讨论其含义和造成差异的原因。

表 11-1 市场数据

产品	P	Q	R
收入	$ 90	100	70
最大销量	100	40	60

表 11-2 机器数据

机器	处理时间（分钟/单位）			可用时间（分钟）
	P	Q	R	
A	20	10	10	2400
B	12	28	16	2400
C	15	6	16	2400
D	10	15	0	2400

表 11-3 原材料数据

材料（零件）	处理时间（分钟/单位）			花费（$/分钟）
	P	Q	R	
M_1	1	0	0	$ 20
M_2	1	1	0	20
M_3	0	1	1	20
M_4	1	0	0	5

11.1.1 线性规划模型

变量：

P 在一周内要生产的产品 P 的数量

Q 在一周内要生产的产品 Q 的数量

R 在一周内要生产的产品 R 的数量

M_j 购买的原材料 j 的数量，$j=1,2,3,4$

目标：

最大化利润 $Z=90P+100Q+70R-20M_1-20M_2-20M_3-5M_4$

机器约束：

$$A: 20P+10Q+10R\leq2400$$
$$B: 12P+28Q+16R\leq2400$$
$$C: 15P+6Q+16R\leq2400$$
$$D: 10P+15Q+\leq2400$$

原材料限制：

$$M1: P-M1=0$$
$$M2: P+Q-M2=0$$
$$M3: Q+R-M3=0$$
$$M4: P-M4=0$$

非负性和上界：

$$0\leq P\leq100、0\leq Q\leq40、0\leq R\leq60, M\geq c(j=1,2,3,4)$$

解决方案：利润 $=7663.6$

表 11-4　原材料数据

	P	Q	R	
产品销售（美元）	81.8	16.4	60	
	M1	M2	M3	M4
购买材料	81.8	98.2	76.4	81.8
	A	B	C	D
机器使用量（分钟）	2400	2400	2285	1064

这里使用线性规划模型求解得出的解决方案与之前计算的结果一致。同时，在计算时如果要对原材料考虑约束条件的情况下求解每个原材料的具体需要数目，并将原材料的数目带入目标函数中，我们发现获得的系数与之前所使

用的模型计算出来的系数相同。此外，由于该问题是线性规划问题，求解时使用的是线性规划模型，求出的可行解出现在可行区域的一个顶点上。

但这种类型的生产制造在实践中会出现较多非线性问题，举例如下：

•收入在实际情况中与产品销售呈非线性函数的关系，边际收入可能会随着产品销售额的变化而增多或者减少。

•材料成本在真实情况中一般能够以购买的材料数量作为自变量的非线性函数来表示，但是边际收入有时会随着销售额的波动而增加或降低。

•在现实的生产案例中，由于车间拥挤的原因，使用机器进行生产时并不能完全发挥机器的最高效率，因此机器使用参数与产量的关系是非线性的。

以目标函数为重点，我们现在研究几个非线性关系来说明局部最优和全局最优之间的重要区别。其中可行区域将保持不变。

11.1.2　产品收入为凹函数

线性要求每单位产品的销售收入保持不变，从 0 到表 11-1 给出的最大销售额的值。然而，在许多情况下，公司可能会降低产品的单价来促进销售。当采用这种策略时，产品的边际收入会随着销售量的增加而减少。

在经济术语中，边际收入是总收入函数对销售额的导数。设三种产品的边际收益 r_P、r_Q、r_R 分别为 P、Q、R 的线性函数。在接下来的修改中，定义了相关的目标函数系数，使边际收入在最大销售时减少到原始价值的一半。对于产品 P，每件产品的原始收入是 90 美元，最大销售额是 100 美元。我们将边际收益效率模型化为 $r_P = 90 - (45/100)\,P$。第一次销售收入为 90 美元，而最后一次销售收入为 45 美元。类似地，其他的边际收入是

$$r_Q = 100 - (50/40)Q \text{ 和 } r_R = 70 - (35/60)R$$

与产品相关的总收入是边际价值的整数。特别是，

$$f_P(P) = 90P - 0.225P^2, f_Q(Q) = 100Q - 0.625\,Q^2, f_R(R) = 70R - 0.292\,R^2$$

替换 P、Q 和 R 的原始收入项将产生以下非线性目标函数：

$$Z = 90P - 0.225P_2 + 100Q - 0.625\,Q_2 + 70R - 0.292\,R_2 - 20\,M_1$$
$$- 20\,M_2 - 20\,M_3 - M_4$$

这被称为二次可分离函数，因为非线性项的最高阶是 2，每一项都仅是一个变量的函数。通过将下面给出的新结果与线性模型得到的结果进行比较，不难发现，产品 Q 的利润降低，产量增加；产品 P 和 R 的产量减少。生产过程的阻碍是机器 B 的数量，它在 2400 分钟被全部使用。

解决方案：利润 = 5004.4

表 11-5　原材料数据

	P	Q	R	
产品销售（美元）	70.8	23.5	55.7	
	M_1	M_2	M_3	M_4
购买材料	70.8	94.4	79.2	70.8
	A	B	C	D
机器使用量（分钟）	2209	2400	2095	1061

与线性规划相比，虽然非线性规划的可行域是多项式的，但此解不是一个极值点。该观察结果来自以下事实，即所有三个产品变量、所有四个原材料变量和四个机器使用变量中的三个（总共 10 个变量）都不是极值。因为存在八个结构约束，一个极值点解最多具有八个严格位于其上下限内的变量。

如本章稍后所述，目标函数 Z 是决策变量 P，Q 和 R 的凹函数。在最大化问题中，当目标函数是凹函数并且约束条件形成凸可行区域时，我们可以确定获得的解是全局最大值（即没有其他可行的解可以提供更大的目标值），且用分段线性可逼近一个非齐次凹函数。现在我们来说明当目标函数是凸函数而不是凹函数时会出现什么问题。

11.1.3　产品收入为凸函数

假设的变化会改变问题的结构，使其难以解决。这里假设产品的边际收益增加而不是减少。对我们的例子，假定以下关系：

$$r_P = 45 + \left(\frac{45}{100}\right)P, r_Q = 50 + (50/40)Q \text{ 和} r_R = 35 + (35/60)R$$

与以前的情况相反：现在 P 的边际收入开始于 45，结束于 90。Q 和 R 具有相似的关系。对大多数产品而言，对货物进行定量配给可能会增加边际收入。在任何情况下，这些函数形式都用于说明当收入是决策变量的凸函数时发生的情况。新的目标函数是：

$$Z = 45P - 0.225P_2 + 50Q + 0.625Q_2 + 35R + 0.292R_2 - 20M_1$$
$$- 20M_2 - 20M_3 - 5M_4$$

这个问题通过 Excel 解决程序中的 NLP 代码得到了解决。这段代码中嵌入的算法，以及所有非线性求解的算法，都是一个迭代过程，该过程从初始解开始，然后搜索决策空间，直到找到可行解，以致在其邻域内无法进行任何改进。通俗地说，这意味着如果我们从当前点向任何方向移动，则目标值将保持不变或降低。这样的解决方案称为局部最大值，因为它在本地区域具有最大的

227

目标价值。相比之下，全局最大值是在所有可行解中提供最大目标值的解。

对于此例，我们为变量 P，Q 和 R 尝试了五个不同的起点。然后选择所有 M 的初始值，以便满足原材料约束。结果显示在表 11-6 标为"最终"的行中。例如，在第二轮中，初始值为 $P_0 = Q_0 = R_0 = 50$。该算法收敛到 $P^* = 26.7$，$Q^* = 40$，$R^* = 60$，得出 $Z^* = 3510$。在第三轮中，该算法没有进展。它在开始的同一点终止，这意味着 $P_0 = 100$，$Q_0 = 40$，$R_0 = 0$ 是局部最优的。

表 11-6 中的结果表明在不考虑可行域的情况下，最大化凸函数（或最小化凹函数）所遇到的困难。在很大程度上，求解算法所采取的路径和它所收敛的点取决于所选择的初始点。表 11-6 中确定的所有解都是局部最优解，但由于我们无法确定所有的局部最优解的数量，意味着我们可能还没有找到全局最优解。不幸的是，这种困境在优化非线性函数的尝试中太常见了，当约束中存在非线性时，这一问题将更加困难。随着问题中非线性项的数量的增加，工作量也随之增加。求解的要求通常以指数速度增长，将原来的线性模型扩展为包含非线性关系，增加了分析的现实性，但仍缺少一个因素：我们没有包含任何要求为生产和销售的完整性。实际上，整数 NLP 问题比整数 LLP 问题更难解决，因此在本书中不予考虑。针对此类问题的大多数代码都使用临时程序，该程序将分支和绑定与标准 NLP 求解程序结合在一起。

表 11-6　局部最优图示

结果					
	1	2	3	4	5
初始 P	0	50	100	90	50
初始 Q	0	50	40	0	20
初始 R	0	50	0	50	60
最终 P	0	26.7	100	90	81.8
最终 Q	40	40	40	0	16.4
最终 R	60	60	0	60	60
最终 A	1000	1533	2400	2400	2400
最终 B	2080	2400	2320	2040	2400
最终 C	1200	1600	1740	2310	2285
最终 D	600	867	1600	900	1063
最终 Z	3350	3510	3650	3772	3787

11.2　NLP 模型和极值

在给出更多的例子之前，我们将研究局部最优性和全局最优性的问题，以及凸性在寻找解决方案中的作用。理解这些概念对于 NLP 技术的开发和使用至关重要。非线性程序设计的词汇表主要与描述定义目标函数和约束条件的数学表达式的特征有关。这些特征确定了将用于解决问题的算法的类型，并指示如何解释结果。现在，我们介绍通用的 NLP 模型，确定其组件可以采用的主要数学形式，并提供几个示例。如本领域中常见的那样，基本模型将以最小化目标函数 $f(x)$ 的形式陈述。

11.2.1　非线性规划模型

考虑以下优化问题：

$$\text{Min } f(x) \tag{11-1}$$
$$\text{s. t. } g_i(x) \leqslant b_i, i=1,2,\cdots,m \tag{11-2}$$

其中 $x \in R^n$ 是决策变量的 n 维向量，$f(x)$ 是目标函数，而 $g_1(x)$，$\cdots$，$g_m(x)$ 是约束函数。假定所有函数都是连续的但具有任意形式，并且所有 RHS 值 b_i 均假定为已知常数。变量的简单上限和下限隐式包含在式（11-2）定义的约束中。

约束的形式只是为了方便，并不具有一般性。一个具有"$\geqslant$"关系的约束可以通过对等式两边取负号变为"$\leqslant$"，而相等约束可以由两个等价的不等式代替。同样，可以通过取负号将最小化目标更改为最大化目标。我们做的最后一个假设，主要是为了符合大多数 NLP 解决方案的基本假设，即所有的问题函数都是可微的。如果存在不可微函数，则有必要依赖比适合入门课本更高水平的数学。

对于 LP 问题，回想一下，至少一个最优解必须在可行区域的一个极点上发生，并且目标函数值至少与其邻域（即相邻极点）一样"好"，则可以确定这一解是该问题的最佳解决方案。但是，当涉及非线性函数时，这些特性都不一定正确。如果继续分析，我们需要以下几个新的定义：

11.2.2　极小值和极大值

令 $S \subseteq R^n$ 为与式（11-2）定义的约束相关的可行点集。

定义 1：全局最小值是任何 $x_0 \in S$，从而

$$f(x_0) \leqslant f(x)$$

对于所有不等于 x_0 的可行解 x。唯一的全局最小值表示强不等式（$<$）取代弱不等式（$\leqslant$）。

定义 2：弱的局部最小值是任何 $x' \in S$，使得

$$f(x') \leqslant f(x)$$

对于在 x' 附近不等于 x' 的所有可行解 x。强局部最小值用（$<$）取代（$\leqslant$）。

术语"全局最大值"和"局部最大值"以类似的方式通过更改前面部分中的不等式来定义。

11.3　几个应用例子

两点之间的距离取决于用于测量它的度量，但总是涉及非线性。考虑平面中的三个客户，如图 11-1 所示。每个客户 i 都有一个需求 w。我们希望找到一个仓库（第四点）来提供服务，以使客户和仓库之间的总加权距离最小。

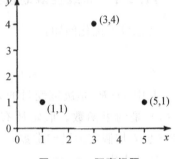

图 11-1　距离问题

11.3.1　距离问题

通常，对于 m 个客户位于坐标 (a_i, b) 处的问题，$i = 1, \cdots, m$，让决策变量为 x 和 y，即仓库的坐标。使用欧几里得范数作为距离度量，目标是

$$\text{Min } f(x, y) = \sum_{i=1}^{m} w_i \sqrt{(x-a_i)^2 + (y-b_i)^2}$$

这是两个变量的无约束 NLP 模型。函数 $f(x, y)$ 是凸的，因此它具有唯一的局部最小值，即全局最小值。实际上，除非所有点都在同一条直线上，否则它是严格凸的（Francis et al., 1992）。

针对三个有需求为 1（即对于所有 i，$w_i = 1$）的顾客这种特殊情况的解如图 11-2 所示。将客户连接到仓库的管线形成 120°角。对于三个客户来说，这始终是正确的，因为通过连接客户形成的三角形的内角小于 120°。当客户形成的三角形的角度大于或等于 120°时，将仓库放置在客户角度处。图 11-3 显示了这种情况的一个实例。

当涉及三个以上的客户并且需求不等于 1 时，很难发现根除法，但是问题仍然是凸方案。

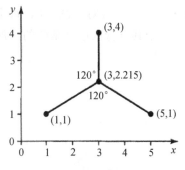

图 11 - 2　距离问题的解决方案

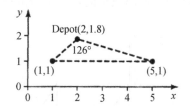

图 11 - 3　内角大于 120°的问题的解决方案

11.3.2　库存调度问题

假设一个公司在库存中保存了 m 个物品。每个物品 i 都具有对应的单位成本 c_i，需求率 d 以及对应的重新订购成本 K_i。公司每次下达补货订单时，订单上的所有物品都会产生重新订购成本。这些物品都来自不同的供应商，因此每个物品的重新订购都可以独立完成。在经过多次审查后，该公司认为公司库存投资成本过高，因此进行了专门的研究来确定最优控制策略。

图 11-4 部分说明了优化问题的基本假设，该图绘制了一件商品的库存水平与时间的关系。库存数目水平从 0 到数量 Q 不等，不低于 0 表明该产品不允许缺货情况出现。公司定期收到一个大小为 Q 的订单，其订购成本为 K。假设订单到达后立即发货，则在公司库存为 0 之前不需要进行补货。在订单之间，库存以恒定的速度 d 减少。当产品保留在库存中时，其会产生 h（每单位时间美元）的持有成本。对于单个物品，每单位时间表示的总系统成本为

$$\frac{成本}{单位时间}=设置成本+产品成本+持有成本=\frac{dK}{Q}+dc+h\frac{Q}{2}$$

解决问题的关键在于基于投资限制的情况下最大限度地降低库存成本，即求出上述基本假设中的 Q 值（称为经济订单数量）。对于多个产品，我们为变量和参数分配下标，并对 m 项进行求和。在不考虑产品成本（与决策变量无关）的情况下，求解的目标是最大限度地减少库存系统成本。

$$z(Q)=\sum_{i=1}^{m}\left(\frac{d_iK_i}{Q_i}+\frac{h_iQ_i}{2}\right)$$

其中 $Q=(Q_1,\cdots,Q_m)$，一件商品的平均库存为批量的一半。将 $I_{\max}$ 指定为库存的最大平均值，对投资的限制可表示为：

$$\sum_{i=1}^{m}\frac{c_iQ_i}{2}\leqslant I_{\max}$$

该模型具有单个线性约束的可分离非线性目标。目标函数的区别表明，每

个项都是严格凸的（也就是说，黑塞矩阵是对角矩阵，并且对于$Q_i > 0$，每个元素$h_{ii} > 0$），因此$z(Q)$表示的和是严格凸的。由于其可行区域也是凸的，所以存在唯一的局部最小值，即全局最小值。

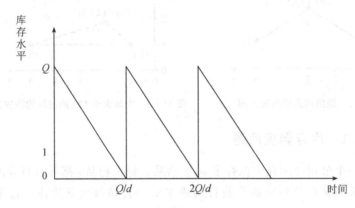

图 11 - 4 不缺量的批量模型

11.3.3 数据的拟合和回归

回归分析通常在统计中用于建立函数关系，该函数关系是因变量y和m个独立变量x_1，$\cdots$，x_m的集合。在最简单的情况下，该关系被假定为线性。

$$y = b_0 + b_1 x_1 + b_2 x_2 + \cdots + b_m x_m \qquad (11-3)$$

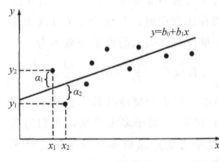

图 11 - 5 典型散点图

目的是估计参数b_0，b_1，$\cdots$，b_m的值，以使实际数据与式（11 - 3）中的函数之间的某种程度的偏差最小。

假设我们有n个样本观测值（y_i，x_{1i}，$\cdots$，x_{mi}），$i = 1$，2，$\cdots$，n。第i个偏差可以写成

$$\alpha_i = y_i - (b_0 + b_1 x_{1i} + \cdots + b_m x_{mi})$$
$$(11-4)$$

其中α_i可能是正面的或负面的。图 11 - 5 说明了只有一个自变量x的情况。该图称为散布图。

为了找到参数的"最佳"值，我们解决了一般形式的无约束非线性优化问题。

$$\mathrm{Min}\ z = \sum_{i=1}^{n} \mid y_i - (b_0 + b_1 x_{1i} + b_2 x_{2i} + \cdots + b_m x_{mi}) \mid^p \qquad (11-5)$$

其中$p > 0$和整数。注意（y_i，x_{1i}，$\cdots$，x_{mi}）是数据，b_0，b_1，$\cdots$，b_m是此问题的决策变量。p的最常见值为 1，2 和∞。当 p=1 时，目标是使偏差的绝对

值之和最小。一种处理方式是观察 $|\alpha|=\max(\alpha,-\alpha)$，因此问题（5）等效于

$$\text{Min}\{\sum_{i=1}^{n}|\alpha_i|:\text{s. t. (8)}\}=\text{Min}\{\sum_{i=1}^{n}\max(\alpha_i,-\alpha_i):\text{s. t. (8)}\}$$

当 $p=\infty$ 时，目标是使最大绝对偏差最小化，有时将其称为切比雪夫准则，使 $\{\max(|\alpha_i|:i=1,\cdots,n)\}$ 最小。该问题也可以转换为线性程序。在这两种情况下，细节都留作练习。

当 $p=2$ 时，我们具有最小二乘回归。这是估算方程（3）给出的线性模型参数的最常用方法。在此，术语"线性"是指参数中的线性，而不是 x 和 y 变量中的线性。我们假设这些变量之间存在多项式或对数关系，而不是直线关系（实际上是超平面）。

现在，我们将重点放在以单个自变量 x 为特征的双变量情况下，并执行与最小化估算线和数据之间的平方差之和有关的分析。此问题中的变量是参数 b_0，b_1，方程式（3）中直线的截距和斜率。平方偏差之和是

$$z(b_0,b_1)=\sum_{i=1}^{n}(y_i-(b_0+b_1x_i))^2$$

目标函数 $z(b_0,b_1)$ 是对于变量 b_0，b_1 的海赛矩阵

可以证明该矩阵是正定的，因此最小二乘方偏差函数是凸的。为了找到最佳解，我们将 $z(b_0,b_1)$ 的第一部分设置为零。

$$\frac{\partial z}{\partial b_0}=-2\sum_{i=1}^{n}(y_i-(b_0+b_1x_i))=0$$

和

$$\frac{\partial z}{\partial b_1}=-2\sum_{i=1}^{n}(y_i-(b_0+b_1x_i))=0$$

求解后，我们得到

$$b_1=\frac{n\sum_{i=1}^{n}x_iy_i-\sum_{i=1}^{n}x_i\sum_{i=1}^{n}y_i}{n\sum_{i=1}^{n}(x_i)^2-(\sum_{i=1}^{n}x_i)^2} \text{ 和 } b_0=\frac{\sum_{i=1}^{n}y_i-b_1\sum_{i=1}^{n}x_i}{n}$$

当使用 $p=2$ 求解具有 m 个自变量的多元回归模型问题（5）时，获得相似的结果。在这种情况下，目标函数也可以转化，因此可以确保全局最优。但是，结果质量的问题仍然存在。在大多数情况下，"拟合优度"由确定系数 R^2 衡量，该系数由公式计算得出

$$R^2=\frac{\sum_{i=1}^{n}(\hat{y}_i-\overline{y})^2}{\sum_{i=1}^{n}(y_i-\overline{y})^2}$$

通常，$\bar{y} = \dfrac{1}{n}\sum_{i=1}^{n} y_i$ 和 $\hat{y}_i = b_0 + b_1 x_{1i} + b_2 x_{2i} + \cdots + b_m x_{mi}$。$\hat{y}_i$ 是自变量插入数据 $x_{1i}, \cdots, x_{mi}$ 时，由回归线预测的因变量 y 的值。

可以看出 $0 \leqslant R^2 \leqslant 1$。当 $R^2 = 1$ 时，我们有一个完美的拟合，散点图线上的所有点都在回归线上。或者，当 $R^2 = 0$ 时，我们有 $\hat{y}_i = \bar{y}$，这意味着该模型没有预测能力，因为 $\hat{y}_i$ 的每个值等于 $\bar{y}$，而与 x_i 的值无关。当 $m > l$ 时，大多数分析人员更喜欢使用 R^2 归一化的版本称为调整后的 R^2，由

$$R_a^2 = 1 - (1 - R^2)\left(\frac{n-1}{n-m-1}\right)$$

其中 n 是观测的总数，$m+1$ 是要估计的系数数。通过使用 R_a^2，可以比较使用的不同回归模型估计具有不同数量的自变量的同一个因变量。

例题 1 （线性回归模型）

一家高科技公司决定使用回归模型来估计开发新的电子商务网站所需的时间。自变量的候选列表如下：

$x_1 =$ 程序中对客户信息的请求数量

$x_1 =$ 与每个请求相关的平均代码行数

$x_1 =$ 模块或子程序的数量

表 11 - 7 总结了 10 个类似开发工作中收集的数据。用 y 表示的以人/月为单位的时间是因变量（持续时间由人－月数除以分配给项目的程序员的人数得出）。使用 ExcelSolver 将数据的误差平方和最小化，可得出等式

$$y = -0.76 + 0.13x_1 + 0.045x_2$$

其中 $R^2 = 0.972$ 和 $R_a^2 = 0.964$。R_a^2 的值始终小于 R^2。

表 11 - 7　线性回归模型的数据

发展努力，i	所需时间，y	请求数，x_1	行数，x_2	模组数量，x_3
1	7.9	50	100	4
2	6.8	30	60	2
3	16.9	90	120	7
4	26.1	110	280	9
5	14.4	65	140	8
6	17.5	70	170	7
7	7.8	40	60	2
8	19.3	80	195	7
9	21.3	100	180	6
10	14.3	75	120	3

当将第三候选 x_3 引入回归模型时，R 的值减小为 0.963；因此，尽管差异很小，但最好仅使用自变量 x_1 和 x_2 作为预测变量。

如果要开发一个类似于前 10 个网站的新网站，并且该网站包含 $x_1=45$ 个信息请求，平均每个请求 $x_2=170$ 行代码，则估计的开发时间为

$$y=-0.76+(0.13)(45)+(0.045)(170)=12.7 \text{ 人}/\text{月}$$

例题 2（非线性回归模型）

在许多情况下，需要估计参数才能满足某些约束条件，例如非负性。当产生凸可行区域时，找到最佳拟合的最小二乘问题仍然是凸程序。现在，我们进一步走，看一个回归模型是非线性的示例。这种特殊的模型是在经济环境中产生的，被称为米切-李斯的收益递减定律。

$$y=b_0+b_1 e^{b_2 x}$$

这里，b_0，b_1 和 b_2 是要受 $b_2 \leqslant 0$ 的单个约束条件确定的参数。使用最小二乘准则要解决的优化问题是

$$\text{Min } z = \sum_{i=1}^{6} \left[y_i - (b_0 + b_1\, e^{b_2 x}) \right]^2$$
$$\text{s. t. } b_2 \leqslant 0$$

服从这是具有约束的凸规划模型

$$b_0=523.2, b_1=-156.9, b_2=-0.1997$$

11.4 NLP 问题分类

由于非线性规划包括的范围较广，因此本书对非线性规划问题进行分类，按不同目标函数进行划分。下面我们对不同类型非线性规划问题进行介绍，从目标函数的特点切入，介绍每种问题的一般求解方法。

11.4.1 凸规划问题

当目标函数和所有约束函数都是凸函数时，局部最小值也就是全局最小值。当不等式约束函数 $g_i(x) \leqslant 0$ 时，凸约束函数形式确保可行区域为凸集。当目标函数严格凸时，在可行区域的内部或边界上将不超过一个全局最小值。

一般的凸规划形式为：

$$\text{Minimize } f(x)$$
$$\text{subject to } h_i(x)=0, i=1,\cdots,p$$
$$g_i(x) \leqslant 0, i=1,\cdots,m$$

其中，$f(x)$，$-h_i(x)$，$-g_i(x)$ 均为凸函数。

11.4.2 二次规划问题

具有凸二次目标函数和线性约束的问题是二次程序。由于这是凸程序的特殊情况，因此局部最小值也是全局最小值。此问题的结构允许使用改进的 LP 算法来解决。

一般的二次规划形式为：

$$\text{Minimize } f(x) = cx + \frac{1}{2}x^T Q x$$

$$\text{subject to } Ax \leqslant b, x \geqslant 0$$

其中，c 是描述目标函数中线性项系数的 n 维行向量，Q 是描述二次项系数的（$n \times n$）对称矩阵。如果一个常数项存在，它将从模型中删除。与线性规划一样，决策变量由 n 维列向量 x 表示，约束由 RHS 系数的（$m \times n$）A 矩阵和 m 维列向量 b 定义。

11.4.3 可分离规划问题

一个可分离的函数 $f(x)$ 可以表示为每项决策变量 x_j，$j = 1$，$\cdots$，n 所表示的方程 $f_j(x_j)$ 的总和。当目标函数和约束为可分离函数时，将产生一个可分离规划。当且仅当每项均为凸时，一个可分离函数才是凸的，因此通过分析每项可以很容易确定目标函数或约束是否为凸性。

考虑一个一般的 NLP 问题，一般的可分离规划形式为：

$$\text{Minimize}\{f(x) : g_i(x) \leqslant g_i, i = 1, \cdots, m\}$$

有两个额外的规定：①目标函数和所有约束是可分段的；②每个决策变量 x_j 的下界为 0，上界为一个已知的常数 μ_j，$j = 1$，$\cdots$，n。回想一下，如果函数 $f(x)$ 可以表示为单个决策变量的函数的和，那么它就是可分段的。

$$f(x) = \sum_{j=1}^{n} f_j(x_j)$$

分段 NLP 具有以下结构：

$$\text{Minimize} \sum_{j=1}^{n} f_j(x_j)$$

$$\text{subject to } \sum_{j=1}^{n} g_{ij}(x_j) \leqslant b_i, i = 1, \cdots, m$$

$$0 \leqslant x_j \leqslant u_j, j = 1, \cdots, n$$

这个公式的主要优点是非线性在数学上是独立的。这个性质连同决策变量的有限边界，允许对问题中的每个函数发展一个分段线性近似。

11.4.4 非凸规划问题

这是一个广泛的类，其中包括所有非凸性的问题。例如，$f(x)$ 可以是凹的，或者任何一个可以是凹的。对于这些问题，局部最小值不一定是全局最小值。实际上，可能存在许多局部最小值，每个局部最小值都不同。算法通常只找到一个局部最小值，因此不能保证特定的解决方案是全局最小值。

11.4.5 凸目标和线性约束

该问题类别的特征较为特殊，即如果存在最小化的解决方案，则将像线性编程中那样至少有一个基本的（极点）解决方案。通常有几种基解决方案是局部最小值，而全局最小值的解即包含于其中。但由于大多数问题的基解决方案很多，因此很难发现全局最小值。

11.4.6 几何规划问题

对于此类，目标函数和约束函数均采用以下形式：

$$g(x) = \sum_{t=1}^{T} c_t P_t(x)$$

给定系数 c_t 且 $P_t(x) = (x_1^{a_{t1}})(x_2^{a_{t2}})\cdots(x_n^{a_{tn}})$，$(t=1, \cdots, T)$ 可以使用特殊步骤来解决此类问题，尤其是当系数 c_t 均为正数时。在这种情况下，前面的表达式称为正弦式。得到的数学表达式可以写成：

$$\text{Minimize } f(x) = \sum_{t=1}^{T} c_{0t} \prod_{j=1}^{n} x_j^{a_{ij}}$$

$$\text{Subject to } \sum_{t=1}^{T} c_{it} \prod_{j=1}^{n} x_j^{d_{ij}} \leqslant b_i, i=1,\cdots,m$$

$$x_j > 0, \quad j=1, \cdots, n$$

其中 c_{it}，a_{ij}，d_{ij} 和 b_i 是模型参数，所有变量均为正的要求表明该模型仅在有限条件下适用。

11.4.7 平等约束问题

计算中引入的基于拉格朗日函数的经典优化程序可用于处理仅具有相等约束的问题。这些过程为设计用于解决约束不平等问题的各种算法提供了基础问题，但不能直接用于它们。不等式，甚至是简单的非负条件，都使解决方案算法大大复杂化。具有一个或多个非线性等式约束的问题的可行区域将是非凸的，只有线性等式约束产生凸的可行区域。因此，当存在非线性等式时，大多数 NLP 算法只会产生局部解。

练 习

1. 下列函数是凸函数、凹函数还是内函数？

(a) $f(x) = x_1^2 + x_1 x_2 + x_2^2$

(b) $f(x) = x_1^2 + 2x_1 x_2 + x_2^2$

(c) $f(x) = x_1^2 + 4x_1 x_2 + x_2^2$

(d) $f(x) = x_1^2 - 6x_1 x_2 + 2x_2^2$

(e) $f(x) = x_1^2 + 3x_1 x_3 + x_2^2 + 3x_2 x_3 + 3x_3^2 + x_1 + 2x_2 3x_3$

(f) $f(x) = x_1^2 + 2x_1 x_3 + x_2^2 + 2x_2 x_3 + 0.5x_3^2 + x_1 + 2x_2 3x_3$

2. 确定以下约束集是否定义凸区域。

(a) $0 \leqslant x \leqslant 12$

(b) $|x| \geqslant 6$

(c) $|x| \leqslant 6$

(d) $4x^2 - 20x \geqslant 0$

(e) $\ln x \geqslant 1$

(f) $-2x_1^2 + 4x_1 x_2 - 4x_2^2 + 4x_1 + 4x_2 \leqslant 0$

(g) $x_1 + 2x_2 + x_3 \leqslant 10$；$x_1 - 2x_3 \leqslant 9$；$x_1 \geqslant 0$，$x_2 \geqslant 0$；$x_3 \geqslant 0$

(h) $x_1^2 + x_2^2 + x_3^2 \leqslant 9$；$1.5x_1 + x_3 \geqslant 4$

3. 位于二维平面上的五口油井的坐标如下：

$$(a_1, b_1) = (5, 0) \quad (a_2, b_2) = (0, 10) \quad (a_3, b_3) = (10, 10)$$
$$(a_4, b_4) = (50, 50) \quad (a_5, b_5) = (-10, 50)$$

希望使用最少的管道总量将所有的井连接到一个采集点。每个管道段将被放置在从井到收集点的直线上。

(a) 制定一个 NLP 模型，该模型可用于确定收集点应该位于平面的什么位置。

(b) 对该问题进行分类，根据所提供的数据找出最优解决方案。

参考文献

[1] I GRIVA，SG NASH，A SOFER. Linear and Nonlinear Optimization [J]. 2009.

[2] Multi-objective optimization of multi-echelon supply chain networks with uncertain product demands and prices [J]. COMPUTERS AND CHEMI-

CAL ENGINEERING，2004.

[3] O Güler. Ergodic Convergence in Proximal Point Algorithms with Breg-
man Functions [J]. Springer US，1994.

[4] P. A. ，BARD，J. F. ，Operations Research Models and Methods，John
Wiley and Sons，New York，2003.

第 12 章 非线性规划算法

12.1 无约束 NLP

无约束函数最小化问题的最简化形式可写成：

$$\text{Minimize}\{f(x):x\in R^n\} \qquad (12-1)$$

其中 $f\in C^2$（二阶可微）。如果没有其他关于性质的假设，我们需找到一个局部最小值的点，为具有连续一阶和二阶导数的非线性函数的最优解提供必要条件，即在每个最大或最小候选点的固定点，梯度为零。在许多情况下，也可以使用由凸度属性导出的充分条件。

第 11 章的思想可用于发展现代 NLP 技术基础的理论。通过优化决策变量无约束的非线性函数和简化基本概念的表示，为约束优化问题的研究打通桥梁。

12.1.1 无约束优化

任意点必须满足 x^* 的最小偏移的一阶必要条件是梯度为 0。

$$\nabla f(x^*)=0 \qquad (12-2)$$

对于单变量目标函数，这种性质最容易说明梯度仅仅是导数或 $f(x)$ 的斜率。例如，考虑图 12-1a 中的函数具有唯一的全局最小值 x^*，其斜率为零。从该点开始的任何移动都会产生一个更大的值。图 12-1b 显示了一系列连续的全局最小值，其中必要条件成立；然而，值得注意的是，相应的 $f(x)$ 不是两次连续可微的所有点。

图 12-2 说明了为什么方程（12-2）只是必要条件而不是充分条件。在该图的三个部分中，$f(x)$ 的斜率为零，但没有达到全局极小值。图 12-2a 显示了一个强局部极大值 x_1^* 和一个强局部极小值 x_2^*；图 12-2b 显示了在 x_1^* 拐点处的一个一维鞍点；图 12-2c 给出了 x_1^* 处唯一的全局最大值。图 12-1 和图 12-2 中体现的思想易推广到理论和数学层面的高维空间的函数。因为梯度为零的必要条件仅保证了一个稳定点，即局部极小值、局部极大值或 x^* 点上

的鞍点，让我们考虑 x^* 的局部条件或全局最小值的充分条件。

- 如果 $f(x)$ 在 x^* 的邻域内严格凸的，则 x^* 是强局部极小值。
- 如果 $f(x)$ 对所有 x^* 是凸的，那么 x^* 是全局最小值。
- 如果 $f(x)$ 对所有 x^* 是严格凸的，则 x^* 是唯一的全局极小值。

确切地说，x 的邻域是一个以 x 为中心的开放球体，其半径为 $\varepsilon > 0$。我们用 $N_\varepsilon(x)$ 表示，其中 $N_\varepsilon(x) = \{\parallel y - x \parallel < \varepsilon\}$。

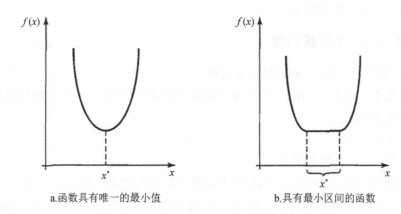

a.函数具有唯一的最小值　　　　　b.具有最小区间的函数

图 12-1　单变量函数，其中梯度最小为零

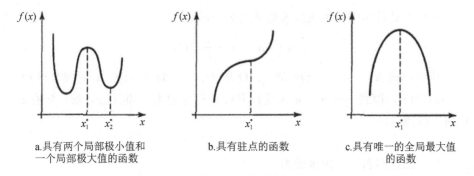

a.具有两个局部极小值和　　　b.具有驻点的函数　　　c.具有唯一的全局最大值
一个局部极大值的函数　　　　　　　　　　　　　　　　　的函数

图 12-2　零梯度不表示全局最小值的单变量函数

回顾 11.5，如果 $f(x)$ 的海塞矩阵 $H(x)$ 对所有 x 都是正定的，则 $f(x)$ 是严格凸的。此时，驻点一定是唯一的全局最小值。如果 $f(x)$ 的海塞矩阵 $H(x)$ 对所有 x 都是半正定的，则 $f(x)$ 是凸的。在这种情况下，驻点将是全局（但可能不是唯一的）最小值。如果我们不知道所有 x 的海塞矩阵，但我们在一个驻点 x^* 处计算 $H(x^*)$，发现它是正定的，那么这个驻点就是一个局部极小值。

12.1.2 单变量函数

设 $f(x)$ 是 $x \in R^n$ 上的凸函数。x^* 是全局最小值的一个充要条件是 $f(x)$ 在该点的一阶导数为零，这也是最大凹函数的充分和必要条件。通过令导数为零求解 x 的相应方程式，得到最优解。如果不存在解，则没有有限的最优解。

对于任意函数的局部最小值（最大值）点的充分条件是该点的函数的一阶导数为零，而二阶导数为正（负）。

12.1.3 多变量函数

下列定理给出了一般情况的最优条件。

定理 1：设 $f(x)$ 在 x^* 的邻域上是两次连续可微的。x^* 是 f 的局部极小值的必要条件是

a. $\nabla f(x) = 0$

b. $H(x^*)$ 是半正定的

定理 2：设 $f(x)$ 在 x^* 的邻域上是两次连续可微的，则 $f(x)$ 在 x^* 上有强局部极小值［即方程（12-2）成立］的一个充分条件是 $H(x^*)$ 是正定的。

12.1.4 二次型

一个常见且实用的非线性函数是二次型函数

$$f(x) = a + cx + \frac{1}{2}x^T Q x$$

其中，$a \in R^1$，$c \in R^n$，$Q \in R^{n \times n}$，Q 是 $f(x)$ 的海塞矩阵。设梯度 $\nabla f(x) = c^T + Qx$ 为 0，得到一组 n 个 n 元线性方程。只要 Q 是非奇异的，解一定存在。此时，驻点为

$$x^* = -Q^{-1}c^T$$

对于二维问题，二次函数为

$$f(x) = a + c_1 x_1 + c_2 x_2 + \frac{1}{2}q_{11}x_1^2 + \frac{1}{2}q_{22}x_2^2 + q_{12}x_1 x_2$$

令上述函数关于 x_1 和 x_1 的偏导数为零，得到下面的线性组合：

$$c_1 + q_{11}x_1 + q_{12}x_2 = 0, c_2 + q_{12}x_1 + q_{22}x_2 = 0$$

这些方程可以用线性代数中的 Cramer 法则求解。第一步是求出矩阵 Q 的行列式。

$$\det Q = \begin{vmatrix} q_{11} & q_{12} \\ q_{12} & q_{22} \end{vmatrix} = q_{11}q_{22} - (q_{12})^2$$

得到

$$x_1^* = \frac{-c_1 q_{22} + c_2 q_{22}}{\det Q}, x_2^* = \frac{-c_2 q_{11} + c_1 q_{12}}{\det Q}$$

即驻点。

当目标函数是二次型时，由于海塞矩阵是常数，因此判断正定非常容易。对于其他形式，可能无法最终确定函数是正定的还是负定的。在这种情况下，我们只能做关于局部最优性的陈述。在下面的例子中，我们使用 H 来代表海塞矩阵。对于二次函数，Q 和 H 是相同的。

12.1.5 非二次形式

当目标函数不是二次函数（或线性函数）时，海塞矩阵将取决于决策变量 x 的值。我们现在考虑另外两个示例。假设

$$f(x_1, x_2) = (x_2 - x_1^2)^2 - (1 - x_1)^2$$

函数梯度为

$$\nabla f(x_1, x_2) = \left(\begin{array}{c} -4x_1(x_2 - x_1^2) - 2(1 - x_1) \\ 2(x_2 - x_1^2) \end{array} \right)$$

为了使梯度的第二个分量为零，我们必须使 $x_2 = x_1^2$，考虑到这一点，只有当 $x_1 = 1$ 时，第一个分量才为零，因此 $x^* = (1, 1)$ 是唯一的驻点。第 9.3 节中显示，此时的海塞矩阵 $H(x)$ 是正定的，表明它是一个局部极小值。因为我们没有证明函数处处是凸的，所以需要进一步的参数来将点描述为全局最小值。从逻辑上讲，$f(x) \geq 0$ 是因为它的两个分量项都是平方的。$f(1, 1) = 0$ 意味着 $(1, 1)$ 是全局最小值。

12.1.6 无约束优化总结

表 12-1 总结了驻点 x^* 的最优性与在 x^* 处评估的海塞矩阵特征之间的关系。假设 $f(x)$ 是二次可微的且 $\nabla f(x^*) = 0$。

如果 $H(x)$ 表现出所有 x 的前两个确定性性质中的任何一个，那么在相关的刻画中，"局部"可以替换为"全局"。此外，如果 $f(x)$ 是二次的，则半正定海塞矩阵意味着 x^* 处的非唯一全局最小值。

注意，尽管 x^* 邻域中的凸性足以得出 x^* 是弱局部极小值的结论，但 $H(x^*)$ 是半正定的这一事实通常不足以得出 $f(x)$ 在 x^* 邻域中是凸的结论。因为如果 $H(x^*)$ 是半正定的，则 x^* 邻域中的点可能存在，在这些点上计算的 $f(x)$ 将产生小于 $f(x^*)$ 的值。这将使 x^* 邻域中的凸性结论无效。

表 12-1　海塞矩阵与驻点的关系

$H(x^*)$	x^*
正定	强局部最小值
负定	强局部最大值
非正定或负定	驻点
正半定或负半定	没有结论：需要更高阶的分析

12.1.7　增加非负约束

无约束优化问题的一个简单扩展为变量增加非负约束。

$$\text{Minimize}\{f(x): x \geqslant 0\} \qquad (12-3)$$

假设 f 在 x^* 处有一个局部极小值，其中 $x^* \geqslant 0$。存在一个 x^* 的邻域 $N_\varepsilon(x^*)$，使得若 $x \in N_\varepsilon(x^*)$ 且 $x \geqslant 0$，有 $f(x) \geqslant f(x^*)$。现在给定 $x = x^* + td$，其中 d 是一个方向向量且 $t > 0$。假设 f 在 $N_\varepsilon(x^*)$ 中二次连续可微，则 $f(x^* + td)$ 在 x^* 附近的二阶泰勒级数展开式为

$$f(x^*) \leqslant f(x) = f(x^* + td) = f(x^*) + \nabla f(x^*)td + \frac{t}{2}d^T \nabla^2 f(x^* + \alpha td)td$$

其中，$\alpha \in [0, 1]$。消项并除以 t，得到

$$0 \leqslant \nabla f(x^*)d + \frac{t}{2}d^T \nabla^2 f(x^* + \alpha td)d$$

随着 $t \to 0$，不等式变为 $\leqslant \nabla 0 f(x^*)\ td$，表示 f 在任何可行方向 d 上都是非减量的。如果 $x^* > 0$，我们知道 $\nabla f(x^*) = 0$。进一步分析可看出，若 x^* 是 $f(x)$ 的局部最小值，需满足以下条件：

$$\frac{\partial f(x^*)}{\partial x_j} = 0, x_j^* > 0$$

$$\frac{\partial f(x^*)}{\partial x_j} \geqslant 0, x_j^* = 0$$

结果总结如下：

定理 3：问题（12-3）中 f 的局部最小值为 x^* 的必要条件为

$$\nabla f(x^*) \geqslant 0, \nabla f(x^*)x^* = 0, x^* \geqslant 0 \qquad (12-4)$$

其中，f 在 x^* 的邻域内二次连续可微。

12.2　有等式约束 NLP

等式约束问题也属于经典优化问题。处理方法有很多，但是应用较为困

第 12 章

非线性规划算法

难。就像无约束情况一样，我们可以从算法中获得的最大期望值是一个固定点，它可以是局部极值，全局极值，或者都不是，取决于凸度。尽管存在约束问题的二阶必要条件和充分条件，但是它们的隐含本质使它们在实际上无法检查。因此，它们大多具有理论意义，在此我们不再赘述。

从实践的角度来看，如果可以针对一个决策变量明确解决任何等式约束，则可以通过替换该变量来减小规划的大小，还消除了相应的约束。一旦解决了较小的问题，就可以从替代关系中找到已删除变量的值。对于具有 n 个变量和 m 个约束的问题，假设 $n>m$，可以消除至多 m 个变量。当然，只有当变量不受约束时，此过程才有效。例如，如果要求 x_j 为非负，并且在替换中使用了第一个约束，即 $x_j=g_1(x_1,\cdots,x_{j-1},x_{j+1},\cdots,x_n)$，则不能保证在没有 x_j 和 g_1 的情况下，简化问题的解等于剩余决策变量的值。因此当替换回 g_1 时，可得 $x_j \geqslant 0$。

从建模的角度来看，公式中通常包含冗余变量，以便清楚地表示问题。尽管在解决方案阶段可能消除其中的一些，但这样的公式表达会更加复杂，造成模型更难以调试或者结果不容易解释。

12.2.1　最优性必要条件

若把注意力集中在等式约束上，得到如下数学表述。

$$\text{Minimize } f(x)$$
$$\text{subject to } g_i(x)=0, i=1,\cdots,m \qquad (12-5)$$

假设目标函数和约束函数至少是两次连续可微的。此外，每个 $g_i(x)$ 都包含常数项 b_i。

为了为一般结果提供直观的理由，考虑具有两个决策变量和一个约束的问题（12-5）的特殊情况，即

$$\text{Minimize } f(x_1,x_2)$$
$$\text{subject to } g(x_1,x_2)=0$$

为了表述一阶必要条件，我们构造了拉格朗日函数

$$\mathcal{L}(x_1,x_2,\lambda)=f(x_1,x_2)+\lambda g(x_1,x_2)$$

其中 λ 是一个称为拉格朗日乘数的无约束变量。约束已从问题中移除，并作为惩罚项放置在目标函数中。我们现在的目标是最小化无约束函数 $\mathcal{L}(x_1,x_2,\lambda)$。如第 10.1 节所述，我们构造了拉格朗日函数相对于其决策变量 x_1 和 x_2 的梯度，以及系数 λ。将梯度设置为零，我们得到

245

$$\nabla \pounds(x_1,x_2,\lambda) = \begin{pmatrix} \dfrac{\partial f(x_1,x_2)}{\partial x_1} + \lambda \dfrac{\partial g(x_1,x_2)}{\partial x_1} \\ \dfrac{\partial f(x_1,x_2)}{\partial x_2} + \lambda \dfrac{\partial g(x_1,x_2)}{\partial x_2} \\ g(x_1,x_2) \end{pmatrix} = \begin{pmatrix} 0 \\ 0 \\ 0 \end{pmatrix} \qquad (12-6)$$

它表示三个方程，三个未知数。用前两个方程消去 λ，我们得到

$$\frac{\partial f}{\partial x_1}\frac{\partial g}{\partial x_2} - \frac{\partial f}{\partial x_2}\frac{\partial g}{\partial x_1} = 0, g(x_1,x_2) = 0$$

当 λ^* 被求解时，我们可以得到驻点为 $x^* = (x_1^*, x_2^*)$。根据方程（12-6），我们可以看到 $\nabla f(x_1, x_2)$ 和 $\nabla g(x_1, x_2)$ 在这个解中是共面的。

将这些结果推广到一般情况，拉格朗日方程为

$$\pounds(x,\lambda) = f(x) + \sum_{i=1}^{m} \lambda_i g_i(x)$$

其中，$\lambda = (\lambda_1, \cdots, \lambda_m)$ 是一个 m 维行向量。这里，我们的每个约束都是一个关联的无约束乘数 λ_i。将拉格朗日函数对每个决策变量和每个乘数的偏导数设置为零，得到以下 $n+m$ 维方程组。这些方程表示最优解在 $x^* *$ 处存在的一阶必要条件。

$$\frac{\partial \pounds}{\partial x_j} = \frac{\partial f(x)}{\partial x_j} + \sum_{i=1}^{m} \lambda_i \frac{\partial g_i(x)}{\partial x_j} = 0, j = 1,\cdots,n \qquad (12-7a)$$

$$\frac{\partial \pounds}{\partial \lambda_i} = g_i(x) = 0, i = 1,\cdots,m \qquad (12-7b)$$

方程（12-7a）和（12-7b）的解产生一个驻点 (x^*, λ^*)；但是，如果方程（12-7b）中的约束条件有效，则必须对这些约束条件进行额外的限定。

因为无论寻求最小值还是最大值，式（12-7a）和（12-7b）都是相同的，所以需要额外的工作来区分两者。事实上，满足这些条件的决策变量和乘数的选择可能决定了 $f(x)$ 的驻点，而不是最小值或最大值。

要指定哪种极值位于一个固定点，我们必须考虑二阶条件。在这方面有几种方法：第一种是使用约束导数。只要构造了约束梯度和约束海塞矩阵，就可以运用针对无约束问题的技术。第二种是研究边界海塞矩阵的凸性。因为运筹学中出现的问题很少有等式约束，所以这些方法本书不做展开讨论。我们将极值的表征推迟到下一节，在下一节中，我们将讨论处理变量具有不等式约束和非负约束的问题的方法。

12.3 有不等式约束 NLP

现实地说，我们希望解决既包含等式约束又包含不等式约束的规划问题。

用于推导不等式最优性条件的理论是模型中仅存在等式的推广。主要的区别在于，与不等式约束相关的拉格朗日乘数现在被限制为非负的。事实上，这些乘数只不过是线性规划中对偶变量的等价。同样，我们也必须考虑原对偶互补条件的等价性。

我们研究的最通用的 NLP 模型是

$$\text{Minimize } f(x)$$
$$\text{subject to } h_i(x)=0, i=1,\cdots,p$$
$$g_i(x)\leqslant 0, i=1,\cdots,m \qquad (12-8)$$

现在明确区分了等式和不等式约束。在该模型中，假设所有函数都是两次连续可微的，并且任何 RHS 常数都包含在相应的函数 $h_i(x)$ 或 $g_i(x)$ 中。具有最大化目标或 $\geqslant$ 约束的问题可以很容易地转化为问题（12-8）的形式。虽然显式地处理变量界是可能的，我们假设它们是 m 维不等式的子集。

12.3.1 Karush-Kuhn-Tucker 必要条件

为了得到问题（12-8）的一阶和二阶最优性条件，必须假设约束满足一定条件。我们采取一种实用的方法，并简单地推广了与等式约束问题相关的开发中使用的方法（12.5）。

令 $h(x)=(h_1(x),\cdots,h_p(x))^T$ 和 $g(x)=(g_1(x),\cdots,g_m(x))^T$。对于每个等式约束我们都定义一个无限制乘数 $\lambda_i, i=1,\cdots,p$；对于每个不等式约束我们都定义一个非负乘数 $\mu_i, i=1,\cdots,m$；令 $\lambda \in R^n, \mu \in R^n$ 是对应的行向量。这就引出了问题（12-8）的拉格朗日方程。

$$\mathcal{L}(x,\lambda,\mu)=f(x)+\sum_{i=1}^p \lambda_i h_i(x)+\sum_{i=1}^m \mu_i g_i(x)$$

定义 1：设 x^* 是一个满足 $h(x^*)=0, g(x^*)\leqslant 0$ 的点，设 K 是满足 $g_k(x^*)=0$ 的指标集合。如果梯度向量 $\nabla h_i(x^*)$ $(1\leqslant i\leqslant p)$，$\nabla g_k(x^*)$ $(k\in K)$ 是线性无关的，则 x^* 是这些约束条件下的正则点。

这个定义指出，x^* 如果梯度组合或有效的约束是线性无关的，则为正则点。它排除了某些极端情况，如第 10.2 节所述，解决方案出现在可行区域的尖端，并且它可能导致微分优化中最重要的结果。

定理 4：（Karush-Kuhn-Tucker 必要条件）设 x^* 为问题（12-8）的局部极小值，并设 x^* 为约束条件的正则点。则存在一个向量 $\lambda^* \in R^p$ 和一个向量 $\mu^* \in R^m$，使得

$$\frac{\partial \mathcal{L}}{\partial x_j}=\frac{\partial f(x^*)}{\partial x_j}+\sum_{i=1}^p \lambda_i^* \frac{\partial h_i(x^*)}{\partial x_j}+\sum_{i=1}^m \mu_i^* \frac{\partial g_i(x^*)}{\partial x_j}=0, j=1,\cdots,n$$

$$(12-9a)$$

$$\frac{\partial \pounds}{\partial \lambda_i} = h_i(x^*) = 0, i = 1, \cdots, p \qquad (12-9b)$$

$$\frac{\partial \pounds}{\partial \mu_i} = g_i(x^*) \leqslant 0, i = 1, \cdots, m \qquad (12-9c)$$

$$\mu_i^* g_i(x^*) = 0, i = 1, \cdots, m \qquad (12-9d)$$

$$\mu_i^* \geqslant 0, i = 1, \cdots, m \qquad (12-9e)$$

约束（12-9a）到约束（12-9e）是在 20 世纪 50 年代早期衍生出来的，为了纪念它们的开发者，被称为 Karush-Kuhn-Tucker（KKT）条件。它们是一阶必要条件，比拉格朗日关于等式约束问题（12-5）的工作晚了 200 年。第一组方程 [约束（12-9a）被称为站数条件，相当于线性规划中的对偶可行性。约束（12-9b）和（12-9c）表示初始可行性，约束（12-9d）表示互补松弛度。] "对偶" 变量的非负性在约束（12-9e）中显式出现。在矢量形式下，系统可以写成

$$\nabla f(x^*) + \lambda^* \nabla h(x^*) + \mu^* \nabla g(x^*) = 0$$
$$h(x^*) = 0, g(x^*) \leqslant 0$$
$$\mu^* g(x^*) = 0$$
$$\mu^* \geqslant 0$$

KKT 条件是高度非线性的，即使只涉及少量的变量和约束，也会带来巨大的计算挑战。当所有的函数都是线性的，当然，我们有一个线性程序。回想一下，单纯形法及其变体并不是试图直接解决约束（12-9a）到约束（12-9e），而是保持以下三个条件中的两个——原始可行性、双重可行性和互补松弛性，然后迭代到第三个。内部点方法处理约束（12-9a）到约束（12-9e）的正面。

对于线性规划，KKT 条件对于全局最优性是充分必要的。这是问题的凸性的结果，并提出了以下更一般的结果。

定理 5：（Karush-Kuhn-Tucker 充分条件）对于问题（12-8），设 $f(x)$ 和 $g_i(x)$ 是凸的，设 $h_i(x)$ 为线性。假设 x^* 是约束条件的正则点，并且存在一个 $\lambda^* \in R^p$ 和 $\mu^* \in R^m$ 使得（x^*，λ^*，μ^*）满足约束（12-9a）到约束（12-9e）。则 x^* 是问题（12-8）的全局最优解。如果目标函数和约束函数的凸性假设限定在邻域 $N_\varepsilon(x^*)$ 内（$\varepsilon > 0$），则 x^* 是问题（12-8）的局部极小值。

该定理表明，如果目标函数和可行域是凸的，只要 x^* 是正则点，KKT 条件的解就会提供全局最优解。确保凸性的唯一等式约束的形式为 $h(x) = Ax - b = 0$。如果问题是局部凸的，则确保了局部最优解。对于更一般的情况，二阶必要（和充分）条件更为复杂，涉及拉格朗日的海塞矩阵和约束的切线空间。

因为它们很难对实际问题进行评估，并且不能提供对算法开发的洞察，所以在这里我们不做讨论。为了得到进一步讨论结果，我们声明，如果 (x^*, λ^*, μ^*) 满足定理 4 的条件，那么 x^* 是问题（12-8）的局部解的一个必要条件是拉格朗日的海塞矩阵在 x^* 是半正定的。前面的讨论表明，在一定的凸性假设和适当的约束条件下，一阶 KKT 条件对于至少局部最优是必要且充分的。实际上，KKT 条件足以确定一个特定解是否是全局极小值，只要它能证明解 (x^*, λ^*, μ^*) 是拉格朗日函数的鞍点。

定义 2：如果对于所有 x，λ 和 $\mu \geq 0$，有 $\mu^* \geq 0$ 且 $\mathcal{L}(x^*, \lambda, \mu) \leq \mathcal{L}(x^*, \lambda^*, \mu^*) \leq \mathcal{L}(x, \lambda^*, \mu^*)$，则 (x^*, λ^*, μ^*) 为拉格朗日函数的鞍点。

因此，当 (λ, μ) 固定在 (λ^*, μ^*) 时，x^* 使 $\mathcal{L}$ 最小（$x \in R^n$）；当 x 固定在 x^* 时，(λ^*, μ^*) 使 $\mathcal{L}$ 最大（$(\lambda, \mu) \in R^{p \times n}$）。这就引出了非线性规划中对偶问题的定义。

拉格朗日对偶问题：

$$\text{Maximize}\{\psi(\lambda, \mu): \lambda \text{ 无约束}; \mu \geq 0\} \qquad (12-10)$$

其中 $\psi(\lambda, \mu) = \text{Min}_x\{f(x) + \lambda h(x) + \mu g(x)\}$。当问题（12-8）中的所有函数都是线性时，问题（12-10）简化为熟悉的 LP 对偶。一般来说，$\psi(\lambda, \mu)$ 是凹函数；对于 LP，它是分段线性的，同时也是凹的。

定理 6：（全局最小值的鞍点条件）(x^*, λ^*, μ^*) 是拉格朗日函数 $\mathcal{L}(x, \lambda, \mu) = f(x) + \lambda h(x) + \mu g(x)$ 的鞍点当且仅当

a) x^* 使 $\mathcal{L}(x, \lambda^*, \mu^*)$ 最小

b) $g(x^*) \leq 0$，$h(x^*) = 0$

c) $\mu^* g(x^*) = 0$

此外，(x^*, λ^*, μ^*) 是一个鞍点，当且仅当 x^* 解决了问题（12-8），(λ^*, μ^*) 解决了问题（12-10）的没有对偶间隙的对偶问题，即 $f(x^*) = \psi(\lambda^*, \mu^*)$。

需要强调的是，定理 6 间接地提供了 x^* 解决问题（12-8）的充分条件，而不是必要条件。特别是，第（a）部分可能不满足于最优解。对于固定在 (λ^*, μ^*) 处的乘子值，最小化拉格朗日值是一个无约束问题，这与求解问题（12-8）是不同的。这意味着，在没有具有鞍点的相关拉格朗日值的情况下，原问题可能存在全局最小值。例如，考虑用单个变量 x 来表示下面的问题

$$\text{Minimize}\{f(x) = -x^2 + 4x + 5; 0 \leq x \leq 5\}$$

全局最优解为 $x^* = 5$，且 $f(5) = 0$。拉格朗日函数为 $\mathcal{L}(x, \mu_1, \mu_2) = -x^2 + 4x + 5 + \mu_1(x-5) + \mu_2(-x)$，对于 μ_1 和 μ_2 的所有有限非负值，它从下

向上是无界的。这表明在最优解处，定理 6（a）可能不成立。如果随着 $x \to \infty$ 有 $\mu_1 \to \infty$，则会违反（c）。因此，不存在鞍点。从积极的方面来说，鞍点条件不要求函数的可微性、约束条件或凸性或凹性。换句话说，如果 $(\overline{x}, \overline{\lambda}, \overline{\mu})$ 不是一个拉格朗日函数的鞍点，可得出结论，即 $\overline{x}$ 是全局最小值。

在定理 4 的凸性假设下，KKT 条件是最优性的充分条件。然而，在目标函数不可微等较弱的假设下，它们是不适用的。表 12 - 2 总结了可能出现的各种情况以及从中得出的结论。

对于表 12 - 2 中所列的项目，应做出适当的评论。在前两种情况下，假定最优解出现在一个正则点上。这就排除了产生不寻常形式的约束，如可行性区域边界上的尖头。在第三和第四种情况下，KKT 条件不适用，因为它们取决于所有问题函数的可微性。为了解决这些情况，有必要引入一个基于极限概念的更复杂的梯度定义。

表 12 - 2　最优的充要条件的适用性

是否所有函数可微	凸目标和可行域	Karush-Kuhn-Tucker 条件	鞍点条件
是	是	充要	充要
是	否	必要	充分
否	是	不适用	充分
否	否	不适用	充分

此外，关于不等式约束规划还有两个问题值得进一步讨论。首先，找到 KKT 条件的解决方案不是一件简单的事情。仅仅是找到约束条件的可行解决方案就可能是一个挑战。一般来说，需要一种超越求解非线性方程组的迭代方法。处理变量的非负性限制是另一个必须克服的困难。

第二点是关于非线性规划和整数规划之间的关系。通过将完整性要求重写为 $x_j(1-x_j)=0$，总能将 0-1 IP 转换为 NLP。这些约束类似于互补条件［约束（12-9d）］；然而，它们在数值上很难处理。另一方面，可将约束（12-9d）重写为形式为 $g_i(x) \geq -Mz_i$ 和 $\mu_i \leq M(1-z_i)$ 的混合整数约束，其中 z_i 是一个二进制变量，M 是一个足够大的常数。加上约束条件（12-9c）和（12-9e），有 $z_i=0$，$g_i(x)=0$，$\mu_i \geq 0$ 和 $z_i=1$，$g_i(x) \leq 0$，$\mu_i=0$。任何情况下，这些转换的效用有限，所以只能在特殊情况下考虑。

12.3.2　明确考虑非负性限制

决策变量通常需要非负性。在这种情况下，第一个必要条件［约束（12-9a）到约束（12-9e）］可以特殊化，以提供稍微不同的视角。忽略对等式约

束的显式处理，现在的规划问题为

$$\text{Minimize}\{f(x):g_i(x)\leqslant 0,i=1,\cdots,m;x\geqslant 0\}$$

局部最小值的 Karush-Kuhn-Tucker 条件如下。

$$\frac{\partial \pounds}{\partial x_j}=\frac{\partial f(x^*)}{\partial x_j}+\sum_{i=1}^{m}\mu_i^*\ \frac{\partial g_i(x^*)}{\partial x_j}\geqslant 0,j=1,\cdots,n \quad (12-11a)$$

$$\frac{\partial \pounds}{\partial \mu_i}=g_i(x^*)\leqslant 0,i=1,\cdots,m \quad (12-11b)$$

$$x_j\frac{\partial \pounds}{\partial x_i}=0,j=1,\cdots,n \quad (12-11c)$$

$$\mu_i^*g_i(x^*)=0,i=1,\cdots,m \quad (12-11d)$$

$$x_j^*\geqslant 0,j=1,\cdots,n;\mu_i^*\geqslant 0,i=1,\cdots,m \quad (12-11e)$$

再一次，拉格朗日乘数 μ 可以解释为问题的对偶变量。类似于线性规划，约束条件（12-11a）和（12-11b）分别对应对偶可行性和原可行性；约束（12-11c）和约束（12-11d）代表互补松弛；约束条件（12-11e）要求两组变量都是非负的。

例：找到一个点满足下面问题的一阶必要条件。

$$\text{Minimize } f(x)=x_1^2+4x_2^2-8x_1-16x_2+32$$

$$\text{subject to } x_1+x_2\leqslant 5,x_1\geqslant 0,x_2\geqslant 0$$

求解：我们首先写出不包含非负条件的拉格朗日函数。

$$\pounds(x,\mu)=x_1^2+4x_2^2-8x_1-16x_2+32+\mu(x_1+x_2-5)$$

专门的 KKT 条件 [约束（12.11a）到（12.11e）] 为

a) $2x_1-8+\mu\geqslant 0$，$8x_2-16+\mu\geqslant 0$

b) $x_1+x_2-5\leqslant 0$

c) $x_1(2x_1-8+\mu)=0$，$x_2(8x_2-16+\mu)=0$

d) $\mu(x_1+x_2-5)=0$

e) $x_1\geqslant 0$，$x_2\geqslant 0$，$\mu\geqslant 0$

让我们从 $x=(4,2)$ 开始检查无约束最优解。因为这两个原始变量在这一点上都不是零，且条件（c）要求 $\mu=0$。该解满足除条件（b）外的所有约束（初始可行性），表明不等式 $x_1+x_2\leqslant 5$ 在最优解处具有约束力；进一步假设最优解的 $x>0$。条件（c）则要求 $2x_1-8+\mu=0$ 和 $8x_2-16+\mu=0$。再加上 $x_1+x_2=5$，我们有三个未知数的方程。它们的解是 $x=(3.2,1.8)$ 和 $\mu=1.6$，这满足约束（12-11a）到约束（12-11e），是一个正则点。假设目标函数是凸的，约束是线性的，这些条件也是充分的。因此，$x^*=(3.2,1.8)$ 是全局最小值。

12.4 特殊的非线性规划

12.4.1 可分规划的求解

可分离规划是非线性规划中重要的研究方向，因为它允许凸非线性规划用线性规划模型以任意精度逼近。其思想是用分段线性逼近代替每个非线性函数，然后用任意高效的 LP 方法获得全局解。对于非凸问题，该方法仍然有效，但 LP 方法已不再适用。对于混合整数线性规划（MILP）问题，可以直接将带有限制基项规则的单纯形算法的修改版本应用于模型。此时进入变量的候选必须受到限制，以保持 LP 方法的有效性。在这种情况下，得到了一个局部最优解后，可借助分支和边界找到全局最优解。

再次考虑一般的 NLP 问题

$$\text{Minimize}\{f(x):g_i(x)\leqslant g_i,i=1,\cdots,m\}$$

另有两项规定：①目标函数和所有约束都是可分离的；②每个决策变量 x，其下界为 0，上界为已知常数 μ_j，$j=1$，$\cdots$，n。回想一下，如果函数 $f(x)$ 可以表示为各个决策变量函数的和，那么它就是可分离的。

$$f(x) = \sum_{j=1}^n f_j(x_j)$$

可分 NLP 具有如下结构：

$$\text{Minimize} \sum_{j=1}^n f_j(x_j)$$
$$\text{subject to} \sum_{j=1}^n g_{ij}(x_j) \leqslant b_i, i=1,\cdots,m$$
$$0 \leqslant x_j \leqslant u_j, j=1,\cdots,n$$

这个公式的主要优点是非线性在数学上是独立的。这个性质与决策变量上的有限边界相结合，使得问题中每个函数的分段线性逼近成为可能。

考虑图 12-3 中描述的一般非线性函数 $f(x)$。要使用 r 条线段形成分段线性近似，我们必须在其范围 $0\leqslant x\leqslant\mu$（称为 $\overline{x}_0$，$\overline{x}_1$，$\cdots$，$\overline{x}_r$）内选择标量 x 的 $r+1$ 个值，并让 $f_k=f(\overline{x}_k)$，$k=0$，1，$\cdots$，r。在边界处，我们有 $\overline{x}_0=0$ 和 $\overline{x}_r=u$。其中，$\overline{x}_k$ 的值不必是等间距的。

回想一下，位于第 k 条线段的两个端点之间的 x 的任何值都可以表示为

$$x=\alpha \overline{x}_{k+1}+(1-\alpha)\overline{x}_k \text{ or } x-\overline{x}_k=\alpha(\overline{x}_{k+1}-\overline{x}_k), 0\leqslant\alpha\leqslant1$$

其中，$\overline{x}_k(k=0$，1，$\cdots$，$r)$ 为数据，α 为决策变量。这种关系直接导致第 k 条线段的表达式为

$$\hat{f}(x)=f_k+\frac{f_{k+1}-f_k}{\overline{x}_{k+1}+\overline{x}_k}(x-\overline{x}_k)=\alpha f_{k+1}+(1-\alpha)f_k,\ 0\leqslant\alpha\leqslant1$$

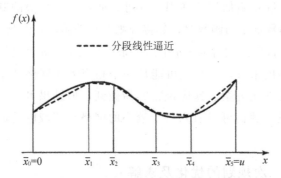

图 12-3   非线性函数的分段线性逼近

随着 r 的增大，近似 $\hat{f}(x)$ 变得越来越精确。但由此产生的问题的规模也相应增加。

对于第 k 段，令 $\alpha=\alpha_{k+1}$，$(1-\alpha)=\alpha_k$。则对于 $\overline{x}_k\leqslant x\leqslant\overline{x}_{k+1}$，$x$ 的表达式变为

$$x=\alpha_{k+1}\overline{x}_{k+1}+\alpha_k\overline{x}_k,\ \hat{f}(x)=\alpha_{k+1}f_{k+1}+\alpha_k f_k$$

其中，$\alpha_k+\alpha_{k+1}=1$ 且 $\alpha_k\geqslant0$，$\alpha_{k+1}\geqslant0$。将这个过程推广到定义 x 的整个范围内，得到

$$x=\sum_{k=0}^{r}\alpha_k\overline{x}_k,\hat{f}(x)=\sum_{k=0}^{r}\alpha_k f_k,\sum_{k=0}^{r}\alpha_k=1,\alpha_k\geqslant0,k=0,\cdots,r$$

其中，至少有一个且不超过两个 α_k 大于零。此外，我们要求，如果两个 α_k 大于 0，它们的值必须恰好相差 1。换句话说，如果 α_s 大于零，那么 α_{s+1} 和 α_{s-1} 只有一个可以大于零。如果不满足最后一个条件，即邻接准则，那么 $f(x)$ 的近似值将不在 $\hat{f}(x)$ 上。

要应用前面的转换，必须为每个变量 x_j 的范围内定义 r_j+1 个点的网格；这需要为每个变量和函数使用额外的索引。例如，对于第 j 个变量，r_j+1 数据点的结果为 $\overline{x}_{j0}$，$\overline{x}_{j1}$，$\cdots$，$\overline{x}_{jr}$。则 x 中的分段规划问题就变成了下面在 α 中的近似线性规划。

$$\text{Minimize } f(\alpha)=\sum_{j=1}^{n}\sum_{k=0}^{r_j}\alpha_{jk}f_{jk}(\overline{x}_{jk})$$

$$\text{subject to } g_i(\alpha)=\sum_{j=1}^{n}\sum_{k=0}^{r_j}\alpha_{jk}g_{ijk}(\overline{x}_{jk})\leqslant b_i,i=1,\cdots,m$$

$$\sum_{k=0}^{r_j}\alpha_{jk}=1,j=1,\cdots,n$$

$$\alpha_{jk} \geqslant 0, j=1,\cdots,n, k=0,\cdots,r_j$$

它之所以是一个近似线性规划问题，是因为当任何一个函数是非凸时，必须对新的决策变量 α_{jk} 施加邻接准则。这可以通过一个受限的基础输入规则来实现。当所有函数都是凸函数时，邻接准则会自动满足，因此不需要修改单纯形算法。注意，近似问题有 $m+n$ 个约束条件和 $\sum r_j + n$ 个变量。

从实际的角度来看，一个人可能从一个相当大的网格开始，并找到相应近似问题的最佳解决方案。这应该很容易做到，但结果可能不是很准确。为了改进解决方案，我们可以引入一个较小的网格在邻域内的最优解并求解新问题。

12.4.2　二次规划的优化及求解

具有二次目标函数的线性约束优化问题称为二次规划（QP）。由于它的许多应用，二次规划本身经常被看作是一门学科。然而，更重要的是，它为几种通用的 NLP 算法奠定了基础。我们将在本节研究 QP 的 Karush-Kuhn-Tucker 条件；对于可分离规划问题，可以采用改进的单纯形算法求解。

一般的二次规划可以写成

$$\text{Minimize } f(x) = cx + \frac{1}{2} x^T Q x$$

$$\text{subject to } Ax \leqslant b, x \geqslant 0$$

其中 c 是描述目标函数中线性项系数的 n 维行向量，Q 是描述二次项系数的 $(n \times n)$ 对称矩阵。与线性规划一样，决策变量由 n 维列向量 x 表示，约束由 RHS 系数的 $(m \times n)A$ 矩阵和 m 维列向量 b 定义。我们假设存在一个可行解并且约束区域是有界的。

当目标函数 $f(x)$ 对于所有可行点都严格凸时，该问题具有唯一的局部最小值，同时也是全局最小值。保证严格凸性的一个充分条件是 Q 是正定的。

1. Karush-Kuhn-Tucker 条件

我们现在把第 12.3 节中给出的一阶必要条件应用于二次规划。当 Q 为正定时，这些条件足以得到全局最小值；否则，我们最多只能说它们是必要的。

排除非负性条件，二次规划的拉格朗日函数为

$$\mathcal{L}(x,\mu) = cx + \frac{1}{2} x^T Q x + \mu(Ax - \beta)$$

其中 μ 是一个 m 维的行向量。局部最小值的 KKT 条件如下：

$$\frac{\partial \mathcal{L}}{\partial x_j} \geqslant 0, j=1,\cdots,n \quad c + x^T Q + \mu A \geqslant 0 \qquad (12-12a)$$

$$\frac{\partial \pounds}{\partial \mu_i} \leqslant 0, i=1,\cdots,m \quad Ax-b \leqslant 0 \tag{12-12b}$$

$$x_j \frac{\partial \pounds}{\partial x_j}=0, j=1,\cdots,n \quad x^T(c^T+Qx+A^T\mu)=0 \tag{12-12c}$$

$$\mu_i g_i(x)=0, i=1,\cdots,m \quad \mu(Ax-b)=0 \tag{12-12d}$$

$$x_j \geqslant 0, j=1,\cdots,n \quad x \geqslant 0 \tag{12-12e}$$

$$\mu_i \geqslant 0, i=1,\cdots,m \quad \mu \geqslant 0 \tag{12-12f}$$

为了使条件（12-12a）到条件（12-12f）的形式更易于处理，在条件（12.12a）的不等式中引入非负剩余变量 $y \in R^n$，在条件（12-12b）的不等式中引入非负松弛变量 $v \in R^m$，从而得到方程

$$c^T+Qx+A^T\mu^T-y=0, Ax-b+v=0$$

现在可以把常数移到右边来表示 KKT 条件。

$$Qx+A^T\mu^T-y=-c^T \tag{12-13a}$$

$$Ax+v=b \tag{12-13b}$$

$$x \geqslant 0, \mu \geqslant 0, y \geqslant 0, v \geqslant 0 \tag{12-13c}$$

$$y^Tx=0, \mu v=0 \tag{12-13d}$$

前两个表达式是线性等式，第三个约束所有的变量是非负的，第四个规定了互补松弛。

2. 求解最优解

利用约束基项规则隐式处理互补松弛条件［方程（12-13d）］，可以用单纯形算法求解式（12-13a）～式(12-13d)。建立 LP 模型的步骤如下。

• 令结构约束为 KKT 条件定义的式（12-13a）和式（12-13b）。
• 如果任何 RHS 值为负，则将相应的方程乘以 -1。
• 为每个方程添加一个人工变量。
• 令目标函数为人工变量之和。
• 将产生的问题转化为单纯形形式。

该方法的目标是在满足互补松弛条件的条件下，求出最小化人工变量和的线性规划的解。如果目标值为零，则解满足式（12-13a）～式(12-13d)。为了适应方程（12-13d），选择输入变量的规则必须根据以下关系进行修改：

x 和 y 是互补的，因为 $j=1, \cdots, n$；

u 和 v 是互补的，对于 $i=1, \cdots, m$。

如果在相同的迭代中互补变量不在基中，或者离开基，则进基变量将是降低成本最小的那个。在算法结束时，向量 x 定义了最优解，向量 μ 定义了最优对偶变量。

对于目标函数为正定时，此方法非常有效，其计算量相对少。然而，目标函数的半正定形式会造成计算上的困难。Van De Panne（1975）对 $f(x)$ 不是正定的也会产生全局最优解的条件进行了广泛的讨论。最简单实用的方法是在 Q 的每个对角元素上加一个小常数，这样修改后的 Q 矩阵就变成正定的了。虽然结果不精确，但如果保持较小的变化，差异是微不足道的。

12.5 一维搜索方法

求解连续变量的数学程序的基本方法是，选择目标函数改进的起始点 x 和方向 d^0，然后向该方向移动，直到达到极值或违反约束。在这两种情况下，都会计算出一个新的方向并重复该过程。在每次迭代结束时进行收敛性检查。这种方法的核心是一维搜索，通过一维搜索确定移动的长度，即步长。也就是说，给定迭代 k 处的点 x^k 和方向 d^k，目标是找到我们移动到下一个点 $x^{k+1} = x^k + t_k d^k$ 的最佳步长 t_k。

线性规划的单纯形法本质上是该思想的实现。初始点为初始基解，改进方向由进基变量决定，步长由比值检验决定。收敛发生在没有改进方向的情况下，即所有减少的成本都是非负的。仔细观察单纯形法就会发现，它所要做的就是满足 KKT 条件［方程（12-9a）到方程（12-9e）］，这些条件对于全局最优性是充分的。对于一般的 NLP 问题，我们最多期望一个标准算法提供一阶必要条件的一个解。我们依靠函数的凸性性质来了解更多关于解的信息（凸函数相关信息详见附录 B）。对于非凸情况，需要更高级的技术来获得全局最优解。

到目前为止，在我们的非线性规划研究中，我们尝试过手工求解 KKT 条件，或使用单纯形算法求解可分二次问题。现在我们将开发几种技术来解决最简单的情况——最小化单个变量的连续无约束函数。事实上，每一种 NLP 算法的关键部分都是求一维函数极值的数值过程。当然，如果函数有已知的一阶导数，问题就简化为找到满足 $\nabla f(x) = 0$ 的点，但即使在这种情况下，计算通常也需要数值方法。因此，要么函数很复杂，对它的一阶导数和二阶导数的求值需要付出高昂的代价，要么函数及其导数不明确，只能在特定的点上求值。

12.5.1 单峰函数

出于实际考虑，我们定义了一个不确定区间 $[a, b]$，其中 $f(x)$ 的最小值必须在这个区间内。这就引出了一维问题

$$\text{Minimize}\{f(x):x\in[a,b]\} \qquad\qquad (12-14)$$

为简单起见，我们还假定 f 在区间 $[a,b]$ 中是连续的且单峰的，这意味着 f 有一个单一的极小值 x^*，即对于 $x\in[a,b]$ 和 $f(x)\neq f(x^*)$，当 $x<x^*$ 时 f 严格递减，当 $x>x^*$ 时 f 严格递增。在极小化问题中，严格凸性的强性质意味着单模性，但单模性并不意味着凸性。图 12-4 所示的单峰函数说明了这一事实。每个函数在子区域上既凹又凸，但在整个范围内只有一个相对最小值。

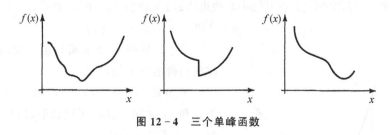

图 12-4　三个单峰函数

在搜索过程中，如果我们可以排除 $[a,b]$ 中不包含最小值的部分，那么不确定区间就会减小。下面的定理表明，在区间内求两个点的值是可以得到约简的。

定理 7：令 f 为区间 $[a,b]$ 上定义的单个变量的连续单模函数。令 x_1，$x_2\in[a,b]$ 使得 $x_1<x_2$。对于所有 $x\in[a,x_1]$，如果 $f(x_1)\geqslant f(x_2)$，则 $f(x_1)\geqslant f(x_2)$。对于所有的 $x\in[x_2,b]$，如果 $f(x_1)\leqslant f(x_2)$，则 $f(x_1)\geqslant f(x_2)$。

这两种情况如图 12-5 所示。当然，如果 $f(x_1)=f(x_2)$，则 $x^*\in[x_1,x_2]$，在任何实现中都应该考虑这一事实。特别是，线搜索算法是一种系统地计算 f 的算法，它消除了 $[a,b]$ 的子区间，直到确定最小点 x^* 的位置达到所需的精度水平。我们现在提出一些最流行的解决问题（12-14）的方法。

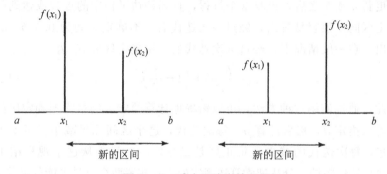

图 12-5　减小不确定性区间

12.5.2 二分搜索法

在我们只能对 $f(x)$ 求值的限制下，我们的目标是找到一种方法，在对函数求值 n 次之后提供最小或指定的不确定区间。最简单的方法是二分法。为了不失一般性，我们将注意力集中在问题（12-14）上。设最小值的未知位置为 x^*。

二分搜索法要求指定两点 x_1 和 x_2 之间的最小距离 $\varepsilon > 0$，这样两者仍然可以区分开来。前两次测量是在间隔中心两边的 $\varepsilon/2$ 处进行 $[a, b]$，如图 12-6 所示。

$$x_1 = 0.5(a+b-\varepsilon) \text{ 和 } x_2 = 0.5(a+b-\varepsilon)$$

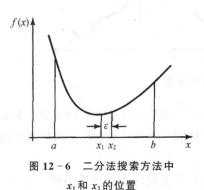

图 12-6　二分法搜索方法中
x_1 和 x_2 的位置

关于在这些点处求函数值，定理 7 允许我们得出三个结论之一。

- 如果 $f(x_1) < f(x_2)$，则 x^* 必须位于 a 和 x_2 之间。这表明应该通过将 b 设置为 x_2 来更新 b 的值。

- 如果 $f(x_1) < f(x_2)$，则 x^* 必须位于 x_1 和 b 之间，这意味着通过 a 设置为 x_1 来更新 a 的值。

- 如果 $f(x_1) = f(x_2)$，则 x^* 必须位于 x_1 和 x_2 之间。这表示两个端点都应该

通过将 a 设为 x_1，将 b 设为 x_2 来进行更新。

这些结果是基于单模态的假设和两次测量提供的信息，对 $f(x)$ 的一次评估没有提供有用的信息。从另一个角度来看，x_1 点和 x_2 点的测量值提供了对中心点处斜率的估计。当 $f(x)$ 的斜率为正时，我们确信 x^* 位于 x_2 的左侧。当斜率为负时，我们确信 x^* 在 x_1 的右边。当斜率为 0 时，x^* 必须位于 x_1 和 x_2 之间，尽管这种情况不太可能发生，除非是人为的问题。

在更新 a 或 b 之后，重复这个过程，直到评估了预定的点数或达到了所需的不确定区间。很容易看出，经过一次迭代后，不确定区间为 $0.5(b-a+\varepsilon)$，可以看出，在一般情况下，经过 n 次迭代后，不确定区间 d_n 为

$$d_n = \frac{b-a}{2^n} + \left(1 - \frac{1}{2^n}\right)\varepsilon \qquad (12-15)$$

因此，通过使用这种方法，可以精确地计算给定 n 的最终不确定区间，或者我们可以指定 d，然后计算 n。每次迭代，这个区间几乎减半。事实上，如果 e 为零，每次迭代的减少量将正好是二分之一。我们从这个观察结果可推测，在每次迭代中按二分法搜索算法规定的方式放置两个点是可能的最佳策略。

12.5.3 黄金分割法

在前面的方法中，所有新的评估都在每次迭代中使用。假设在第一次迭代之后的每次迭代中，我们都使用一个新评估和一个旧评估的组合。如果能得到可比较的结果，那么将显著减少计算工作量。该方法是受到自然界中常见数字的启发。例如，在古希腊的建筑中，用一种方法把 a 点到 b 点在 c 点上的距离分割开，这种方法被称为黄金分割。

$$\frac{c-a}{b-a}=\frac{b-c}{c-a}=\frac{(b-a)-(c-a)}{c-a}$$

每一项的分子和分母除以 $b-a$，令 $\gamma=\frac{(c-a)}{(b-a)}$ 得

$$\gamma=\frac{1-\gamma}{\gamma}$$

其中 γ 被称为黄金分割比。解 γ 等价于解二次方程 $\gamma^2+\gamma-1=0$，其正根为 $\gamma=(\sqrt{5}-1)/2\cong0.618$。负的根意味着负的比率，从几何的角度看没有意义。

我们现在使用黄金分割的概念来开发所谓的黄金分割搜索方法。这种方法要求新的不确定区间与前一个不确定区间之比总是相同的。这只有在比例常数为黄金分割比 γ 时才能实现。为了实现该算法，我们从初始区间 $[a, b]$ 开始，将前两个搜索点对称地放置在

$$x_1=a+(1-\gamma)(b-a)=b-\gamma(b-a), x_2=a+\gamma(b-a) \qquad (12-16)$$

如图 12-7 所示。通过构造，我们有 $x_1-a=b-x_2$，它在整个计算过程中都保持不变。

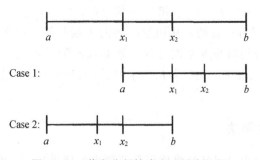

图 12-7 黄金分割搜索方法的点位置

对于连续的迭代，我们确定包含 x 最小值的区间，就像我们在二分法中所做的一样。然而，黄金分割法的下一步只需要对 $f(x)$ 求一个新的值，其中 x 位于新的不确定区间的新的黄金分割点。在每次迭代结束时，会出现以下两种情况中的一种（参见图 12-7）：

·情况 1：如果 $f(x_1) > f(x_2)$，通过将 a 设为 $x_1 x_1$ 来更新左端点 a，新设的 x_1 等于旧的 x_2。由式（12-16）计算一个新的 x_2。

·情况 2：如果 $f(x_1) \leqslant f(x_2)$，通过将 b 设为 x_2 来更新右端点 b，新的 x_2 设为旧的 x_1。由式（12-16）计算新的 x_1。

当 $b-a < \varepsilon$，一个任意小的数时，我们停止。在终止点处，在最后的区间内有一个点，要么是 x_1，要么是 x_2。

可以看出，在 k 个取值后，不确定区间为 d_k，具有宽度

$$d_k = \gamma^{k-1} d_1 \tag{12-17}$$

这里 $d_1 = b-a$（初始宽度）。从这个可以推出

$$\frac{d_{k+1}}{d_k} = \lambda \cong 0.618 \tag{12-18}$$

黄金分割搜索法是著名的斐波那契搜索法的衍生，斐波那契搜索法的目的是最小化最终的不确定区间 d_n，其中 n 是函数计算的总数，并且在开始时是固定的。该优化问题的求解基于递归关系 $F_v = F_{v-1} + F_{v-2}$ 生成的斐波那契数列，其中 $F_0 = F_1 = 1$ 和 $v = 2, 3, \cdots$ 得到的序列是 1、1、2、3、5、8、13……

将不确定区间降为 d_n 的方法，与黄金分割法几乎相同。在迭代 k 时，假设不确定区间为 $[a_k, b_k] [a_k, b_k]$。考虑下面两个对称的位置。

$$x_{1k} = a_k + \frac{F_{n-k-1}}{F_{n-k+1}} (b_k - a_k), k = 1, \cdots, n-1$$

$$x_{2k} = a_k + \frac{F_{n-k-1}}{F_{n-k+1}} (b_k - a_k), k = 1, \cdots, n-1$$

根据定理 7，新的不确定区间 $[a_{k+1}, b_{k+1}]$ 由 $[x_{1k}, b_k]$ 给定如果 $f(x_{1k}) > f(x_{2k})$，由 $[a_k, x_{2k}]$ 给定如果 $f(x_{1k}) \leqslant f(x_{2k})$。前两个位置是在 $(F_{n-1}/F_n) d_1$ 处对称放置的，从初始区间的末端开始，现在 $[a_1, b_1]$。如上所述，将丢弃部分间隔并重复该过程。第 k 次测量后不确定区间宽度为 $d_k = (F_{n-k+1}/F_n) d_1$。当 $n \to \infty$，$F_{n-1}/F_n \to \gamma$ 时，所以斐波那契搜索方法收敛于黄金分割方法。

12.5.4 牛顿法

当在每次迭代中可以计算出比函数值更多的信息时，可能会加速收敛。假设 $f(x)$ 是单模的，并且两次连续可微。在处理问题（12-14）时，假设在 x_k 点上进行测量时，可以确定以下三个值：$f(x_k)$，$f'(x_k)$ 和 $f''(x_k)$。这意味着有可能构造一个二次函数 $q(x)$ 与 $f(x)$ 一致，直到 x_k 的二阶导数

$$q(x) = f(x_k) + f'(x_k)(x - x_k) + \frac{1}{2} f''(x_k)(x - x_k)^2$$

如图 12 - 8（a）所示，我们可以通过求出 q 的导数消失的点来计算 f 的最小点的估计值 x_{k+1}。因此，设置

$$0 = q'(x_{k+1}) = f(x_k) + f''(x_k)(x_{k+1} - x_k)$$

我们发现

$$x_{k+1} = x_k - \frac{f'(x_k)}{f''(x_k)} \qquad (12 - 19)$$

它不依赖于 $f(x_k)$ 然后可以重复这个过程，直到满足某个收敛条件，通常是 $|x_{k+1} - x_k| < \varepsilon$ 或 $|f'(x_k)| < \varepsilon$，其中 ε 是一个小数字。

牛顿法可以更简单地看作是迭代求解形式为 $\varphi(x) = 0$ 的方程的一种技术，其中 $\varphi(x) \equiv f'(x)$ 应用于线性搜索问题。在这个符号中，我们有 $x_{k+1} = x_k - \varphi(x_k)/\varphi'(x_k)$。图 12 - 8（b）从几何上描述了如何找到新的点。下面的定理给出了该方法收敛于驻点的充分条件。

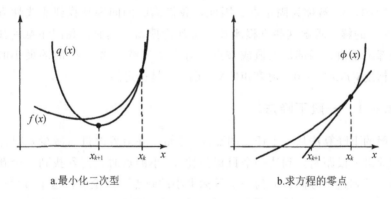

a.最小化二次型　　　　　　　　　　b.求方程的零点

图 12 - 8　牛顿法的几何观点

定理 8： 考虑函数 $f(x)$ 具有连续的一阶和二阶导数 $f'(x)$ 和 $f''(x)$ 定义 $\varphi(x) = f'(x)$ 和 $\varphi'(x) = f''(x)$，让 x^* 满足 $\varphi(x^*) = 0$，$\varphi'(x^*) \neq 0$，。那么，如果 x_1 与 x^* 足够接近，则牛顿法［方程（12 - 19）］得到的序列 $\{x_k\}_{k=1}^{\infty}$ 收敛于 x^*，其收敛阶至少为 2。

"ρ 阶收敛性" 是当迭代 x_k 在 x^* 的邻域内时，下一次迭代到 x^* 的距离将被 ρ 次幂减少。在数学上，这可以表示为 $\|x_{k+1} - x^*\| \leqslant \beta \|x_k - x^*\|^\rho$，其中 $\beta < \infty$ 是某个常数。ρ 阶越大，收敛越快。

当二阶导数信息不可用时，可以利用一阶信息对二次 $q(x)$ 中的 $f''(x_k)$ 进行估计。令 $f''(x_k) = (f'(x_{k-1}) - f'(x_k))/(x_{k-1} - x_k)$，则式（12 - 19）等价为

$$x_{k+1} = x_k - f'(x_k)\left(\frac{x_{k-1} - x_k}{f'(x_{k-1}) - f'(x_k)}\right)$$

这就产生了所谓的位置法。将此公式与牛顿法［方程（12-19）］进行比较，我们再次看到 $f(x_k)$ 没有取值。

关于一维搜索方法的最后一点是关于单模性的假设。如果函数 $f(x)$ 不是单模的，那么就会存在几个局部解，因此需要更详细的策略来确定全局最小值。改进方法是在原始的不确定区间上覆盖一个网格，并将本节讨论的搜索方法之一应用于每个子区间。

12.6 多维搜索方法

现在我们把注意力转向 $\Re^n$ 上定义的函数的无约束极小化的方法。当 $f(x)$ 是线性的且不存在约束时，问题无有界解。然而，无约束非线性函数可能有许多局部极值。如前所述，一个可微函数 f 在 $x^* \in \Re^n$ 具有最小值的必要条件是 $\nabla f(x^*) = 0$，x^* 被称为固定点。因此，我们面临的问题是找到非线性方程组 $\nabla f(x) = 0$ 的解。求解这些方程涉及一系列行搜索。然而，我们注意到驻点可以是局部最小值、局部最大值或鞍点。对于 f 连续可微，x^* 局部最小的充分条件是梯度 $\nabla f(x^*) = 0$，海塞矩阵 $\nabla^2 f(x^*)$ 是正定的。

12.6.1 一般下降法

一般的下降算法从一个任意的点 x^0 开始，并沿着改进（减少）目标函数的方向前进一段距离。到达一个目标值比 x^0 小的点时，流程找到一个新的改进方向，并朝这个方向移动到一个目标更小的新点。理论上，这个过程可以一直持续下去，直到没有改进的方向，此时算法将报告一个局部最小值。在实践中，当满足一个或多个数值收敛准则时，该过程就停止了。对算法的详细说明如下：

①从初始点 x^0 开始。将迭代计数器 k 设置为 0。

②选择下降方向 d^k。

③执行行搜索以选择步长 t_k，使 $\omega_k(t_k) \equiv f(x^k + t_k d^k) < \omega_k(t_{k-1})$。

④设置 $x^{k+1} = x^k + t_k d^k$。

⑤评估收敛标准。如果满意，停止；否则，k 增加 1，进入步骤 2。

一个精确的直线搜索是选择 t_k 作为步骤三 $\omega_k(t_k)$ 的第一个局部最小值，也就是 t 值最小的值。寻找这个最小值是非常耗时的，所以现代的 NLP 代码使用了各种不精确的行搜索技术，这些技术通常涉及多项式拟合，比如假位置法。关于终止，平稳性是第五步中常用的几个标准之一。在这种情况下，终止发生在梯度很小的时候。然而，如果 f 乘以一个正的比例因子 c，

那么$\nabla(cf(x)) = c\nabla f(x)$，此时，有必要添加其他标准，例如

$$\frac{|f(x^{k+1}) - f(x^k)|}{1 + |f(x^k)|} < \varepsilon, \text{对于} s \text{个连续的} k \text{值}$$

在这种情况下，当目标函数中的分数变化小于用户定义的 s 个连续迭代的容差 $\varepsilon > 0$ 时，计算就会停止。例如，NLP 代码 GRG2 [Lasdon 等人（1996）] 使用 $\varepsilon = 10^{-4}$ 和 $s = 3$ 作为默认值。

关于一般下降算法的剩余问题集中在步骤 2 中改进方向 d^k 的确定上。

12.6.2 最速下降法

在缺乏信息的情况下，从给定点 x^0 出发的最佳方向是在 x^0 附近产生最有利的 $f(x)$ 改进的方向。对于 LP 问题，降低成本最大的非基变量提供了这个方向。一般情况下，梯度 $\nabla f(x)$ 是 $f(x)$ 的最大瞬时增大方向，负梯度是 $f(x)$ 的最大瞬时减小方向。最速下降法沿梯度的方向移动，使梯度最大，沿梯度的相反方向移动，使梯度最小。然而，梯度只能测量目标函数在其计算点处的变化率。这意味着如果你从当前点移动至超过一段短距离，你可能不再朝着一个有利的方向移动。那么在寻求新方向之前，我们应该走多远？从实际的观点来看，只移动非常小的距离是不可接受的，因为不会取得太大的进展。我们需要行搜索来回答这个问题。

当用最速下降法求最小值时，搜索的 $k+1$ 点由表达式中的第 k 点得到

$$x^{k+1} = x^k - t_k \nabla f(x^k) \tag{12-20}$$

$\nabla f(x^k)$ 是一个在 x^k 处的列向量。当求最大值时，我们用加号代替式（12-20）中的负号。通过求解以下一维优化问题，得到最优步长 t_k。

$$f(x^k - t_k \nabla f(x^k)) = \min_{t \geqslant 0} f(x^k - t\nabla f(x^k)) \tag{12-21}$$

假定执行了精确的行搜索。第 10.6 节中讨论的任何程序都可以使用。

为了便于讨论，我们将在梯度的范数（即 $\|\nabla f(x^k)\|$ 小于某个指定的小数 ε，或搜索步长为无穷大时终止算法。后一种情况表示解是无界的。

接下来我们介绍关于最速下降法的算法。其目标是找到一个点使函数最小化。当函数为凸函数时，最陡下降法收敛到全局最小值；否则，它会收敛到一个局部最小值。如果在终止点上存在一个有限解，则当前的试验值是对最优的估计。

初始化步骤：为终止测试选择一个初始试验点 x^0 和一个小数字 $\varepsilon > 0$。令 $k = 0$，计算梯度 $\nabla f(x^0)$，停止如果 $\|\nabla f(x^0)\| < \varepsilon$。

迭代步骤：构造通过试解并沿负梯度方向运动的直线。

$$x^{k+1} = x^k - t_k \nabla f(x^k)$$

求 t 使沿该线最小化 $f(x(t))$ 的值，即解式（12-21），得到 t_k。如果无

解，停止：问题是无界的。否则，让新的试用解决方案。

$$x^{k+1}=x^k-t_k\,\nabla f(x^k)$$

模板步骤：在试验点 x^{k+1} 处计算梯度。如果 $\|\nabla f(x^{k+1})\|<\varepsilon$，满足终止条件，则停止；否则，将 k 增加 1 并重复迭代步骤。

形式上，我们得到以下结果。

定理 9：假设 f 具有连续的偏导数，且 $\{x: f(x)\leqslant f(x^0)\}$ 是闭有界的。那么由最速下降算法生成的序列的任何极限点都是一个平稳点。

为了说明问题，让我们考虑最小化二维二次函数的问题。

$$f(x)=cx+\frac{1}{2}x^TQx=c_1x_1+c_2x_2+\frac{1}{2}(q_{11}x_1^2+q_{22}x_2^2+2q_{12}x_1x_2)$$

$f(x)$ 的梯度是

$$\nabla f(x)=c+Qx=((c_1+q_{11}x_1+q_{12}x_2),(c_2+q_{12}x_1+q_{22}x_2))^T=(\nabla_1 f,\nabla_2 f)^T$$

因此，从初始点 x^0 开始，我们必须在直线上解决问题（12-21）。

$$x(t)=x^0-t\,\nabla f(x)=\begin{pmatrix}x_1^0\\x_2^0\end{pmatrix}-t\begin{pmatrix}\nabla_1 f^0\\\nabla_2 f^0\end{pmatrix}$$

将上面表达式的右边代入 $f(x)$ 来确定新的点，最优步长称为 t^*，并找到使 $f(x(t))$ 最小化的 t 的值。对于这个简单的例子，它可以用一些代数来表示

$$t^*=\frac{(\nabla_1 f^0)^2+(\nabla_2 f^0)^2}{q_{11}(\nabla_1 f^0)^2+q_{22}(\nabla_2 f^0)^2+2q_{12}\nabla_1 f^0\,\nabla_2 f^0}$$

表 12-3 给出了应用于该问题的最速下降法的前 10 次迭代中生成的点的序列

$$\text{Minimize } f(x)=32-8x_1-16x_2+x_1^2+4x_2^2$$

表 12-3　应用于二次函数的最陡下降法

k	x_1	x_1	$f(x_1, x_2)$	$\nabla_1 f$	$\nabla_2 f$	t_k
0	0.00	0.00	32.000	−8.000	−16.000	0.147
1	1.18	2.35	8.471	−5.467	2.824	0.313
2	2.94	1.47	2.242	−2.118	−4.235	0.147
3	3.25	2.0	0.594	−1.495	0.747	0.313
4	3.72	1.86	0.157	−0.561	−1.121	0.147
5	3.80	2.02	0.042	−0.396	0.198	0.313
6	3.93	1.96	0.011	−0.148	−0.297	0.147
7	3.95	2.01	0.003	−0.105	0.052	0.313
8	9.98	1.99	0.001	−0.039	−0.079	0.147
9	3.99	2.00	0.000	−0.028	0.014	0.313
10	3.99	2.00	0.000	−0.010	−0.021	0.147

终止参数 ε 设为 0.01。图 12-9 描绘了试验解的轨迹，它们在前几次迭代

中快速地向最优解进展。随后，即使 $f(x)$ 是凸的，进程也会停止。困难之处在于，当要最小化的函数的等值线与同心圆有显著差异时，最陡的下降就会伴随着过度的之字形。这是非常低效的。在数学术语中，如果 t_k 使 $\omega_k(t_k)$ 最小化，那么 $\omega'_k(t_k) = \nabla f(x^k - t_k d^k) d^k = 0$。如果 $d^k = -\nabla f(x^k)$，则表明搜索方向正交，因而偏心等值轮廓的曲折。

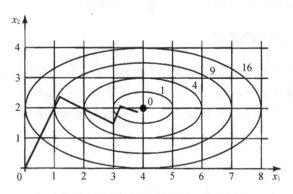

图 12-9 最速下降法的锯齿形性质

当 $f(x)$ 明确已知且不太复杂时，直接确定梯度元素值的梯度数值计算是可行的。当用解析法表示梯度不实际或不可能时，可由下列有限差分方程计算出各偏导数的近似值。

$$\frac{\partial f(x)}{\partial x_i} \cong \frac{f(x_j^+) - f(x_j^-)}{2\Delta}, j = 1, \cdots, n$$

在这里，∇ 是某个数值小的数，$x_j^+ = (x_1, \cdots, x_{j-1}, x_j + \Delta, x_{j+1}, \cdots, x_n)$，和 $x_j^- = (x_1, \cdots, x_{j-1}, x_j - \Delta, x_{j+1}, \cdots, x_n)$。也就是说，$x^+$ 和 x^- 的所有分量保持不变，除了 x_j，它分别受到 Δ 正向和反向的扰动。在实现该算法时，必须适当考虑梯度数值估计所引入的近似。

在 t 为最优值且 $f(x)$ 为严格凸二次型时，以线性方式收敛。在这种情况下，收敛被定义为随着迭代次数的无界增加，梯度趋近于零向量。线性收敛，或阶 1 的收敛，定义为传真的值在每次迭代中减少一个恒定的比例

$$\lim_{k \to \infty} \frac{\| \nabla f(x^{k+1}) \|}{\| \nabla f(x^k) \|} = \beta$$

其中 $0 \leqslant \beta \leqslant 1$。当 $\beta = 0$，我们有超线性收敛。对于 $f(x)$ 二次严格凸，

$$\beta \leqslant \left(\frac{A-a}{A+a}\right)^2 = \left(\frac{r-1}{r+1}\right)^2$$

其中 A 和 a 分别为 Q 的最大和最小特征值，$r = A/a$ 称为条件数。对于严格凸函数 $f(x)$，海塞矩阵 H 的特征值总是正的。随着 r 的增大，f 的轮廓变

得更加偏心，收敛速度减慢。当 f 严格凸在最优解 x^* 的邻域内，而不是二次时，同样成立；然而，r 现在是由 $H(x^*)$ 的特征值确定的。这是一个理论命题，因为在收敛之前 $H(x^*)$ 是未知的。

对于最简单的情况，即 $f(x)$ 是一个 n 维球体，最陡下降将在一次迭代中收敛到全局最优解。然而，重要的是我们要认识到，线性收敛并不意味着算法将在有限次数的迭代中找到更一般情况下的最优解。

12.6.3 平行切线法

平行切线或梯度部分搜索法是一种避免或至少减少之字形的简单方法，同时使用的信息和技术与最速下降法相同。如果用尺子在图 12 - 10 中画一条通过 x^0 和 x^2 的直线，我们将看到这条直线将精确地通过最优解 $x^* = (4，2)$。如图 12 - 10 所示。

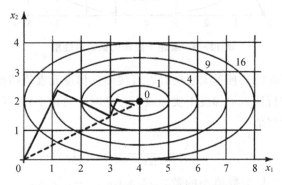

图 12 - 10 二次目标函数的梯度部分搜索法

在 $x(t) = x^0 + t(x^2 - x)^0$ 这条直线上执行一维搜索，可以立即得到最优解。实际上，当在每次迭代中使用最速下降法并结合对 t 的最优直线搜索时，同样的思想可以应用于两个迭代之间的任意两点。要看这个，在 x^1 和 x^3 上画一条直线。注意，它经过 x^* 沿着连接两个点 x^k 和 x^{k+2} 形成的直线搜索称为加速步。

前面的观察是一种更复杂的 n 维目标函数算法的基础。如果 $f(x)$ 具有由 n 维椭球凸二次函数构成的等高线，则该方法将在 n 个梯度步长和 $n-1$ 个加速度步长中找到最小点。原来的方法试图扩展加速度的思想使用所有的步骤，并在很大程度上基于一个特殊的几何性质的切线的轮廓的二次函数，而当前实现不使用此属性。

算法的定义见图 12 - 11。黑体线表示所采取的路径。从任意点 x^0 开始，通过标准的最陡下降步找到 x^1 点。然后，从点 x^k 找到对应的 y^k，同样是标准的最陡下降步长。然后对连接 y^k 和 x^{k-1} 的直线进行一维搜索，以确定点 x^{k+1}

（见图 12 – 11a）。重复这个过程，直到确定 x^n 为止。当 $f(x)$ 是严格凸二次函数时，$x^* = x^n$。在其他情况下，我们通常用 x^n 代替 x^0 并使用标准的最陡下降步重新启动算法。计算一直进行到满足某种收敛准则为止。除了第一次迭代外，x^k 的值通过加速步找到，y^k 的值通过最陡下降步找到。

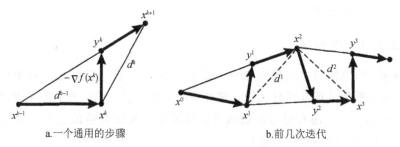

a.一个通用的步骤   b.前几次迭代

图 12 – 11   部分搜索方法的说明

图 12 – 12 说明了部分搜索法在三维函数中的应用。基本上，部分搜索方法首先在一个平面上解决问题，就好像只有两个变量。在此过程中，算法发现 x^2 是 $f(x)$ 在该平面上的最佳值。这是在预期的三个步骤中完成的：两个基于梯度的步骤确定 x^1 和 y^1，一个加速步骤确定 x^2。为了简单起见，在图 12 – 12 中，第一个平面显示为 (x_1, x_2) 空间。在初始优化之后，算法继续在垂直于第一个的平面上工作。这是通过从点 x^2 出发，沿着梯度的方向移动来实现的。新的梯度方向必然与第一个平面正交。进入新平面的最优步的端点 y^2 与 x^1 和 x^2 结合，定义了第二个搜索平面。现在我们只需要沿着经过 x^1 和 y^2 的方向进行最优搜索。与二维情况一样，一旦确定了第二个平面，三个搜索点就足以确定第二个平面中的最佳点。对于三维凸二次目标函数，该过程在 x^3 处终止于最优解。

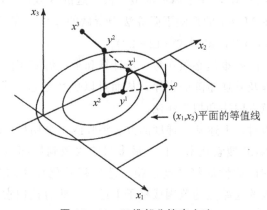

(x_1, x_2)平面的等值线

图 12 – 12   三维部分搜索方法

部分搜索方法通常被认为是共轭梯度法的一个特殊实现。它的一个吸引人的特性是简单和易于实现，具有很强的全局收敛性。该过程的每一步至少与最陡的下降一样好，因为从 x^* 到 y^* 正是最陡的下降，而向 x^{k+1} 的额外移动则进一步降低了目标函数。部分搜索算法的一个缺点是，除了第一步之外，每一步都需要进行两行搜索。

12.6.4　牛顿法

最速下降算法及其变体依赖于函数 f 在点 x^k 上的一阶近似。对于具有连续二阶偏导数的高度非线性函数，最好采用二阶近似。二阶近似除了更紧密地跟踪 f 的曲率外，还有更好的收敛性。这就是牛顿法背后的思想。对于多变量函数，使用二阶泰勒级数近似

$$f(x) \cong q(x = f(x^k) + \nabla f(x^k)(x - x^k) + \frac{1}{2}(x - x^k)^T F(x^k)(x - x^k))$$

其中 $F(x^k) \equiv H(x^k)$ 是 $n \times n$ 的海塞矩阵，选择 x^{k+1} 个点来最小化近似。这些点必须满足 $\nabla q(x^{k+1}) = 0$ 或 $\nabla f(x^k) + (x^{k+1} - x^k) F(x^k) = 0$。这是一个线性系统，有 0 个，1 个，或无穷多个解。

牛顿法的缺点是它不可能收敛于一个固定点。其主要用于接近 f 的严格局部极小值的 $\Re^n$ 区域。在这样的区域中，可以看出函数 f 是严格凸的，这意味着海塞矩阵是正定的和可逆的。

$$x^{k+1} = x^k - \nabla f(x^k) F(x^k)^{-1} \qquad (12-22)$$

我们将最速下降算法［方程（12-20）］与方程（12-22）进行比较，可以看出它们都是一般算法的特例

$$x^{k+1} = x^k - t_k \nabla f(x^k) M_k$$

对于合适的矩阵 M_k，在距离局部最小值很远的区域，可以通过 t_k 来选择步长，就像我们在 $M_k = I$ 的最陡下降算法中所做的那样。在局部极小点附近，取 $t_k = 1$，$M_k = F(x^k)^{-1}$，得到式（12-22）。

上述二阶方法的困难是必须在每一步计算和求逆海塞矩阵 F。已经设计了用于近似海塞矩阵及其逆矩阵的程序，从而可以更快地迭代求出 f 的最小值。这些程序称为共轭方向法和拟牛顿法。

当 $f(x)$ 为凸时，上述基于梯度的方法将收敛于全局最优解。对于非凸函数，它们和任何 NLP 搜索技术一样，最多只能收敛到局部最小值，而不一定是全局最小值。它们的性能将高度依赖于选择初始化算法的起点的"好"程度。通常，在可能的起始点的范围或格子上进行一些直接搜索可以保证改进结果。需要注意，虽然接近最优点通常是对起点的好处的最大贡献，但是可能还

有其他必须考虑的属性。当 $f(x)$ 是非凸的时候尤其如此。某些特定的点可能在一开始就注定了搜索的失败，这仅仅是因为该点附近函数的性质。

无论目标函数采用何种形式，二阶泰勒级数展开都将提供一个接近最优解的良好逼近。因此，对二次函数有效的过程对非二次函数也有效，至少在最优解附近有效。另一方面，一个不能保证找到正半定二次函数最小值的过程，在优化任何连续函数时都不太可能有用。

练　习

1. 以拉格朗日（Lagrangian）乘数法解以下问题：
$$\text{Maximize}\{x_1+2x_2+3x_3 : x_1^2+x_2^2+x_3^2=14\}$$

2. 基于 $x^2+y^2+z^2=1$ 的约束计算目标函数 $f=xyz$ 的极值点，找出最大值点、最小值点和鞍点。

3. 通过建立 LP 问题对以下 QP 问题进行求解。运用约束基项规则的单纯形法求解。
$$\text{Minimize } 2x_1^2+2x_2^2+3x_3^2+2x_1x_2+2x_2x_3+x_1-3x_2-5x_3$$
$$\text{subject to } x_1+x_2+x_3\geq 1$$
$$3x_1+2x_2+x_3\leq 6$$
$$x_j\geq 0, j=1,2,3$$

同时使用 NLP 代码求解并比较两种方法的结果。

4. 运用分离规划方法求解以下问题，并为决策变量选择恰当的网格。

(a) Minimize $\dfrac{1}{x_1+1}+x_2^3$

subject to $x_1^2+2x_2^3\leq 5$

$x_1\geq 8, \ x_2\geq 8$

(b) Minimize $e^{x_1}+x_1^2+2x_2^2+3x_1-5x_2+2x_3$

subject to $-2x_1^2+e^{x_2}-6x_3\leq 12$

$x_1^4-3x_2+5x_3\leq 23$

$0\leq x_1\leq 4, \ 0\leq x_2\leq 2, \ 0\leq x_3$

5. 针对以下一维问题，使用二分搜索法对 $\varepsilon=0.01$ 求解。

(a) Minimize $\{f(x)=105x+8/x-45 : 0\leq x\leq 1\}$

(b) Minimize $\{f(x)=3x^2-5x-4 : 0\leq x\leq 2\}$

(c) Minimize $\{f(x)=2x^4-2x-1 : 0\leq x\leq 2\}$

(d) Minimize $\{f(x)=4x^3-7x^2+14x+6 : 0\leq x\leq 1\}$

(e) Minimize $\{f(x)=3x^2-2x^{3/2}+1;\ 0\leqslant x\leqslant 1\}$

(f) Minimize $\{f(x)=e^x-x;\ 0\leqslant x\leqslant 1\}$

(1) 对本题使用黄金分割法进行求解，终止参数设为 $\varepsilon=0.01$。

(2) 对本题使用牛顿法进行求解，终止参数设为 $\varepsilon=0.01$，从取值范围的中点开始。

6. 有如下问题：

$$f(x)=3x_1{}^2+4x_2{}^2-x_1x_2-5x_1-8x_2$$

从 $x^0=(0,0)$ 开始，然后迭代 4 次。决定每次迭代中步长 t 的值。

(1) 使用梯度下降法求解。

(2) 分别使用平行切线法和牛顿法重新求解。

参考文献

[1] Jones S D, Ulsoy A G. An optimization strategy for maximizing coordinate measuring machine productivity. II: Problem formulation, solution, and experimental results [J]. Journal of Engineering for Industry, 1995, 117 (4): 610—618.

[2] Fischer, A. A special newton-type optimization method [J]. Optimization, 1992, 24 (3—4): 269—284.

[3] P. A., Bard, J. F., Operations Research Models and Methods, John Wiley and Sons, New York, 2003.

附　录

A. Excel Solver 解 LP 问题

电子表格可以用来解决线性规划问题。微软 Excel 优化工具之一为 Solver，我们通过解决曲棍球杆和国际象棋问题来演示它。

首先，从"工具"菜单中调用求解器。如果求解器选项没有出现在"工具"菜单中，请单击"开发工具－Excel 加载项－规划求解加载项"，然后单击"确定"。求解器就可以直接从"工具"菜单中获得，以便将来使用。操作截图如下 A-1 所示：

A-1　规划求解加载宏操作截图

A.1　Excel 建模求解步骤

在下面的示例中，我们以循序渐进的方式工作，设置一个电子表格，然后解决 Puck and Pawn Company 的问题。首先，在电子表格中定义问题；接下来，调用求解器并向它提供所需的信息；最后，执行求解器并解释程序提供的报告结果。

步骤 1：定义可变单元格。首先确定用于问题中的决策变量的单元格。在这里定义曲棍球杆的数量为 H 和国际象棋组的数量为 C。Excel 将这些单元格称为求解器中的可变单元格。参考我们的 Excel 屏幕（表 A-1），我们指定 B4 为生产曲棍球棒的数量，C4 为象棋组的数量。注意，我们最初将这些单元格设置为 2。我们可以将这些单元格设置为任何值，但是最好使用一些非零的值来帮助验证我们的计算是正确的。

步骤 2：计算总利润（或成本）。这是我们的目标函数，计算方法是将与每个产品相关的利润乘以生产的产品数量。我们把利润放在 B5 和 C5 单元格中（$2 和 $4)），所以利润的计算公式为：B4 * B5 + C4 * C5，这是在 D5 单元格中计算的。求解器将其称为目标单元格，它对应问题的目标函数。

步骤 3：我们的资源是原问题中定义的机器设备 A、B 和 C。我们在电子表格中设置了三行（9、10 和 11），每个行对应一个资源约束。对于机器 A，每生产一根曲棍球杆（单元格 B9）需要 4 小时的加工时间，每组象棋（单元 C9）需要 6 小时的加工时间。对于一个特定的解决方案，使用的机器 A 资源的总量在 D9（B9 * B4 + C9 * C4）中计算。我们在单元格 E9 中指出，我们希望这个值小于在 F9 中输入的机器 A 的产能 120 小时。机器 B 和 C 的资源使用在第 10 行和第 11 行中以完全相同的方式设置。

表 A-1　Puck and Pawn Company 问题的表格

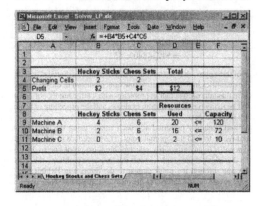

步骤 4：转到"工具"菜单并选择"求解器"选项。

1. Set target cell：设置想要优化求解的值的位置。本例中是电子表格中 D5 的值。

2. Equal to：设置为最大，因为本例要求利润最大化。

3. By changing cells：求解器用来改变对应的值从而最大化利润的表格。在该问题中 B4 到 C4 是我们的可变单元格。

4. Subject to the constraints：对应机器设备产能。在这里，我们单击 Add 并指出用于资源的总容量小于或等于可用容量。下面是机器设备 A 的示例。在指定每个约束之后单击 OK。

5. 单击 Options 从而告诉 Solver 希望它解决什么类型的问题以及我们希望它如何解决。求解器有许多选项，但我们只需要使用其中的几个。屏幕如下图 A－2 所示。

图 A－2　上述步骤屏幕显示图

大多数选项与求解器如何试图解决非线性问题有关。这些问题很难解决，也很难找到最佳解决方案。幸运的是，我们的问题是一个线性问题。点击假设线性模型，告诉 Solver 我们想要使用线性规划选项来解决问题。此外，我们知道可变单元格（决策变量）必须是大于等于 0 的数字，因为冰球棍或象棋盘的数量为负数是没有意义的。我们通过选择 Assume Non-Negative 作为选项来表明这一点。单击"确定"返回"求解器参数"框，如图 A－3 所示。

Answer Report

TARGET CELL (MAX)			
CELL	NAME	ORIGINAL VALUE	FINAL VALUE
$D$6	Profit Total	$12	$64

ADJUSTABLE CELLS			
CELL	NAME	ORIGINAL VALUE	FINAL VALUE
$B$4	Changing Cells Hockey Sticks	2	24
$C$4	Changing Cells Chess Sets	2	4

CONSTRAINTS					
CELL	NAME	CELL VALUE	FORMULA	STATUS	SLACK
$D$11	Machine C Used	4	$D$11<=$F$11	Not Binding	6
$D$10	Machine B Used	72	$D$10<=$F$10	Binding	0
$D$9	Machine A Used	120	$D$9<=$F$9	Binding	0

图 A－3　求解器参数框

步骤 5：问题的求解：点击求解，如图 A-4 所示，我们立即得到一个求解结果确认，如下图 A-5 所示。

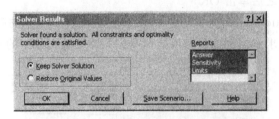

图 A-4　问题的求解

CELL	NAME	FINAL VALUE	REDUCED COST	OBJECTIVE COEFFICIENT	ALLOWABLE INCREASE	ALLOWABLE DECREASE
$B$4	Changing Cells Hockey Sticks	24	0	2	0.666666667	0.666666667
$C$4	Changing Cells Chess Sets	4	0	4	2	1

CONSTRAINTS						
CELL	NAME	FINAL VALUE	SHADOW PRICE	CONSTRAINT R.H. SIDE	ALLOWABLE INCREASE	ALLOWABLE DECREASE
$D$11	Machine C Used	4	0	10	1E+30	6
$D$10	Machine B Used	72	0.333333333	72	18	12
$D$9	Machine A Used	120	0.333333333	120	24	36

图 A-5　问题求解结果

求解器找到了一个最优的解决方案。在图 A-4 中右侧显示三类报告：结果报告、敏感性报告和限制报告。单击每个报告，单击 "OK" 则出现创建好的三个报告。

该问题最有趣的报告是结果报告和敏感性报告。结果报告显示了总利润（64 美元）和产量（24 根曲棍球棒和 4 盘国际象棋）。在 Answer Report 的约束部分，给出了每个资源的状态。机器 A 和机器 B 都被使用了，机器 C 有 6 个单位的闲置。

敏感性报告分为两部分。第一部分，标题为 "可变单元格"，对应目标函数系数。曲棍球杆的每单位利润可以上升或下降 67 美元，而不会对解决方案产生影响。同样，在不改变解决方案的情况下，国际象棋的利润可能在 6 美元到 3 美元之间。在机器 A 的情况下，右边可能增加到 144（120+24）或减少到 84。在目标函数中每单位增加或减少。机器 B 的右边可以增加到 90 台，也可以减少到 60 台。目标功能的每一个单元都有变化。对于机器 C，右边可以增加到无穷大（1E+30 是一个非常大的数字的科学符号），或者在目标函数不变的情况下下降到 4 个单位。

A.2　术语和例题 1

线性规划（LP）是用于在竞争需求中以最优方式分配有限的资源的数学模型。图形线性规划提供了一个快速洞察线性规划本质的方法。

例题 1　一家家具公司生产三种产品：茶几、沙发和椅子。这些产品分为五个部门加工：锯材、织物切割、打磨、染色和装配部门。茶几和椅子只使用原木制作，沙发则需要木材和织物。胶水和线是丰富的，代表了一个相对微不足道的成本，包括在运营费用中。每种产品的具体要求如下表 A-2 所示。

表 A-2　每种产品的具体要求

RESOURCE OR ACTIVITY (QUANTITY AVAILABLE PER MONTH)	REQUIRED PER END TABLE	REQUIRED PER SOFA	REQUIRED PER CHAR
Lumber（4,300 board feet）	10 board feet@ $10/foot = $100/table	75 board feet@ $10/foot = $75	4 board feet@ $10/foot = $40
Fabric（2,500 yards）	None	10yards@ $1750/yard = $175	None
Saw lumber（280 hours）	30 minutes	24 minutes	30 minutes
Cut fabric（140 hours）	None	24 minutes	None
Sand（280 hours）	30 minutes	6 minutes	30 minutes
Stain（140 hours）	24 minutes	12 minutes	24 minutes
Assemble（700 hours）	60 minutes	90 minutes	30 minutes

该公司的直接人工费用为每月 75000 美元，人工为 1540 小时，每小时 48.70 美元。根据目前的需求，该公司每月可以卖出 300 张茶几、180 个沙发和 400 把椅子。销售单价：茶几 400 美元，沙发 750 美元，椅子 240 美元。假设人工成本是固定的，公司不打算在下个月雇佣或解雇任何员工。

a. 家具公司最受限制的资源是什么？

b. 确定家具公司利润最大化所需的产品组合。每个月生产多少张茶几、沙发和椅子是最理想的？

解决方案：

定义 X_1 为茶几的数量，X_2 为沙发的数量，X_3 为每个月生产的椅子的数量。利润的计算方法是每件商品的收入减去材料（木材和织物）的成本，再减去人工成本。利润计算如下：

$$\text{profit} = 400X_1 + 750X_2 + 240X_3 - 75000$$

约束如下：

木材：
$$10X_1 + 7.5X_2 + 4X_3 \leqslant 4350$$

面料：
$$10X_2 \leqslant 2500$$

锯：
$$0.5X_1 + 0.4X_2 + 0.5X_3 \leqslant 50$$

割刀：
$$0.4X_2 \leqslant 140$$

架子：
$$0.5X_1 + 0.1X_2 + 0.5X_3 \leqslant 280$$

着色剂：
$$0.4X_1 + 0.2X_2 + 0.4X_3 \leqslant 140$$

组装：
$$1X_1 + 1.5X_2 + 0.5X_3 \leqslant 700$$

需求：

桌子：
$$X_1 \leqslant 300$$

沙发：
$$X_2 \leqslant 180$$

椅子：
$$X_3 \leqslant 400$$

步骤 1：定义可变单元格，将单元格 B3、C3 和 D3 设置为零。

表 A-3　定义和设置问题的单元格

	Microsoft Excel - Solved Problem.xls				
	File Edit View Insert Format Tools Data Window Help				
	E4		f_x =B4*$B$3+C4*$C$3+D4*$D$3-75000		
	A	B	C	D	E	F
1	**Furniture Company**					
2		**End Tables**	**Sofas**	**Chairs**	**Total**	**Limit**
3	**Changing cells**	0	0	0		
4	**Profit**	$300	$500	$200	-$75,000	
5						
6	Lumber	10	7.5	4	0	4350
7	Fabric	0	10	0	0	2500
8	Saw	0.5	0.4	0.5	0	280
9	Cut fabric	0	0.4	0	0	140
10	Sand	0.5	0.1	0.5	0	280
11	Stain	0.4	0.2	0.4	0	140
12	Assemble	1	1.5	0.5	0	700
13	Table Demand	1			0	300
14	Sofa Demand		1		0	180
15	Chair Demand			1	0	400
16						

步骤 2：计算总利润。即 E4（等于 B3 乘以每张茶几的收入 300 美元，加上 C3 乘以每张沙发的收入 500 美元，加上 D3 乘以每把椅子的收入 200 美元）。注意，从收入中减去 75000 美元固定费用以计算利润。

步骤 3：设置资源使用。在单元格 E6 到 E15 中，每个资源的使用情况是通过将 B3、C3 和 D3 乘以每个项目所需的数量并将乘积相加来计算的（例如，E6＝B3＊B6＋C3＊C6＋D3＊D6）。在单元格 F6 到 F15 中输入这些约束的限制。

步骤 4：设置求解器，转到"工具"并选择"求解器"选项，如下图 A-6 所示。

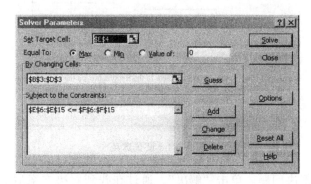

图 A-6　求解器选项界面

1. 设置目标单元格：为需要优化的值设置计算位置。此处为在本电子表格的 E4 中计算的利润。

2. 等于：设置为最大，因为目标是最大化利润。

3. 可变单元格：求解器可以更改以最大化利润的单元格（在此问题中 B3 到 D3）。

4. 添加约束条件：添加约束集的地方；E6 到 E15 必须小于或等于 F6 到 F15。

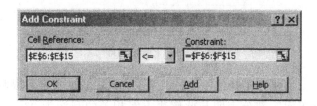

图 A-7　添加约束示例

步骤 5：设置选项。这里有很多选项，此处需要指出假设线性模型和假设非负。假设线性模型意味着所有的公式都是简单的线性方程。假设非负表示变化的单元格必须大于或等于零。单击"确定"，准备解决问题。

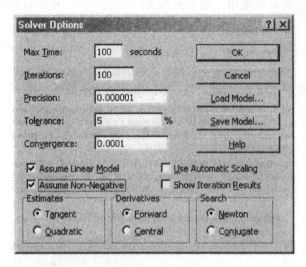

图 A-8 设置选项

步骤 6：解决问题。单击"解决"。通过在找到解决方案后显示的求解器结果中突出显示项目来查看解决方案和两个特殊报告。注意，在以下报告中，Solver 表示已找到解决方案并且满足所有约束和最优性条件。在右侧的"报告"框中，"结果""敏感性"和"限制"选项突出显示。突出显示报告后，单击确定返回到电子表格。

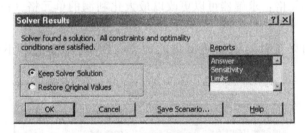

图 A-9 求解器结果

请注意，已创建三个新选项卡：结果报告、敏感性报告和限制报告。结果报告在"目标单元"部分表明与此解决方案相关的利润为 93000 美元（从一75000 美元开始）。最优解表明应该制作 260 张茶几、180 张沙发，不制作椅子。在约束部分，限制利润的唯一约束是染色能力和对沙发的需求。可以从指示约束是限制还是非限制的列中看到这一点。非限制性约束有松弛，如表 A-4 最后一列所示。

表 A-4　该问题的结果报告

TARGET CELL (MAX)			
CELL	NAME	ORIGINAL VALUE	FINAL VALUE
$E$4	Profit Total	- $75,000	$93,000
ADJUSTABLE CELLS			
CELL	NAME	ORIGINAL VALUE	FINAL VALUE
$B$3	Changing cells End Tables	0	260
$C$3	Changing cells Sofas	0	180
$D$3	Changing cells Chairs	0	0.

CONSTRAINTS					
CELL	NAME	CELL VALUE	FORMULA	STATUS	SLACK
$E$6	Lumber Total	3950	$E$6<=$F$6	Not Binding	400
$E$7	Fabric Total	1800	$E$7<=$F$7	Not Binding	700
$E$8	Saw Total	202	$E$8<=$F$8	Not Binding	78
$E$9	Cut fabric Total	72	$E$9<=$F$9	Not Binding	68
$E$10	Sand Total	148	$E$10<=$F$10	Not Binding	132
SE$11	Stain Total	140	$E$11<=$F$11	Binding	0
SE$12	Assemble Total	530	$E$12<=$F$12	Not Binding	170
SE$13	Table Demand Total	260	$E$13<=$F$13	Not Binding	40
SE$14	Sofa Demand Total	180	$E$14=$F$14	Binding	0
SE$15	Chair Demand Total	0	$E$15<=$F$15	Not Binding	400

　　当然，该解决方案可能不尽如人意，因为没有完全满足对桌子的需求，并且没有制造椅子。敏感性报告（如下表 A-5 所示）提供了对解决方案的更多了解。此报告的可调整单元格部分显示每个单元格的最终值和降低的成本。降低的成本表示如果将当前设置为零的单元格带入解决方案，目标单元格值将改变多少。由于当前解决方案中包括茶几（B3）和沙发（C3），因此它们降低的成本为零。对于制作的每把椅子（D3），目标单元格将减少 100 美元（出于解释目的，仅对这些数字进行四舍五入）。报告可调整单元格部分的最后三列是原始电子表格中的目标系数和标题为"允许增加"和"允许减少"的列。允许增加和减少通过相应系数的值可以改变多少来显示变化的单元格值不会发生变化（当然，目标单元格值会发生变化）。例如，每张茶几的收入可能高达 1000美元（300 美元＋700 美元）或低至 200 美元（300 美元－100 美元），但最优解仍为生产 260 张茶几。请记住，假设问题中没有其他任何变化。对于沙发的允许增加值，值为 1E＋30。这是一个非常大的数字，本质上是无穷大，用科学计数法表示。

表 A－5　该问题的敏感性报告

ADJUSTABLE CELLS

CELL	NAME	FINAL VALUE	REDUCED COST	OBJECTTVE COEFPICIENT	ALLOWABLE INCREASE	ALLOWABLE DECREASE
$B$3	Changing cells End Tables	260	0	299.9999997	700.0000012	100.0000004
$C$3	Changing cells Sofas	180	0	500.0000005	1E+30	350.0000006
$D$3	Changing cells Chairs	0	−100.0000004	199.9999993	100.0000004	1E+30

CONSTRAINTS

CELL	NAME	FINAL VALUE	SHADOW PRICE	CONSTRAINT R. H. SIDE	ALLOWABLE INCREASE	ALLOWABLE DECREASE
$E$6	Lumber Total	3950	0	4350	1E+30	400
$E$7	Fabric Total	1800	0	2500	1E+30	700
$E$8	Saw Total	202	0	280	1E+30	78
$E$9	Cut fabric Total	72	0	140	1E+30	68
$E$10	Sand Total	148	0	280	1E+30	132
$E$11	Stain Total	140	749.9999992	140	16	104
$E$12	Assemble Total	530	0	700	1E+30	170
$E$13	Table Demand Total	260	0	300	1E+30	40
$E$14	Sofa Demand Total	180	350.0000006	180	70	80
$E$15	Chair Demand Total	0	0	400	1E+30	400

对于报告约束部分，最终值给出每个资源实际使用情况。影子价格是每增加一个单位的资源所增加的价值。如果我们能增加染色能力，每小时就能赚750美元。右边约束是资源的当前限制。允许增加是指在影子价格仍然有效的情况下资源可以增加的数量。另外16小时的染色工作每小时可增加750美元的价值。类似地，允许减少列表示在不改变影子价格时可以减少资源的数量，极限报告提供了解决方案的额外信息。

表 A－6　该问题的极限报告

CELL	TARGET NAME		VALUE	
$E$4	Profit Total		$93,000	

CELL	ADJUSTABLE NAME	VALUE	LOWER LIMIT	TARGET RESULT	UPPER LIMIT	TARGET RESULT
$B$3	Changing cells End Tables	260	0	15000	260.0000002	93000
$C$3	Changing cells Sofas	180	0	3000	180	93000
$D$3	Changing cells Chairs	0	0	93000	0	93000

当前解决方案的总利润为93000美元。B3（茶几）的当前值是260单位，如果将其减少到0单位，利润将减少到15000美元。在260的上限利润是

280

93000 美元（当前的解决方案）。类似地，对于 C3（沙发），如果将其减为 0，那么利润将减少到 3000 美元。而处在 180 的上限时，利润是 93000 美元。对于 D3（椅子），如果这被减少到 0，利润是 93000 美元（当前解决方案），在这种情况下，椅子的上限也是 0 单位。

该问题可接受的答案如下：

a. 家具公司最受限制的资源是什么？

在我们的生产资源方面，现在着色能力受到限制。

b. 确定家具公司利润最大化所需的产品组合。

产品组合将是 260 个茶几。180 个沙发，没有椅子。

当然，对于这个解决方案，我们只是触及了表面。我们可以通过实验来提高染色能力。这将使我们深入了解下一个最具限制性的资源。我们还可以运行要求每个产品生产最少数量的场景。这可能是一个更现实的场景，能帮助我们确定如何在车间重新分配劳动力。

A.3　例题 2

例题 2　现在是周五下午两点，布鲁斯餐厅的主厨（烧烤厨师）Joe Bob 正试图决定如何将可用的原材料分配到晚上的四个特色菜（芝士汉堡、牛肉酱汉堡、墨西哥卷饼、特色辣味菜）中，以达到利润最大化。下表 A-7 包含了库存食品的数量等信息。

表 A-7　库存食品信息

FOOD	CHEESE BURGER	SLOPPY JOES	TACO	CHILI	AVAILABLE
Ground Beef (lbs.)	0.3	0.25	0.25	0.4	100 lbs.
Cheese (lbs.)	0.1	0	0.3	0.2	50 lbs.
Beans (lbs.)	0	0	0.2	0.3	50 lbs.
Lettuce (lbs.)	0.1	0	0.2	0	15 lbs.
Tomato (lbs.)	0.1	0.3	0.2	0.2	50 lbs.
Buns	1	1	0	0	80 buns
Taco Shells	0	0	1	0	80 shells

乔·鲍勃的决定还与估计的市场需求和销售价格有关。

表 A-8　估计的市场需求和销售价格

	CHEESE BURGER	SLOPPY JOBS	TACO	CHILI
Demand	75	60	100	55
Selling Price	$ 2.25	$ 2.00	$ 1.75	$ 2.50

要求：

找出星期五晚上特价的最佳组合，以最大化乔·鲍勃的收入？

如果一个供应商提出以 1 美元一个小圆面包的价格提供一份紧急订单，这值得吗？

求解

定义 X_1 为芝士汉堡的数量，X_2 为牛肉酱汉堡的数量，X_3 为墨西哥卷饼的数量。X_4 为特色辣味菜。

$$\text{Revenue} = \$2.25X_1 + \$2.00X_2 + \$1.75X_3 + \$2.50X_4$$

约束如下：

牛肉：$\qquad\qquad X_1 + 0.25X_2 + 0.25X_3 + 0.40X_4 \leqslant 100$

芝士：$\qquad\qquad 0.10X_1 + 0.30X_3 + 0.20X_4 \leqslant 50$

豆：$\qquad\qquad 0.20X_3 + 0.30X_4 \leqslant 50$

生菜：$\qquad\qquad 0.10X_1 + 0.20X_3 \leqslant 15$

番茄：$\qquad\qquad 0.10X_1 + 0.30X_2 + 0.20X_3 + 0.20X_4 \leqslant 50$

面包：$\qquad\qquad\qquad X_1 + X_2 \leqslant 80$

玉米卷：$\qquad\qquad\qquad X_3 \leqslant 80$

需求：

芝士汉堡：$\qquad\qquad X_1 \leqslant 75$

牛肉酱：$\qquad\qquad X_2 \leqslant 603$

玉米饼：$\qquad\qquad X_3 \leqslant 100$

红辣椒：$\qquad\qquad X_4 \leqslant 55$

步骤 1：定义可变单元格，即 B3、C3、D3 和 E3。注意，将单元格中的每个值设置为 10（如下表 A-9 所示）便于检查公式。

表 A-9 设置单元格

步骤2：在单元格F7计算总收入（等于B3乘以2.25美元每个奶酪汉堡，加上C3乘以2.00美元每个炒牛肉酱，加上D3乘以每个玉米饼的1.75美元，加上E3乘以2.50美元每碗辣椒，SUMPRODUCT函数在Excel中被用于制造这种计算更快。请注意当前值是85美元。每件商品卖出10件的结果。

步骤3：在单元格F11到F17设置食物的使用情况，通过将变化的单元格行乘以表格中每个项目的使用情况，然后将结果相加，计算出每种食物的使用情况。这些食物类型的限制在H11到H17中给出。

步骤4：设置并选择求解器选项。

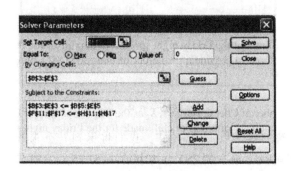

图 A-10　设置和选择求解器选项

目标单元格设置：想要优化的值的计算位置。在这个电子表格中，收入在F7计算。

等于：设为Max，因为目标是收益最大化。

可变单元格：每种特殊产品生产数量的单位。

受制于约束：添加了两个独立的约束，一个是需求约束，另一个是食物的使用约束。

图 A-11　添加约束

步骤5：设置选项。点击"选项"，保留所有的设置作为默认值，只需要确保两个改变：①确保有一个检查假设线性模型的选择；②必须检查假设非负的选择。这两个选项确保Solver知道这是一个线性规划问题，并且所有可变单元格都应该是非负的。单击"OK"返回到求解器参数屏幕。

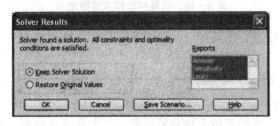

图 A - 12 求解器参数屏幕

步骤 6：求解问题，点击"解决"。我们将得到一个求解框。确保上面写着"求解找到了解决方案，满足所有约束条件和最优性条件"。

图 A - 13 求解问题

在方框的右边有三个报告的选项：结果、敏感性和限制。单击所有三个报告，然后单击"OK"，这将使我们退出到电子表格，而且我们的工作簿上将有三个新的工作表。

B. 凸函数

B.1 凸函数定义相关

本附录假设有一个问题需要进行优化：需要寻找一个能够满足所有约束条件的目标函数，通过给每个决策变量指定数值来进行最大化和最小化。在附录中，我们假设集合 X 是 R^n 的一个子集，如果集合 X 包含所有连接的线段，则集合 X 是一致的。即当 $x \in X$，$y \in X$ 和 $0 \leqslant \theta \leqslant 1$ 表示 $\theta x + (1-\theta)y \in X$ 时，X 是凸的。

等价地，如果 X 中所有点的凹组合都在，则 X 是凹的。假设我们从 X 中的 m 个点开始，即 x^1，x^2，$\cdots$，x^m 和 m 非负权重 θ^1，θ^2，$\cdots$，θ^m 满足和为 $\sum_j \theta^j = 1$。如果 X 是凸的，则凸组合所表示的点 $w = x^1\theta^1 + x^2\theta^2 + \cdots + x^m\theta^m$ 必须是集合的成员。

定义在凸集 X 上的实值函数 f 是凸的，如果 $x \in X$，$y \in X$ 和 $0 \leqslant \theta \leqslant 1$ 意味着 $f(\theta x + (1-\theta)y) \leqslant \theta f(x) + (1-\theta)f(y)$。例如，如下图 B-1 (a) 所示，单个变量的凸函数位于连接其任意两个值的线上或线下。注意，图 B-1 (b) 中描述的函数不是凸的，因为函数并不完全位于一条直线的下方。当 $0 \leqslant \theta \leqslant 1$ 时，$f(\theta x + (1-\theta)y) \leqslant \theta f(x) + (1-\theta)f(y)$ 是严格守恒的，那么定义在凸集上的函数 f 是 [严格] 凸的，$-f$ 是 [严格] 凹的。

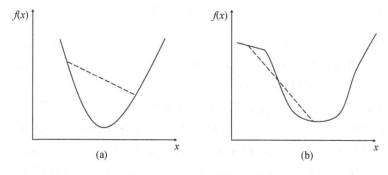

图 B-1　凸函数和非凸函数

B.1.1　凸函数定义

假设目标函数 f 二阶导数连续，在定义域 X 上可微，$\nabla f(x)$ 表示 f 的梯度在点上的值，f 的偏导数向量，由此，我们陈述一个等价的凸性定义，为研究优化问题中的凸性提供强大的动机。

定理 B.1　假设 X 是一个凸集

（a）函数 f 在 X 上是凸的，当且仅当 $f(y) \geqslant f(x) + \nabla f(x)^T(y-x)$ 对于所有 x，$y \in X$。

（b）如果 f 在 X 上是凸的，$\nabla f(x) = 0$ 和 $x \in X$，那么 x 使 $f \cdot$ 在 X 最小。

证明：设 y 为 X 中的任意点，然后通过 (a)，$f(y) \geqslant f(x) + \nabla f(x)^T(y-x) = f(x)$，因为 $\nabla f(x) = 0$ 是已知的。因此，x 是 f 的最小值。

在单变量情况下（$n=1$），可以选择任意一点并通过值 $f(x)$ 绘制一条直线。（a）部分说明，如果这条直线的斜率是 $f'(x)$（即 f 在 a 处的导数），那么函数就在这条直线上。（b）使研究人员对目标函数是否凸凹感兴趣：如果我们有一个凸（凹）目标函数和一个一阶条件满足的可行点（目标函数的梯度递减），那么我们就找到了一个最小化（最大化）目标。

凸函数和凹函数在此类问题中的重要作用如下：定理 B.1（b）说明了如果遇到一个无约束条件的求最小值（最大值）问题，并且目标函数是（连续）决策变量的凸（凹）函数，那么目标函数关于决策变量的偏导数为零时的值即最优解。

B.1.2 反例

有人可能会认为，如果一个函数在每个变量中都是凸的，并且在一阶条件下存在唯一解，那么该解就是局部最小值。这个猜想是错误的，如下面的反例所示。

$$设 f(x)=c^T x+x^T A x，c^T=(-4，12)，且 A=\begin{pmatrix}2 & -3\\-3 & 4\end{pmatrix}。$$

这是 $f(x)=-4x_1+2x_1^2-6x_1x_2+12x_2+4x_2^2$，在每个坐标方向上都是严格凸的。一阶条件是 $c+2Ax=0$，也就是说 $-4+4x_1-6x_2=0$，$12-6x_1+8x_2=0$，第一个 x_1 可以用 x_2 表示 $x_1*(x_2)=3x_2/2+1$。

对于每 x_2 在 x_1 方向上的 f 值最小。如果我们把这个表达式代入第二个方程，我们得到 $x_2=6$，$x_1*(x_2)=10$，所以一阶条件的唯一解是 $x^*=(10，6)$。但如果把 $x_1*(x_2)$ 代入目标函数，我们得到了诱导的目标函数，作为 x_2 单独的函数 $f(x_1*(x_2)，x_2)=-2+6x_2-x_2^2/2$，下面显然没有限制。我们总是可以通过增加 x_2 来减少目标函数。诱导函数是凹的而不是凸的。它的一阶条件导致沿着给定轨迹得到最大值。问题是原函数不是联合凸的。在下一节中，我们将探讨确保（联合）凸性的直接条件。

B.1.3 凸函数和团队理论的联系

假设参与人 1 选择 x_1，参与人 2 选择 x_2，每个参与人都想最小化相同的（组织范围内的）目标函数（这是一个团队理论问题的例子）。点（10，6）是纳什均衡，即双方都不会因为对方的决定改变自己的决定。然而，对于整个组织来说，这将是一个糟糕的解决方案，因为可能有更好的解决方案。幸运的是，这个点是不稳定的：如果一个玩家偏离了这个点，一个重复拍卖过程（每个玩家对另一个玩家最新提议的决定交替做出最佳反应）再也不会回到那里。如果目标函数是联合凸的，则任何纳什均衡都会产生一个全局最优解，一个调和过程终止于一个全局最优解。在分析每个玩家都有独立目标函数的一般游戏中的最佳策略时，也会出现类似的问题。

B.2　海塞矩阵

我们在这一节中讨论其他的方法来确保一个函数是凸的。在此过程中，我们将更深入地研究一些优化问题。不熟悉局部极小值和局部极小值定义的读者可以在很多文献中找到它们，例如 Avriel（1976：9－10）。海塞矩阵对角线给出了二阶导数对每个决策变量和非对角元素是交叉偏导。严格局部最小值是目标函数值严格低于指定邻域内所有其他点的局部最小值。严格局部极大值的定义是类似的。

一个 $n \times n$（平方）矩阵 A 是正定的，如果 $x^T A x > 0$ 对每一个非零 $x \in R^n$。如果对每个 x，$x^T A x \geqslant 0$，它是半正定的。

定理 B.2

（a）如果（目标函数的）梯度在一个内点消失，且海塞矩阵在该点是正定的，则该点或 n 点是一个局部极小值。

（b）如果梯度在一个内部点消失，并且海塞矩阵在该点的邻域内是正半定的，那么该点是一个局部极小值。

（c）如果一个内点是一个局部最小值，那么梯度必须在该点上消失，并且海塞矩阵在该点必须是半正定的。

（d）如果梯度在一个内部点消失，并且海塞矩阵在该点的邻域内是正定的，那么该点是一个严格的局部极小值。

B.2.1　海塞矩阵与凸性

定理 B.3

（a）一个函数是凸的，如果它的海塞矩阵在其定义域的每一点上都是半正定的。

（b）如果一个函数的海塞矩阵在其定域的每一点上都是正定的，那么它就是严格凸的。

例如，根据（a），一个单变量函数的二阶导数为正时，该函数为凸函数。（b）的反命题为假：A（两次连续可微）严格凸函数不需要处处具有正定海塞矩阵。我们的目标是利用这个结果直接判定一个给定函数是否为凸。

B.2.2　正定性与特征值

假设所有矩阵都是实数且 A 是 $n \times n$ 矩阵。一个实数或复数 λ 是 A 的一个特征值，一个非零实数或复数 n 维向量 v 是一个对应于 λ 的右特征向量，如果 $Av = \lambda v$。当 $v^T A = \lambda v^T$ 时，非零实或复 n 向量 v 是对应于 A 的左特征向量。

定理 B.4　λ 是 A 的特征值当且仅当 A 是特征方程的根 $\det(A - \lambda I) = 0$， det（）是行列式，而 I 是单位矩阵。

特征方程是 n 次的多项式。因此，有 n 个特征值，有些可能重复.

定理 B.5 特征值 λ_1，λ_2，$\cdots$，λ_n，满足 $\prod_{i=1}^{n} \lambda_i = \det(A)$ 和 $\prod_{i=1}^{n} \lambda_i = \text{trace}(A)$，

其中 trace（）是矩阵对角元素的和，必须是平方项。利用这个结果可以求出 2×2 矩阵的特征值。例如，考虑矩阵 $A = \begin{pmatrix} 2 & -3 \\ -3 & 4.5 \end{pmatrix}$，它的行列式是 0，迹线是 6.5。因此，它的特征值是 6.5 和 0。

定理 B.6

（a）矩阵的特征值是其元素的连续函数。

（b）对称矩阵的所有特征值都是实数。

（c）如果对称矩阵的所有特征值都是严格正的，那么它就是半正定的。

（d）一个对称矩阵是正半正定的，前提是每一个主次元（去掉任意行及其相应列形成的子矩阵）的行列式都是［严格］正的。

因此，对于一个正定的对称矩阵，它的所有对角元素必须是严格正的，整个矩阵的行列式也必须是严格正的。对于 2×2 矩阵，这些条件对于正定性是充分必要的。

定理 B.7（特征值的 Gerschgorin 界）δ_i 表示第 i 行非对角线元素的绝对值之和，即 $\delta_i := \sum_{j \neq i} |a_{ij}|$。$A$ 的所有特征值都在以下集合的并集中 $\{\lambda \mid |\lambda - a_{ii}| \leqslant \delta_i\}$，对于 $1 \leqslant i \leqslant n$。如果每个对角线元素的绝对值超过其行非对角线元素的绝对值之和，则该矩阵为对角占优。第二严格的对角线优势要求对每个 i 都有严格的不等式。

推论 B.1 如果对称矩阵有正对角元素且对角占优，那么它是半正定的。

严格对角占优矩阵的例子：$A = \begin{pmatrix} 5 & -1 & -2 \\ -1 & 4 & 1 \\ -2 & 1 & 4 \end{pmatrix}$。

不对角占优的正定矩阵的例子：$A = \begin{pmatrix} 2 & -3 \\ -3 & 5 \end{pmatrix}$。

确定多变量函数（两次连续可微）是否是凸的一种方法是直接考虑其海塞矩阵对角线的元素是否为正数。若没有叉乘项，就不需要其他条件。（我们只是有 n 个单变量凸函数的和）如果有非对角项，检查是否有对角优势。如果没有对角优势但只有两个变量，只需检查行列式是否为正。如果有三个变量，可计算所有主次元的行列式，确保他们是正的。

B.3　凸函数性质

B.3.1　凸函数判定条件

凸函数是指一类定义在实线性空间上的函数，其是定义在某个向量空间的凸子集 C 上的实值函数 f，且满足对于凸子集 C 中任意两个向量 x_1、x_2 有 $f\left(\dfrac{x_1+x_2}{2}\right)\leqslant(f(x_1)+f(x_2))/2$ 的条件。

对于凸函数，满足以下常用的性质：对于任意（0，1）中有理数 λ，有 $\lambda f(x_1)+(1-\lambda)f(x_2)$；若函数 f 连续，那么 λ 可以变成区间（0，1）中的任意实数。且若凸集 C 是指某个区间 l，那么该性质可以进一步推导为：设 f 为定义在区间 l 上的函数，若对于 l 上的任意两点 x_1、x_2 和任意的实数 $\lambda\in(0,1)$，总有 $f(\lambda x_1+(1-\lambda)x_2)\leqslant\lambda f(x_1)+(1-\lambda)f(x_2)$。此时，$f$ 被称为 l 上的凸函数。当定义中的"$\leqslant$"换成"$<$"也成立时，对应称函数 f 为对应子集或区间上的严格凸函数。

凸函数的几何意义：对于一元函数 $f(x)$，若函数曲线上任意两点之间的连线永远不在曲线的下方，则 $f(x)$ 为凸函数 ［见图 B-2（a）］。对于二元函数 $f(x_1,x_2)$，若函数曲面上任意两点之间的连线永远不在曲面的上下方，则 $f(x_1,x_2)$ 为凸函数 ［见图 B-2（b）］。

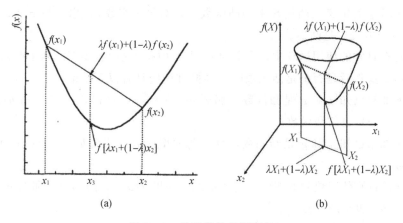

图 B-2　凸函数的几何意义

在计算时，判定一个函数为凸函数的方法包括定义法、已知结论法以及通过函数的导数来判定。其中，一阶和二阶的判断条件如下：

一阶条件：设 $f(X)$ 在开凸集 C 上可微，则 $f(X)$ 为 C 上凸函数的充要条件是：对于任意 $x^{(1)}$，$x^{(2)}$，恒有

$$f(x^{(2)}) \geqslant f(x^{(1)}) + \left[\nabla f(x^{(1)})\right]^T (x^{(2)} - x^{(1)})$$

其中，$\nabla f(x^{(1)})$ 为 $f(X)$ 在 $x^{(1)}$ 处的一阶偏导数构成的列向量，即梯度向量

$$\nabla f(x^{(1)}) = \left(\frac{\partial f(x^{(1)})}{\partial x_1}, \frac{\partial f(x^{(1)})}{\partial x_2}, \cdots, \frac{\partial f(x^{(1)})}{\partial x_n}\right)^T$$

二阶条件：设 $f(X)$ 在开凸集 C 上二阶可微，则 $f(X)$ 为 C 上凸函数的充要条件是：对于所有 $X \in D$，其海塞矩阵为半正定。若为正定，则为严格凸函数。

由于凸函数是日常研究中经常使用到的函数，因此掌握其性质有助于日后的研究。首先，定义在某个开区间 C 内的凸函数 f 在 C 内连续，且在除可数个点之外的所有点可微。如果 C 是闭区间，那么 f 有可能在 C 的端点不连续。

以下是常用的性质：

· 若 f 为定义在凸集 S 上的凸函数，对任意实数 $\beta \geqslant 0$，则函数 βf 也是定义在 S 上的凸函数；

· 若 f_1、f_2 为定义在凸集 S 上的两个凸函数，则两个函数的和所得函数 $f = f_1 + f_2$ 仍为定义在 S 上的凸函数；

· 若 $f_i (i = 1, 2, \cdots, m)$ 为定义在凸集 S 上的凸函数，则对任意实数 $\beta_i \geqslant 0$，函数 $\beta_i f_i$ 也是定义在 S 上的凸函数；

· 若 f 为定义在凸集 S 上的凸函数，则对每一实数 c，水平集 $S_c = \{x \mid x \in S, f(x) \leqslant c\}$ 是凸集。

而在日常的使用运算中，尤其是在部分实际情况中需要判断两个凸函数在初等运算操作后是否仍是凸函数时，经推理证明具有以下结论：

· 如果已知 f 和 g 是凸函数，那么 $m(x) = \max\{f(x), g(x)\}$ 和 $h(x) = f(x) + g(x)$ 也是凸函数；

· 如果已知 f 和 g 是凸函数，且 g 为递增函数，那么 $h(x) = f(g(x))$ 是凸函数；

· 凸性在仿射映射下不变。也就是说，如果 $f(x)$ 是凸函数，那么 $g(y) = f(Ay + b)$ 也是凸函数。

此外，凸函数在最大化和最小化下，依然可以保留其凸性，即：

定理 B.9 （最大化下的凸性保留）如果 Y 是非空集，且 $g(\cdot, y)$ 是凸集 X 对应 $y \in Y$ 上的凸函数。那么 $f(x) := \sup_{y \in Y} g(x, y)$ 是 X 上的凸函数。

证明：设 x 和 $\bar{x}$ 是 X 的任意元素，设 $0 \leqslant \theta \leqslant 1$，设 $\bar{\theta} := 1 - \theta$。然后

$$f(\theta x + \bar{\theta}\bar{x}) = \sup_{y \in Y} g(\theta x + \bar{\theta}\bar{x}, y) \#[\text{定义}]$$

$$\leqslant \sup_{y\in Y}[\theta g(x,y)+\bar{\theta}g(\bar{x},y)]\quad\sharp[g(\cdot,y)\text{的凸性}]$$

$$\leqslant \sup_{y\in Y}\theta g(x,y)+\sup_{y\in Y}\bar{\theta}g(\bar{x},y)\quad\sharp[\text{分离最大化}]$$

$$\theta f(x)+\bar{\theta}f(\bar{x})\quad\sharp[f\text{ 的定义}]$$

图 B-3 说明了定理 A.8 的基本思想：用粗线表示的三个不同凸函数的（点态）极值明显是凸的。这个例子中的最小值显然不是凸的。然而，如果凸函数存在连续体，且满足以下联合凸性，则最小值为凸函数。

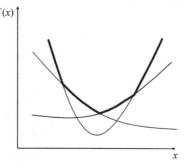

图 B-3　最大化下的凸性保留

定理 B.10　（最小化下的凸性保留）（Heyman and Sobel，1984：525）如果 X 是一个凸集，$Y(z)$ 对于每一个 $x\in X$ 是一个非空集，集合 $C:=\{(x,y)\mid x\in X,y\in Y(x)\}$ 是一个凸集，$g(x,y)$ 是 C 上的一个凸函数，$f(x):=\inf_{y\in Y(x)}g(x,y)$，且对于每个 $x\in X$，$f(x)>-\infty$，那么 f 是 x 上的一个凸函数。

证明：设 x 和 $\bar{x}$ 是 X 的任意元素，设 $0\leqslant\theta\leqslant1$，设 $\bar{\theta}:=1-\theta$。选择任意的 $\delta>0$。根据 f 的定义，必然存在 $y\in Y(x)$ 和 $\bar{y}\in Y(\bar{x})$ 使 $g(x,y)\leqslant f(x)+\delta$，且 $g(\bar{x},\bar{y})\leqslant f(\bar{x})+\delta$。

$$\theta f(x)+\bar{\theta}f(\bar{x})\geqslant\theta g(x,y)+\bar{\theta}g(\bar{x},\bar{y})-\delta\geqslant g(\theta x+\bar{\theta}\bar{x},\theta y+\bar{\theta}\bar{y})-\delta\geqslant f(\theta x+\bar{\theta}\bar{x})-\delta$$

因为 δ 是任意的，所以若不等式成立，则必须有 $\delta=0$（否则就会产生矛盾）。

图 B-4 说明了定理对于二维的情况，所有（x，y）点是可行的，存在一个最小化 $y(x)$ 为每一个实线等成本线，给点的轨迹（x，y）的空间目标函数 $g(x,y)$ 有相同的值。我们可以把这个图想象成地图上的等高线，在这个例子中是地面。寻找下降底部的一种方法是改变搜索中的 x 和 y。另一个对应于这个定理的方法是，对于每个 x，通过改变 y 求最小值。这样 y 的最佳值是 $y(x)$。问题在于 $f(x)=g(x,y(x))$，诱导最小高度是凸函数。如果是这样，如果可以找到一个点 x^*，从 x^* 改变时 f 只会增加，然后 x^* 是最优的，（x^*，$y(x^*)$）最小化 $g(x,y)$。现在我们回到为什么 $f(x)$ 在这种情况下确实是凸的。取两个任意（可行）点 x 和 $\bar{x}$，图形（x，$y(x)$）和（$\bar{x}$，$y(\bar{x})$），分别对应于 $f(x)$ 和 $f(\bar{x})$。注意，因为 $y(x)$ 使 $g(x,y)$ 最小，所以通过它画一条垂直的线（平行于 y 轴），点不能与较低的等成本线相交[否则 $y(x)$ 以外的一个点会产生更低的成本]。因为所有（x，y）点都是可行的，所以两个可行点（x，$y(x)$）和（$\bar{x}$，$y(\bar{x})$）的凸组合，即（$\theta x+\bar{\theta}\bar{x}$，$\theta y+\bar{\theta}\bar{y}$）也是可行的。由于 $g(x, y)$ 对 (x, y) 联合凸，其在该凸组合处的值，即 $g(\theta x + \bar{\theta} \bar{x}, \theta y + \bar{\theta} \bar{y})$，并不大于 $f(x)$ 和 $f(\bar{x})$ 值的凸组合。$f(\theta x + \bar{\theta} \bar{x})$ 的值来自对 $g(\theta x + \bar{\theta} \bar{x}, y)$，因此更小。即 $g(\theta x + \bar{\theta} \bar{x}, \theta y + \bar{\theta} \bar{y})$ 对应的 y 可行但不一定是最优值。简而言之，$f(\theta x + \bar{\theta} \bar{x}) \leqslant \theta f(x) + \bar{\theta} f(\bar{x})$。

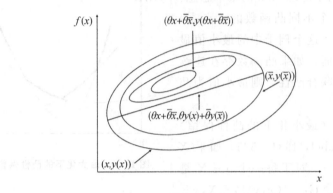

图 B-4 最小化下的凸性保留

B.3.2 凸规划的判定

在非线性规划模型

$$\min S = f(X)$$

$$\text{s. t. } g_i(X) \geqslant 0 \quad i = 1 \sim m$$

中，如果 $f(X)$ 和 $-g_i(X)$ 都是凸函数，或者说 $f(X)$ 为凸函数，$g_i(X)$ 为凹函数，则称这种规划为凸规划。

例：判断下列非线性规划是否为凸规划？

$$\min f(X) = x_1^2 + x_2^2 - 4x_1 + 4$$

$$\text{s. t.} \begin{cases} g_1(X) = x_1 - x_2 + 2 \geqslant 0 \\ g_2(X) = -x_1^2 + x_2 - 1 \geqslant 0 \\ g_3(X) = x_1 \geqslant 0 \\ g_4(X) = x_2 \geqslant 0 \end{cases}$$

海塞矩阵为：先验证约束条件 $g_i(X)$ 为凹函数。$g_1(X)$、$g_3(X)$、$g_4(X)$ 均为自变量的线性函数，为凹函数；$g_2(X)$ 的海塞矩阵为

$$\nabla^2 g_2(X) = \begin{bmatrix} -2 & 0 \\ 0 & 0 \end{bmatrix}$$

为半负定，故 $g_2(X)$ 为凹函数；$f(X)$ 的海塞阵为：

$$\nabla^2 f(X) = \begin{bmatrix} 2 & 0 \\ 0 & 2 \end{bmatrix}$$

为正定，故 $f(X)$ 为凸函数，上述规划为凸规划，有唯一极小点。

凸（凹）规划具有以下性质：

定理 1　令 $x \in R^n$，令 $f(x)$ 是在多面约束集 S 上定义的凸函数。这个问题有一个有限解

$$\text{Max}\{f(x) : x \in S\} \sharp (3)$$

那么 S 点处存在全局最优解。

推论 1：令 $f(x)$ 是在多面约束集 S 上定义的凹函数。如果这个问题有一个有限的解决方案

$$\text{Min}\{f(x) : x \in S\}$$

那么 S 点处存在全局最优解。

推论 2：如果定理 1 的条件成立且 $f(x)$ 是严格凸的，那么所有的全局最优都是强的。

定理 1 及其推论在算法的设计中发挥了作用。由于问题（3）的解出现在可行域的一个顶点上，所以它是基解。这意味着我们可以在搜索最优解时使用单纯形方法。但是，我们不要忘记，局部解也可能存在于顶点上。

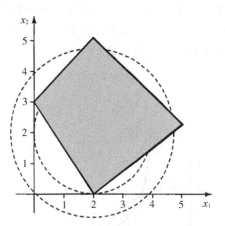

图 B-5　具有两个全局最大值和两个强局部最大值的线性约束函数

对于问题

$$\text{Max } f(x) = (x_1 - 2)^2 + (x_2 - 2)^2$$
$$\text{s. t. } -3x_1 - 2x_2 \leqslant -6$$
$$-x_1 + x_2 \leqslant 3$$
$$x_1 + x_2 \leqslant 7$$
$$2x_1 - 3x_2 \leqslant 4$$

在图 B-5 中，唯一的全局最小值位于 $x^* = (2, 2)$，并且位于可行域的内部。这导致了我们的第二个主要结果。

定理 2　令 $x \in R^n$，令 $f(x)$ 是在多面约束集 S 上定义的凸函数。这个问题有一个有限解

$$\text{Min}\{f(x) : x \in S\} \sharp (4)$$

那么所有局部最优都是全局最优。如果 $f(x)$ 是严格凸的，则最优解是唯一的。如前所述，问题（4）被称为凸程序，并且已经得到了广泛的研究。注意，可行域不限于多面体，而可以是任何凸集。当 $f(x)$ 是凹的，目标是最大

化时，结果是一样的。图 A - 6 给出了由两个非线性约束构成的非凸可行域 S。

$$S=\{(x_1,x_2):(0.5x_1-0.6)x_2\leqslant 12;x_1^2+3x_2^2\geqslant 27;x_1,x_2\geqslant 0\}$$

据说该区域是不相交的，因为约束将决策空间划分为两个未连接的区域。显然，不相交的可行域不能是凸的。

图 B - 7 所示的问题提供了非线性目标函数的示例位置和非凸可行区域（模型如下图）。在这里，我们有一个很强的局部最小值，这是因为它的存在主要是由于非线性约束而不是目标函数的数学形式。强大的局部最小值位于 $x=(0,30)$（$f(0,30)=-810$），显然不如 $x=(7,23)$（$f(7,23)=-1162.1$）时的唯一全局最小值。

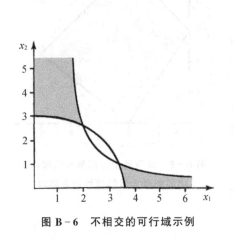

图 B - 6　不相交的可行域示例

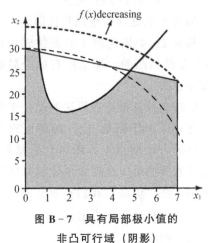

图 B - 7　具有局部极小值的
非凸可行域（阴影）

B.3.3　拟凸函数

如果 X 是拟凸的，x 和 y 在 X 中且 $0\leqslant\theta\leqslant 1$，则有 $f(\theta x+(1-\theta)y)\leqslant \max[f(x),f(y)]$。当 $f(\theta x+(1-\theta)y)<\max[f(x),f(y)]$ 时，函数 f 在 x 上是严格拟凸的。此外，根据 Diewert，Avriel，and Zang（1981），严格拟凸函数是拟凸的。

定理 B.12

（a）如果 f 是凸集上拟凸，c 是严格局部极小值，则 x 是严格全局极小值。

（b）如果 f 是一个凸集上的严格拟凸，c 是一个局部极小值，那么 x 是唯一的全局极小值。

（c）如果 Y 是非空集，且 $g(\cdot,y)$ 是凸集 X 上的拟凸函数，则 $f(x):=\sup_{y\in Y}g(x,y)$ 是 X 上的拟凸函数。

（d）（极小值下的拟凸一致性）如果 $Y(x)$ 是一个非空的集合，集合 $C:=$

$\{(x,\ y)\mid x\in X,y\in Y(x)\}$ 是一个凸集，且 $g(x,\ y)$ 在 C 上是一个拟凸函数，那么 $f(x):=\inf\limits_{y\in Y(x)}g(x,\ y)$ 在任何凸子集 $\{x\in X\mid f(x)>-\infty\}$ 上是一个拟凸函数。

严格拟凸函数具有一个强性质，即它在最小值处不能是水平的，因此必须有一个唯一的全局最小值。例如，并不是所有的凸函数都是严格拟凸的。然而，严格拟凸函数可以有映射点，因此梯度消失的点不一定是局部极小点。

C. 格和子模函数

格（lattices）通俗来讲是针对离散点，对于交集与并集运算保持的散点集合。子模（submodular）和超模（supermodular）是基于格子的运算的定义，子模和超模一般用于分析最优解的敏感性分析，即最优解与某些参数的相关性（递增递减性），对于连续可导的超/子模来讲，超模一般对应二阶偏导数非负，而子模一般对应其二阶偏导数非正。超/子模函数对于一般的函数有着通用定义。下面我们给出相关的定义和解释。

C.1　格定义

假设对于某些 m（严格正整数）而言，X 是 R_m 的子集，且 x 和 y 是 X 的任意元素。所有 x 和 y 的极小值称为 x 和 y 的交集，被记为

$x\wedge y:=(\min f_0(x\_1,y\_1),\min f_0(x\_2,y\_2),\cdots,\min f_0(x\_m,y\_m)).$

同样地，所有 x 和 y 的极大值称为 x 和 y 的并集，被记为

$x\vee y:=(\max f_0(x\_1,y\_1),\max f_0(x\_2,y\_2),\cdots,\max f_0(x\_m,y\_m)).$

如果 $x\wedge y$ 和 $x\vee y$ 是 X 的元素，则集合 X 是一个格（lattices）。如果 $m=1$，因为 $x\leqslant y$ 或 $x>y$，X 必为格子（lattice）。因此 $x\wedge y$ 和 $x\vee y$ 将是 x 或 y，也必定属于 X。然而，如果 $m>1$，则需要证明。例如，当 $m=2$ 且 $X=\{(x\_1,\ x\_2)\mid x\_1+x\_2\leqslant1\}$，则 X 不是格（lattices）：使 $x=(0,\ 1)$，$y=(0,\ 1)$。则 $x\vee y=(1,\ 1)$，必不属于 X。若 $X=R\wedge m$，易得 X 是格子（lattice）。更一般地，如果 X 是 m 的 Cartesian 乘积，实线的子集，则 $X=\{(x\_1,\ x\_2)\mid x\_1\leqslant x\_2\}$ 是格。

C.2　子模和超模函数

对于函数 $g:X\to R$，其中集合 X 是格，R 是实数集，如果 $x\wedge y\in X$ 且 $x\vee y\in X$，只要 $g(x\wedge y)+g(x\vee y)\leqslant g(x)+g(y)$，函数 $g:X\to R$ 是子模

（submodular），$-g$ 是超模（supermodular）。

定理：（Topkis，1978）假设 g 两阶部分可微，则子模函数与负交叉偏导数等价。

例如，如果 g 是可分离的 [是 $g(x) = \sum_{i=1}^{m} g_i(x_i))$ 的格式]，因为交叉偏导数均为零，g 是子模（和超模）函数。

子模是一个比负交叉偏导数更普遍的概念，就像一个函数可以是子模但不可微。

定理：如果 f 和 g 是子模（超模）函数，则以下也是子模（超模）函数：

（a）af（a 为任意正标量）；

（b）$f+g$；

（c）$h(y)$：$Ef(y-D)$，其中 D 是随机变量。

C.3　相关性质

1. 超模性质 1

（a）当函数 f 是二阶连续可微，对于 $i \neq j$，当且仅当 $\frac{\partial^2 f}{\partial x_i \partial x_j} \geqslant 0$，函数 f 是超模函数。

（b）当函数 f 和 g 是超模函数，则对于 a，$b \in R_+$，函数 $af+bg$ 是超模函数。

（c）当存在严格递增函数 $g: R \rightarrow R$，若 $g(f)$ 是超模函数，则 f 是拟超函数。

值得注意的是，以上（c）中提到拟超函数。当超模函数定义不成立的时候，有时可以应用更一般的拟超函数来证明同样的递增递减性质。拟超函数的定义涉及 single crossing 性质，这里不做介绍，有需要的读者可以参考 Monotonicity Theorem（Topkis，1998，Supermodularity and Complementarity）。

2. 超模性质 2（Topkis，1978）

如果函数 f 是超模函数，令 $x^*(y) = \arg\max_x f(x, y)$，则 $x^*(y)$ 关于 y 递增。

（a）如果函数 f 是超模函数，令 $x^*(y) = \arg\min_x f(x, y)$，则 $x^*(y)$ 关于 y 递减。

（b）如果函数 f 是子模函数，令 $x^*(y) = \arg\min_x f(x, y)$，则 $x^*(y)$ 关于 y 递增。

（c）如果函数 f 是子模函数，令 $x^*(y)=\arg\max\limits_{x}f(x,y)$，则 $x^*(y)$ 关于 y 递减。

值得注意的是，以上的（a）和（c）可适用于 n 维的函数。

练　习

1. 考虑定理 A.4 中用"严格凸函数"代替"凸函数"所产生的猜想。

（a）证明如果始终达到 y 上的最小化，猜想是有效的。

（b）提供一个反例，如果对 y 的最小化不一定总是得到。

2. 考虑线性规划的最优值函数 $f(b):=\min\limits_{Ax=b}c^T x$，其中 x 是 n 个向量的决策变量，c 是一个给定的 n 个向量，A 是一个给定的 $m\times n$ 矩阵，作为右边 m 向量 b 的函数。设 b 是一个凸子集。证明 $f(b)$ 是 b 上的一个凸函数。

3. 假设 $g(x,y)$ 是一个（联合）凸函数，两次连续部分可微，定义在 R^2 上。为了方便起见，我们用下标来表示偏微分。例如，$g_2(x,y)=\dfrac{\partial g(x,y)}{\partial y}$。假设，对于每一个 x，存在 $y(x)$ 使得 $g_2(x,y)=0$。也就是说，对于每一个 $g(x,\cdot)$ 存在一个极小值 $y(x)$。假设，对于所有 x，$g_{22}(x,y(x))>0$。使用定理 A.4 和隐函数定理，证明 $g_{11}(x,y(x))g_{22}(x,y(x))-g_{12}(x,y(x))\geqslant 0$。

4. 对于严格正实数 $x>0$ 和实数 $y\in R$，定义 $f(x,y):=\dfrac{a+\int_{t=y}^{x+y}c(t)dt}{x}$，其中 a 是一个严格正实数，$c(\cdot)$ 是一个非负的、连续可微的凸函数，它在一个唯一的严格正有限点上最小化。

（a）固定 $x>0$。证明当且仅当 y 满足 $c(y)=c(x+y)$ 时，y 使 $f(x,\cdot)$ 最小。

（b）设 $y(z)$ 表示 $f(x,\cdot)$ 的最小值对于每个给定的 $x>0$。假设 $y(x)$ 存在，是连续可微的，并且对每一个都是严格正的。证明 $c'(y(x))\leqslant 0\leqslant c'(x+y(x))$。

（c）（延续）利用隐函数定理证明 $-1\leqslant y'(x)\leqslant 0$。

（d）（延续）定义 $g(x)=c(y(x))$。

证明 g 在正正交上是凸的，可以假设 g 是二次可微的。

5. 考虑以下两变量非线性最大化问题。目标函数为 $f(x,y)=kx-vg(x/y)-cy$；决策变量 x,y 必须是严格正的；k,v 和 c 是严格的正常数，满足 $k>c$。

此外，g 是一个连续二次可微的，严格递增的，定义为 $x<y$ 的凸函数。假设 $g(x/y)=\infty(x\geqslant y)$ 求一阶最优性条件的显式解（每个变量表示为问题参数的显式函数）：（设偏导数等于零并求解）这个解决方案是上述最大化问题的最佳解决方案吗？为什么？如果不是，最佳解决方案是什么？

6. 假设 X 是 R 的凸子集，证明单个实变量的实值函数 f 在 X 上是凸的当且仅当 $f(x+y)-f(x)$ 对于每一个（固定的）$y>0$ 在 x 增加。

7. 令 Φ 表示积极的分布函数和 φ 表示密度函数连续随机变量．也就是说，$\Phi(x)=P(T\leqslant x)$．义 $g(x)=\ln[\overline{\Phi}(x)]$ 和 $r(x,y):=\dfrac{\Phi(x+y)-\Phi(x)}{\overline{\Phi}(x)}$（让 $X:=\{x\mid\Phi(x)<1, x>0\}$）。证明（a）对于每一个固定的 $y>0$，函数 $r(\cdot,y)$ 在 X 上递增当且仅当（b）g 是 X 上凹函数。

8. 假设 $f:R\to R$，且 f 在 R 上是凸的，即 $f(x)$ 是单个实变量 x 的实值凸函数。对于 $y\leqslant z$，定义 $g(y,z)$ 如下：$g(y,z):=\min\limits_{x\in[y,z]}f(x)$。

（a）证明 g 可以表示为 $g(y,z)=F(y)+G(z)$，F 是在 R 上凸递增的，G 是凸递减的。

（b）假设 S 是 f 在 R 上的极小值，证明 g 可以表示为

$$g(y,z)=\begin{cases} f(y)\,if\,S\leqslant y, \\ f(S)\,if\,y\leqslant S\leqslant z, \\ f(z)\,if\,z\leqslant S. \end{cases}$$

9. 假设 $f:R\to R$，f 在 x 处的右导数定义为 $f'_+(x)=\lim\limits_{h\downarrow 0}\dfrac{f(x+h)-f(x)}{h}$，如果 f'_+ 对所有的 $x\in R$ 都存在，那么 f 是可微的。证明 f 在 R 上是凸的，f 在 R 上是可微的，f'_+ 在 R 上是递增的。

10. 设 X 表示一组整数：$X=\{0, \pm 1, \pm 2, \cdots\}$，设 f 表示定义在 X 上的一个实值函数，则称 f 在 X 上为凸，当 $f(\theta x+(1-\theta)y)<\theta f(x)+(1-\theta)f(y)$

（a）证明当且仅当 $\Delta f(x):=f(x+1)-f(x)$ 对 x 在递增时 f 在 X 上是凸的。

（b）证明 f 在 X 上是凸的当且仅当 $f(x+i)-f(x)$ 对于每一个严格正整数 i 在 x 上递增。

11. 设 X 表示整数的集合。假设 T 是一个有限集 $g(x,T)$ 是一个实值函数。使用练习 A.10 证明 $f(x):=\min\limits_{t\in T}g(x,t)$ 在 X 上是凸的，如果 $g(x+1,t)-g(x,\tau)$ 对于 $t,\tau\in T$ 都是递增的。

12. 设 X 表示整数集合，假设 c 是一个给定的实数，不一定是正数。证明如果 f 在 X 上是凸的，那么存在 $g(x):=\min[f(x+1)+c, f(x)]$。

13. 考虑矩阵 $A = \begin{pmatrix} 1 & 2 \\ 2 & 4 \end{pmatrix}$。$A$ 是正定的吗? 请解释。

14. 设 X 表示一个凸集,f 是定义在 X 上的一个实值函数。证明 f 在 X 上拟凸, 当且仅当 $Y(a)$: $= \{x \mid f(x) \leqslant a\}$。

15. 证明定理 A.12 (c)。

16. 证明定理 A.12 (d)。

参考文献

[1] Diewert,W.,M. Avriel,I. Zang. 1981. Nine kinds of quasiconcavity and con-cavity. Journal of Economic Tlleory. 25 397—420.

[2] Heyman,D.,M. Sobel. 1984. Stochastic Models in Operations Research, Volume II. McGraw-Hill,New York.

[3] Li,L.,K Porteus,H.-T. Zhang. 2001. Optimal operating policies for multiplant stochastic manufacturing systems in a changing environment. Management Science. 47 1539—51.

[4] Porteus,E. L. 2002. Foundations of stochastic inventory theory. Stanford University Press.

[5] Rockafellar,T. 1970. Convex Analysis. Princeton University Press,Princeton,N. J.

[6] Topkis,D. M. 2011. Supermodularity and complementarity. Princeton university press.

索 引